JIANSHE GONGCHENG XIAOFANG YANSHOU
CHANGJIAN WENTI JIEXI

建设工程消防验收
常见问题解析
（修订版）

主　编　刘孝华

中国海洋大学出版社
·青岛·

图书在版编目(CIP)数据

建设工程消防验收常见问题解析/刘孝华主编. --
修订本. -- 青岛:中国海洋大学出版社，2022.12
ISBN 978-7-5670-3360-3

Ⅰ. ①建… Ⅱ. ①刘… Ⅲ. ①建筑工程－消防－工程
验收－问题解答 Ⅳ. ①TU892-44

中国版本图书馆 CIP 数据核字(2022)第 230302 号

出版发行	中国海洋大学出版社		
社　　址	青岛市香港东路 23 号	邮政编码	266071
出 版 人	刘文菁		
网　　址	http://pub.ouc.edu.cn		
电子邮箱	zwz_qingdao@sina.com		
订购电话	0532-82032573(传真)		
责任编辑	邹伟真	电　　话	0532-85902533
印　　制	日照日报印务中心		
版　　次	2022 年 12 月第 1 版		
印　　次	2022 年 12 月第 1 次印刷		
成品尺寸	170 mm × 230 mm		
印　　张	18.5		
字　　数	310 千		
印　　数	1—2 000		
定　　价	98.00 元		

发现印装质量问题,请致电 0633-2298958,由印刷厂负责调换。

编 委 会

前　言 PREFACE ▶

2019年4月23日第十三届全国人民代表大会常务委员会第十次会议通过了关于修改《中华人民共和国建筑法》等八部法律的决定，对《中华人民共和国消防法》进行了修改，消防设计审查、消防验收、备案和抽查工作由各级住房和城乡建设部门负责组织开展，消防救援机构不再受理。

做好建设工程消防验收这项技术性很强的工作，必须有一支业务素质过硬的队伍。为加强消防验收技术业务的学习，提高消防验收人员的专业技术素质，我们编写了《建设工程消防验收常见问题解析》一书。

本书结合住建部门现场验收常见问题，旨在指导建设工程从勘察、设计、施工、监理、验收等阶段规范管理，严格按照国家规范、技术标准进行，从而确保建设工程消防验收的顺利完成。

本书涵盖范围广、内容多，涉及的法律法规和技术规范浩繁，编写过程中难免存在不足之处，敬请读者给予批评指正。为进一步完善本书内容，读者可随时将意见和建议反馈至 zjzxftz@126.com 邮箱，供今后修订时参考，在此表示衷心的感谢！

编　者

2022年9月

目 录 CONTENTS

第一章　消防受理过程中存在的问题 ·················· 1

　　第一节　消防验收、备案抽查资料申报 ·················· 1

　　第二节　消防验收与备案抽查的界定范围 ·················· 6

第二章　建筑、结构 ·················· 8

　　第一节　建筑分类与耐火等级 ·················· 8

　　第二节　总平面布局 ·················· 13

　　第三节　平面布置 ·················· 32

第三章　建筑保温及装饰装修 ·················· 37

　　第一节　建筑保温和外墙装饰防火 ·················· 37

　　第二节　建筑内部装修专业 ·················· 43

第四章　防火、防烟、防爆 ·················· 70

　　第一节　防火分隔 ·················· 70

　　第二节　防烟分隔 ·················· 90

　　第三节　防爆 ·················· 91

第五章 安全疏散及消防电梯 ································ 94

　第一节 安全疏散 ································ 94

　第二节 消防电梯 ································ 120

第六章 消防给水及消火栓系统 ················ 123

　第一节 供水水源 ································ 123

　第二节 消防水池 ································ 125

　第三节 消防水泵 ································ 127

　第四节 气压给水设备 ························ 134

　第五节 消防水箱 ································ 136

　第六节 水泵接合器 ···························· 137

　第七节 消火栓系统 ···························· 138

第七章 自动喷水灭火系统 ···················· 147

　第一节 设置要求 ································ 147

　第二节 报警阀组 ································ 148

　第三节 管网设计 ································ 150

　第四节 喷头布置 ································ 152

　第五节 系统功能 ································ 159

第八章 自动跟踪定位射流灭火系统 ········ 165

　第一节 定义及分类 ···························· 165

　第二节 适用场所及选型要求 ·············· 169

　第三节 系统组成 ································ 172

　第四节 供水方式 ································ 176

　第五节 操作与控制 ···························· 177

第九章　气体灭火系统 ··· 181

第一节　防护区设置 ··· 182

第二节　储存装置间 ··· 183

第三节　灭火剂储存装置 ··· 184

第四节　驱动装置 ··· 184

第五节　管网设计 ··· 185

第六节　系统功能 ··· 185

第十章　泡沫-水喷淋灭火系统 ···································· 186

第十一章　建筑灭火器 ··· 190

第十二章　防排烟系统 ··· 193

第一节　防烟和排烟设施的设置场所 ··································· 193

第二节　防烟系统 ··· 194

第三节　排烟系统 ··· 199

第四节　系统控制 ··· 214

第五节　系统施工 ··· 217

第六节　系统调试 ··· 222

第七节　通风和空气调节系统防火 ····································· 225

第十三章　火灾自动报警系统 ······································ 228

第一节　火灾自动报警系统的设置场所 ·································· 228

第二节　基本规定 ··· 229

第三节　火灾探测器 ··· 232

第四节　系统设备的设置 ··· 238

第五节　系统施工 ··· 241

第六节　系统调试 ·· 245

第七节　常见问题解析 ·· 246

第十四章　消防电气 ·· 254

第一节　消防电源 ·· 254

第二节　备用发电机和柴油发电机房 ···································· 256

第三节　变配电房 ·· 259

第四节　其他备用电源 ·· 259

第五节　消防配电 ·· 260

第六节　用电设施和电气火灾监控系统 ·································· 262

第七节　应急照明 ·· 266

第八节　对土建专业的要求 ·· 268

第九节　对暖通及给水排水专业的要求 ·································· 269

第十节　建筑电气防火 ·· 269

第十五章　申报资料中存在的常见问题 ································ 274

第一节　消防设计专篇 ·· 274

第二节　消防设施安装质量检测报告 ···································· 275

第三节　钢结构防火涂料检测报告 ······································ 275

第四节　外墙、屋面保温材料相关报告及隐蔽施工记录 ···················· 277

第五节　消防产品、装修材料、防火涂料检验报告 ······················ 281

第一章 消防受理过程中存在的问题

第一节 消防验收、备案抽查资料申报

1. 特殊建设工程消防验收申请表、建设工程各责任主体单位消防验收备案表信息填写不齐全、签章有漏项

依据《建设工程消防设计审查验收管理暂行规定》（中华人民共和国住房和城乡建设部令第51号）第二章第八条规定，建设单位依法对建设工程消防设计、施工质量负首要责任。设计、施工、工程监理、技术服务等单位依法对建设工程消防设计、施工质量负主体责任。建设、设计、施工、工程监理、技术服务等单位的从业人员依法对建设工程消防设计、施工质量承担相应的个人责任。

2. 特殊建设工程消防验收申请表、建设工程消防验收备案表内容填写不规范

（1）填表前建设单位、设计单位、施工单位、监理单位、建设工程消防技术服务机构应仔细阅读《中华人民共和国建筑法》《中华人民共和国消防法》《建设工程质量管理条例》及《建设工程消防设计审查验收管理暂行规定》等有关规定。

（2）填表单位应如实填写各项内容，对提交材料的真实性、完整性负责，并承担相应的法律后果。

（3）填表单位应在申请表中的"印章"处加盖单位公章，申请表涉及多页，需要加盖骑缝章，没有单位公章的，应由其法人或项目负责人签名（或手印）。

（4）填写应打印或使用钢笔等能够长期保持字迹的墨水的笔，字迹清楚，文字规范、文面整洁，不得涂改。

（5）表格设定的栏目，应逐项填写；不需填写或无相关内容的，应画"\"。表格或文书中的"□"，表示可供选择，在选中内容前的"□"内画√。

（6）如行数和页数不够，可另加行/页（附行/页应按照文书所列项目要求

1

制作）。

（7）新建项目"建筑名称"中填写新建建筑情况；属于改建、扩建项目的应在"建筑名称"中填写原主体建筑情况。

（8）需提供的"许可文件""批准文件"可为复印件，加盖公章，申请人应注明原件存放处和日期并签名确认。附施工许可证、消防设计审查意见书复印件，并加盖公章；二次装修工程附原主体验收意见复印件盖公章。

（9）建设单位如在施工过程中自行完成消防设施检测，或在建设工程竣工验收消防查验时自行完成消防设施性能、系统功能联调联试，《特殊建设工程消防验收申请表》中"技术服务机构"一栏可由建设单位填写。

（10）《特殊建设工程消防验收申请表》中"备注"一栏所填内容可包括：① 工程是否跨行政区域等相关情况；② 建设工程涉及储罐、堆场的，详细阐述储罐的设置位置、总容量、设置形式、储存形式和储存物质名称，堆场的储量和储存物质名称等；③ 属于再次申请验收的，详细阐述以前验收的具体问题和整改情况；④ 其他相关情况。

3.《工程竣工验收报告》查验内容不齐全

依据《建设工程消防设计审查验收管理暂行规定》（中华人民共和国住房和城乡建设部令第 51 号）第四章第二十七条：建设单位组织竣工验收时，应当对建设工程是否符合下列要求进行查验。

（1）完成工程消防设计和合同约定的消防各项内容。

（2）有完整的工程消防技术档案和施工管理资料（含涉及消防的建筑材料、建筑构配件和设备的进场试验报告）。

（3）建设单位对工程涉及消防的各分部分项工程验收合格；施工、设计、工程监理、技术服务等单位确认工程消防质量符合有关标准。

（4）消防设施性能、系统功能联调联试等内容检测合格。

经查验不符合前款规定的建设工程，建设单位不得编制工程竣工验收报告。

4. 建设单位申报验收时提供的施工单位消防工程竣工报告、消防工程设计质量检查报告、消防工程质量监理评估报告单位签章不齐或内容缺项

依据《建设工程消防设计审查验收管理暂行规定》第八条规定：建设单位依法对建设工程消防设计、施工质量负首要责任。设计、施工、工程监理、技术服务等单位依法对建设工程消防设计、施工质量负主体责任。建设、设计、施工、工程监理、技术服务等单位的从业人员依法对建设工程消防设计、施工质量承担相应的个人责任。

5. 建设单位申报验收时提供的《建设工程竣工验收消防查验报告》缺少查验组人员签字,查验情况及结论未填写

依据《山东省建设工程消防验收技术导则》第四条规定:施工完成并符合《建筑工程施工质量验收统一标准》GB 50300—2019 等国家工程建设标准规定的建设工程,应当由建设单位组织竣工验收消防查验。建设单位组织完成竣工验收消防查验后应填写《建设工程竣工验收消防查验报告》,竣工验收消防查验报告中的查验意见应清晰、明确,涉及消防的分部分项工程相关检测检查等技术文件应当作为建设工程竣工验收消防查验报告附件,建设单位应当对消防查验文件的真实性、准确性、全面性负责。竣工验收消防查验不符合要求的,建设单位不得编制工程竣工验收报告。

6.《建设工程竣工验收消防查验一览表》内容填写错误,与现场实际情况不符,节点图片打印不符合要求

《建设工程竣工验收消防查验一览表》须明确现场具体位置,验收检查情况须按照表格要求内容和方法进行分类填写。节点图片要求彩色打印,保证真实有效,每张图片须加盖建设单位公章。

7. 消防产品、装修材料、防火构件进场材料报告与现场使用的产品不符。产品合格证明文件提供不齐全,复印件无厂家公章(或带有"复印无效"字样)和建设单位公章

依据《建设工程消防设计审查验收管理暂行规定》(中华人民共和国住房和城乡建设部令第 51 号)第九条第五项:建设单位应当按照工程消防设计要求和合同约定,选用合格的消防产品和满足防火性能要求的建筑材料、建筑构配件和设备;第十一条第二项:施工单位应当按照消防设计要求、施工技术标准和合同约定检验消防产品和具有防火性能要求的建筑材料、建筑构配件和设备的质量,使用合格产品,保证消防施工质量;第十二条第二项:工程监理单位应当在消防产品和具有防火性能要求的建筑材料、建筑构配件和设备使用、安装前,核查产品质量证明文件,不得同意使用或者安装不合格的消防产品和防火性能不符合要求的建筑材料、建筑构配件和设备;故各单位均须按照规范要求严格查验产品合格证明文件。

8. 消防设施安装质量检测报告超期

依据 2019 年 4 月 23 日第十三届全国人民代表大会常务委员会第十次会议修订的《中华人民共和国消防法》第十六条之规定,对建筑消防设施每年至少进

行一次全面检测,确保完好有效,检测记录应当完整准确,存档备查。

9. 消防设计专篇各专业设计内容与现场实际不符

（1）建设工程消防设计专篇应单独成册,并设有封面、扉页、正文。专篇成册规格统一为 A4 纸（210 mm × 297 mm）大小。

① 封面:项目名称、编制单位、编制年月;② 扉页:编制单位法人代表、技术总负责人、项目总负责人和各专业负责人姓名,并经上述人员签署或授权盖章;③ 正文:文字部分纸张规格为 A4 纸,图纸部分纸张规格采用 A3 纸,A3 纸在装订时需叠成 A4 纸大小,与文字部分装订成一册。

（2）工作要求。

① 各设计单位要高度重视消防设计专篇的编写工作,各专业负责人要强化对各自专业消防设计专篇的自审工作,确保专篇内容全面、准确,符合规定格式要求;② 专篇应使用规范用语,专篇内容应反映项目实际,不得用规范原文或套话填充相应内容,杜绝消防设计专篇流于形式、千篇一律的现象;③ 消防设计专篇每页均需加盖设计单位设计资质章及审图单位审图章。

10. 各责任主体单位未提供有效资质证书

依据《建设工程消防设计审查验收管理暂行规定》（中华人民共和国住房和城乡建设部令第 51 号）第二章第八条规定,建设单位依法对建设工程消防设计、施工质量负首要责任。设计、施工、工程监理、技术服务等单位依法对建设工程消防设计、施工质量负主体责任。故各责任主体单位须提供有效资质。

11. 其他建设工程未按照《建设工程消防设计审查验收管理暂行规定》要求时限办理建设工程竣工验收消防备案

依据《建设工程消防设计审查验收管理暂行规定》（中华人民共和国住房和城乡建设部令第 51 号）第五章第三十四条:其他建设工程竣工验收合格之日起五个工作日内,建设单位应当报消防设计审查验收主管部门备案。依据山东省住房和城乡建设厅文件《关于做好建设工程消防设计审查验收工作的通知》第四条:对建设单位未按《建设工程消防设计审查验收管理暂行规定》要求时限办理备案的,抽查比例按 100% 确定。

12. 符合《建设工程消防设计审查验收管理暂行规定》第十四条规定的特殊建设工程,建设单位申报消防验收时未提供特殊建设工程消防设计审查意见书

依据《建设工程消防设计审查验收管理暂行规定》第十五条规定:对特殊建设工程实行消防设计审查制度。特殊建设工程的建设单位应当向消防设计审查

验收主管部门申请消防设计审查,消防设计审查验收主管部门依法对审查的结果负责。特殊建设工程未经消防设计审查或者审查不合格的,建设单位、施工单位不得施工。

13. 现场存在影响消防安全的设计变更,建设单位在申报验收时未提供变更后审查通过的消防设计文件

依据《建设工程消防设计审查验收管理暂行规定》第二十五条规定:建设、设计、施工单位不得擅自修改经审查合格的消防设计文件。确需修改的,建设单位应当依照规定重新申请消防设计审查。

14. 建设单位在申报消防验收、备案抽查事项时对人员密集场所、公众聚集场所定义不明确

依据《中华人民共和国消防法》第七十三条规定:人员密集场所指公众聚集场所,如医院的门诊楼、病房楼,学校的教学楼、图书馆、食堂和集体宿舍,养老院,福利院,托儿所,幼儿园,公共图书馆的阅览室,公共展览馆、博物馆的展示厅,劳动密集型企业的生产加工车间和员工集体宿舍,旅游、宗教活动场所等。《建筑设计防火规范》第8.3.1条第2款规定的类似生产厂房、第8.4.1条第1项规定的类似用途的厂房和第10.3.1条第5款规定的人员密集的厂房是指"单体建筑任一生产加工车间或防火分区,同一时间的生产人数超过200人(或者同一时间的生产人数超过30人且人均建筑面积小于20平方米)的制笔、制伞、打火机、眼镜、印刷等丙类厂房、肉食蔬菜水果等食品加工,或生产性质及火灾危险性与之相类似的厂房"。

公众聚集场所是指,宾馆、饭店、商场、集贸市场、客运车站候车室、客运码头候船厅、民用机场航站楼、体育场馆、会堂等。

15. 建设单位在现场不具备局部验收(备案)条件下申请局部验收或备案

依据《山东省建设工程消防验收技术导则》第七条规定:对于大型建设工程需要局部投入使用且形成独立使用功能的部分,根据建设单位的申请,可实施局部建设工程消防验收(备案)。申请局部建设工程消防验收(备案)的建设工程,应符合下列条件:

(1)与非使用区域有完整的符合消防技术标准要求的防火、防烟分隔;

(2)局部投入使用部分的安全出口,疏散楼梯符合消防技术标准要求;

(3)消防控制室、消防水泵房、排烟机房等重要的设备用房和消防水源、消防电源已投入使用,且均满足消防技术标准和消防设计文件要求;

（4）局部投入使用部分的各项消防设施满足消防设计的功能要求且技术检测合格，并保证其独立运行；

（5）消防安全布局合理，消防车道、消防救援场地和消防救援设施能够正常使用。

第二节　消防验收与备案抽查的界定范围

1. 特殊建设工程与其他建设工程分类混淆

根据《建设工程消防设计审查验收管理暂行规定》（中华人民共和国住房和城乡建设部令第 51 号）第三章第十四条，消防验收项目涵盖以下内容。

（1）建筑总面积大于 20 000 m^2 的体育场馆、会堂，公共展览馆、博物馆的展示厅。

（2）建筑总面积大于 15 000 m^2 的民用机场航站楼、客运车站候车室、客运码头候船厅。

（3）建筑总面积大于 10 000 m^2 的宾馆、饭店、商场、市场。

（4）建筑总面积大于 2 500 m^2 的影剧院，公共图书馆的阅览室，营业性室内健身、休闲场馆，医院的门诊楼，大学的教学楼、图书馆、食堂，劳动密集型企业的生产加工车间，寺庙、教堂。

（5）建筑总面积大于 1 000 m^2 的托儿所、幼儿园的儿童用房，儿童游乐厅等室内儿童活动场所，养老院、福利院，医院、疗养院的病房楼，中小学校的教学楼、图书馆、食堂，学校的集体宿舍，劳动密集型企业的员工集体宿舍。

（6）建筑总面积大于 500 m^2 的歌舞厅、录像厅、放映厅、卡拉 OK 厅、夜总会、游艺厅、桑拿浴室、网吧、酒吧，具有娱乐功能的餐馆、茶馆、咖啡厅。

（7）本规定第一条至第六条所列的人员密集场所的建设工程。

（8）国家机关办公楼、电力调度楼、电信楼、邮政楼、防灾指挥调度楼、广播电视楼、档案楼。

（9）第七条、第八条规定以外的单体建筑面积大于 40 000 m^2 或者建筑高度超过 50 m 的公共建筑。

（10）国家标准规定的一类高层住宅建筑。

（11）城市轨道交通、隧道工程，大型发电、变配电工程。

（12）生产、储存、装卸易燃易爆危险物品的工厂、仓库和专用车站、码头，易燃易爆气体和液体的充装站、供应站、调压站。

　　根据《建设工程消防设计审查验收管理暂行规定》(中华人民共和国住房和城乡建设部令第51号)第十五条,对特殊建设工程实行消防设计审查制度;根据第三十三条,对其他建设工程实行备案抽查制度,抽查比例如下:

　　(1)人员密集场所(包含设有人员密集场所的其他建设工程)50%;

　　(2)火灾危险性为丙类的厂房和仓库30%;

　　(3)其他工程20%;

　　(4)建设工程局部消防验收备案100%;

　　(5)建设单位未按《暂行规定》办理备案的,抽查比例为100%。

第二章　建筑、结构

第一节　建筑分类与耐火等级

建筑分类是确定消防安全要求的基础,以建筑分类为基础,采取不同的防火措施,达到既保障建筑消防安全又节约投资的目的。确定建筑耐火等级是最基本的建筑防火技术措施之一,建筑耐火等级的确定与建筑使用性质、火灾危险性、建筑高度(层数)等密切相关。在消防验收中,首先要对建筑分类的正确性和耐火等级合理性进行检查,以便为下一步总平面布局及平面布置、防火防烟分区、安全疏散、灭火设施等方面的检查提供相应的判定依据。

1. 建筑分类

工业建筑可分为单层、多层、高层厂房和仓库,同时按照火灾危险性又可分为甲、乙、丙、丁、戊类厂房和仓库;民用建筑可分为单层、多层、高层住宅建筑和公共建筑,同时高层民用建筑又可分为一类高层民用建筑和二类高层民用建筑。

(1)厂房的火灾危险性。

生产厂房的火灾危险性应根据生产中使用或产生的物质性质及其数量等因素划分。在厂房项目验收过程中,确定厂房火灾危险性时应注意以下内容。

① 同一座厂房或厂房的任一防火分区内有不同火灾危险性生产时,厂房或防火分区内的生产火灾危险性类别应按火灾危险性较大的部分确定;当生产过程中使用或产生易燃、可燃物的量较少,不足以构成爆炸或火灾危险时,可按实际情况确定;② 火灾危险性较大的生产部分占本层或本防火分区建筑面积的比例小于5%或丁、戊类厂房内的油漆工段小于10%,且发生火灾事故时不足以蔓延至其他部位或火灾危险性较大的生产部分采取了有效的防火措施时,按照火灾危险性较小的部分确定;③ 丁、戊类厂房内的油漆工段,当采用封闭喷漆工艺,封闭喷漆空间内保持负压、油漆工段设置可燃气体探测报警系统或自动抑爆系

统，且油漆工段占所在防火分区建筑面积的比例不大于20%时，也可按照火灾危险性较小的部分确定。

以上为同一座厂房或厂房中同一个防火分区内存在不同火灾危险性的生产时，确定该建筑或区域火灾危险性的原则。

（2）仓库的火灾危险性。

仓库的火灾危险性应根据存储物品中可燃物数量等因素划分。在仓库项目验收过程中，确定仓库火灾危险性时应注意以下内容。

① 同一座仓库或仓库的任一防火分区内储存不同火灾危险性物品时，仓库或防火分区的火灾危险性应按火灾危险性最大的物品确定；② 丁、戊类储存物品仓库的火灾危险性，当可燃包装重量大于物品本身重量1/4或可燃包装体积大于物品本身体积的1/2时，应按丙类确定。

以上为同一座仓库或其中同一防火分区内存在多种火灾危险性的物质时，确定该建筑或区域火灾危险性的原则。

（3）民用建筑类别。

民用建筑类别根据建筑高度、使用功能、火灾危险性及扑救难易程度确定为住宅建筑和公共建筑两大类。

（4）消防验收过程中常见问题。

① 项目变更使用性质未重新申报消防验收：如设计使用性质为丁、戊类厂房，实际使用性质为公共建筑；② 丁、戊类厂房内的油漆工段占所在防火分区建筑面积的比例大于20%，增大厂房火灾危险性；③ 项目随意搭设夹层（多发生在住宅项目商业服务网点首层）或增加层数（多发生在公共建筑顶层），导致项目建筑层数及建筑高度与原设计图纸不符。

（5）建筑高度和建筑层数的计算方法。

建筑高度的计算应符合下列规定：① 建筑屋面为坡屋面时，建筑高度应为建筑室外设计地面至其檐口与屋脊的平均高度；② 建筑屋面为平屋面（包括有女儿墙的平屋面）时，建筑高度应为建筑室外设计地面至其屋面面层的高度；③ 同一座建筑有多种形式的屋面时，建筑高度应按上述方法分别计算后，取其中最大值；④ 对于台阶式地坪，当位于不同高程地坪上的同一建筑之间有防火墙分隔，各自有符合规范规定的安全出口，且可沿建筑的两个长边设置贯通式或尽头式消防车道时（建筑较低一侧的屋顶，耐火极限不应低于1 h），可分别计算各自的建筑高度，否则，应按其中建筑高度最大者确定该建筑的建筑高度；⑤ 局部突出屋顶的瞭望塔、冷却塔、水箱间、微波天线间或设施、电梯机房、排风和排烟机房以及楼梯出口小间等辅助用房占屋面面积不大于1/4者,可不计入建筑高度(屋顶设置的会议室、茶座等经常有人的功能房间,有一定火灾风险,即使占屋面面积不大于1/4,也应计入建筑高度);⑥ 对于住宅建筑,设置在底部且室内高度不大于2.2 m的自行车库、储藏室、敞开空间,室内外高差或建筑的地下或半地下室的顶板面高出室外设计地面的高度不大于1.5 m的部分,可不计入建筑高度。

建筑层数应按建筑的自然层数计算,下列空间可不计入建筑层数:① 室内顶板面高出室外设计地面的高度不大于1.5 m的地下或半地下室;② 设置在建筑底部且室内高度不大于2.2 m的自行车库、储藏室、敞开空间;③ 建筑屋顶上突出的局部设备用房、出屋面的楼梯间等。

2. 耐火等级

建筑的耐火等级是指建筑物的整体耐火性能,是由建筑物的墙、柱、梁、楼板等主要构件的燃烧性能和耐火极限决定。在工程消防验收过程中,主要检查建筑物建筑构件的燃烧性能、耐火极限、耐火等级与建筑物分类的适应性,以及建筑物允许最多层数与耐火等级的适应性,核实项目建筑物耐火等级是否符合现行国家工程建设消防技术标准的要求。

（1）厂房、仓库常见不同类别建筑耐火等级要求。

① 高层厂房,甲、乙类厂房的耐火等级不应低于二级;② 使用或产生丙类液体的厂房和有火花、赤热表面、明火的丁类厂房,其耐火等级均不应低于二级;③ 使用或储存特殊贵重的机器、仪表、仪器等设备或物品的建筑,其耐火等级不应低于二级;④ 高架仓库、高层仓库、甲类仓库、多层乙类仓库和储存可燃液体的多层丙类仓库,其耐火等级不应低于二级;⑤ 建筑面积不大于300 m²的独立甲、乙类单层厂房可采用三级耐火等级的建筑;⑥ 单、多层丙类厂房和多层丁、戊类厂房的耐火等级不应低于三级;⑦ 当为建筑面积不大于500 m²的单层丙类厂房或建筑面积不大于1 000 m²的单层丁类厂房时,可采用三级耐火等级的建筑;⑧ 单层乙类仓库,单层丙类仓库,储存可燃固体的多层丙类仓库和多层丁、戊类仓库,其耐火等级不应低于三级。

（2）民用建筑常见不同类别建筑耐火等级要求。

① 地下或半地下建筑(室)和一类高层建筑的耐火等级不应低于一级;② 单、多层重要公共建筑和二类高层建筑的耐火等级不应低于二级。

（3）建筑耐火等级在消防验收过程中常见问题。

① 建筑物主要构件的燃烧性能与建筑物耐火等级不相适应:如厂房钢柱、钢

梁等未涂刷防火涂料(图 2-1-1),或者实测防火涂料涂刷厚度不符合设计要求厚度,导致厂房钢柱、钢梁等构件的耐火极限与厂房耐火等级不符;② 单、多层丙类厂房屋顶承重构件采用可燃物,导致厂房耐火等级低于三级,不符合规范要求(图 2-1-2)。

图 2-1-1 钢结构厂房檩条未粉刷防火涂料

图 2-1-2 耐火等级为二级的丙类厂房,梁、
柱燃烧性能与厂房耐火等级不匹配

(4)钢结构防火涂料的检测要求。

① 对比样品:检查用于工程上的防火涂料品种、颜色是否与设计选用及规定的相符。② 钢结构防火涂料要复检涂层厚度、裂缝情况、脱层空鼓情况、颜色与外观。③ 薄涂型钢结构防火涂料要符合以下要求:涂层厚度符合设计要求;无漏

涂、脱粉、明显裂缝等。如有个别裂缝，其宽度不大于 0.5 mm；涂层与钢基材之间和各涂层之间，应粘结牢固，无脱层、空鼓等情况；颜色与外观符合设计规定，轮廓清晰，接槎平整。④ 厚涂型钢结构防火涂料要符合以下要求：涂层厚度符合设计要求。如厚度低于原订标准，但必须大于原订标准的 85%，且厚度不足部位的连续面积的长度不大于 1 m，并在 5 m 范围内不再出现类似情况；涂层应完全闭合，不应露底、漏涂；涂层不宜出现裂缝。如有个别裂缝，其宽度不应大于 1 mm；涂层与钢基材之间和各涂层之间，应粘结牢固，无空鼓、脱层和松散等情况；涂层表面应无乳突。有外观要求的部位，母线不直度和失圆度允许偏差不应大于 8 mm。

（5）耐火等级、耐火极限、燃烧性能。

1）概念区分。

耐火等级是衡量建筑物耐火程度的分级标度。它由组成建筑物的构件的燃烧性能和耐火极限来确定。规定建筑物的耐火等级是建筑设计防火规范中规定的防火技术措施中的最基本措施之一。影响耐火等级选定的因素有：建筑物的重要性、使用性质和火灾危险性，建筑物的高度和面积、火灾荷载的大小等因素。

耐火极限是在标准耐火实验条件下，建筑构件、配件或结构从受火的作用时起，至失去承载能力、完整性或耐热性时止所用时间，用小时表示。承载能力是试件在耐火试验期间能够持续保持其承载能力的时间；完整性是试件在耐火试验期间能够持续保持耐火隔火性能的时间；隔热性是试件在耐火试验期间持续保持耐火隔热性能的时间。通常情况下，承重构件需要考察其在试验条件下的承载能力、完整性能和隔热性能，非承重构件可能主要考察其在试验条件下的完整性能和（或）隔热性能。

燃烧性能是在规定条件下材料或物质燃烧或遇火时所发生的一切物理和化学变化，是材料或物质的对火反应特性和耐火性能。其中，对火反应是指在规定的试验条件下，材料或制品遇火所产生的反应。依据《建筑材料及制品燃烧性能分级》GB 8624—2012 规定，建筑材料及制品燃烧性能分为 A、B1、B2、B3 四个等级。

A：不燃材料，火灾危险性很低，不会导致火焰蔓延。

B1：难燃材料，有一定的阻燃作用，起火后不会发生蔓延，当火焰移开后，燃烧停止。

B2：可燃材料，属于普通可燃材料，在点火源功率较大或有较强辐射时，容易燃烧且火焰传播速度较快，有较大的火灾危险性。

B3：易燃材料，很容易被低能量的火源点燃，火焰传播速度极为迅速。

2）相互对应关系。

虽然燃烧性能在术语概念上包含了耐火性能要求，但在实际应用中，燃烧性能和耐火极限是相对独立的概念。耐火极限与燃烧性能并无必然联系。

在建筑物的耐火等级分级标准中，不同耐火等级的建筑构件，均有燃烧性能和耐火极限要求，建筑构件的燃烧性能和耐火极限，是相对独立的判定指标。

在建筑装饰装修、建筑保温等材料及制品中，更多体现燃烧性能要求，通常不会涉及耐火极限要求。

现行规范对于耐火极限的要求，主要体现在建筑构件上，通常大部分难燃和不燃性建筑构件均需满足一定的耐火极限要求。

第二节　总平面布局

建筑总平面布局是根据城乡规划和消防安全布局的要求，结合项目周边环境、地势条件、主导风向等因素合理划分功能分区、选择建筑位置、设置必要的防火间距，同时满足消防扑救的基本条件。防火间距、消防车道、登高作业场地按照规范要求进行合理设置，可有效地防止和减少建筑火灾在建筑之间及建筑不同部位的相互影响，从而为消防救援提供可靠的保障。

1. 防火间距

防火间距是指一幢建筑物与相邻各幢建筑物之间留出一定的安全距离，保持适应消防扑救、人员安全疏散和降低火灾时热辐射的必要间距，也就是指一幢建筑物起火，其相邻建筑物在热辐射的作用下，在一定时间内没有任何保护措施的情况下，也不会起火的最小安全距离。

在确定防火间距时，主要考虑飞火、热对流和热辐射等的作用。影响防火间距的因素很多，在确定相邻建筑物、设施之间的防火间距时，应主要考虑飞火、热对流和热辐射等的作用，同时应根据建筑物的耐火能级、外墙的防火构造、灭火救援条件、设施的性质，综合考虑灭火救援需要、防止火势向邻近建筑蔓延扩大、节约用地等因素以及灭火救援力量、火灾实例和灭火救援的经验教训综合确定。

建筑物之间的防火间距应该按照相邻建筑物外墙的最近水平距离计算，如外墙有凸出的可燃物或难燃构件，则应从其凸出部分的外边缘算起。

（1）厂房、仓库的防火间距。

厂房、仓库之间的房防火间距应严格按照《建筑设计防火规范》（以下简称

《建规》)表 3.4.1、表 3.5.1、表 3.5.2 执行。

厂房与厂房之间防火间距可减小的特殊情况。

1）防火间距不限的条件要求：

① 两座厂房相邻较高一面外墙为防火墙；② 相邻两座高度相同的一、二级耐火等级建筑中相邻任一侧外墙为防火墙且屋顶的耐火极限不低于 1 h。

以上两种情况防火间距不限，但甲类厂房之间不应小于 4 m。

2）防火间距可按照表 3.4.1 减少 25% 的条件要求：

《建规》表 3.4.1 注 2：两座丙、丁、戊类厂房相邻两面外墙均为不燃性墙体，当无外露的可燃性屋檐，每面外墙上的门、窗、洞口面积之和各不大于外墙面积的 5%，且门、窗、洞口不正对开设时，其防火间距可按本表的规定减少 25%。从规范原文可以看出，执行该条防火间距减少 25% 需要同时满足以下 4 个条件：① 厂房火灾危险性必须为丙、丁、戊类厂房，因此甲、乙类厂房之间的防火间距不适应该条规范；② 相邻两面外墙均为不燃性墙体，对墙体的燃烧性能进行了约束限制；③ 无外露的可燃性屋檐；④ 每面外墙上的门、窗、洞口面积之和各不大于外墙面积的 5%，且门、窗、洞口不正对开设。《建规》表 3.4.1 注 2 规定了每面外墙门、窗、洞口面积及开设位置要求。

3）甲、乙类厂房之间的防火间距不应小于 6 m；丙、丁、戊类厂房之间的防火间距不应小于 4 m 的情况：

① 两座一、二级耐火等级的厂房，当相邻较低一面外墙为防火墙且较低一座厂房的屋顶无天窗，屋顶的耐火极限不低于 1 h；② 两座一、二级耐火等级的厂房，相邻较高一面外墙的门、窗等开口部位设置甲级防火门、窗或防火分隔水幕或按《建规》第 6.5.3 条的规定设置防火卷帘。

两座厂房的耐火等级为一、二级为适应该条文的前置条件，同时对相邻外墙分别按照较高和较低两种情况，分别做出适应该条款的要求。

（2）仓库与仓库之间防火间距。

仓库与仓库之间防火间距可减小的特殊情况。

1）防火间距不限的条件要求：

① 两座仓库相邻较高一面外墙为防火墙，且总占地面积不大于《建规》第 3.3.2 条一座仓库的最大允许占地面积规定；② 相邻两座高度相同的一、二级耐火等级建筑中，相邻任一侧外墙为防火墙且屋顶的耐火极限不低于 1 h，且总占地面积不大于《建规》第 3.3.2 条一座仓库的最大允许占地面积规定。

以上两种情况，虽防火间距可不限，但对仓库的占地面积有限制要求，总占地面积为相邻两座仓库的占地面积之和,且不大于《建规》第3.3.2条规定的一座仓库的最大允许占地面积。

2)防火间距可适当减小的条件要求:

① 单、多层戊类仓库之间的防火间距,可按《建规》表3.5.2的规定减少2 m;② 两座仓库的相邻外墙均为防火墙时,防火间距可以减小,但丙类仓库,不应小于6 m;丁、戊类仓库,不应小于4 m。

(3)民用建筑的防火间距。

民用建筑之间的房防火间距应严格按照《建规》表5.2.2执行。

厂房与厂房之间防火间距可减小的特殊情况。

1)防火间距不限须具备的条件要求:

① 两座建筑相邻较高一面外墙为防火墙,其防火间距不限。该情况对相邻建筑物耐火等级没有要求;② 两座建筑高出相邻较低一座一、二级耐火等级建筑的屋面15 m及以下的外墙为防火墙时,其防火间距不限。该情况对相邻建筑物中较低的建筑物耐火等级要求为一、二级耐火等级;③ 相邻两座高度相同的一、二级耐火等级建筑中相邻任一侧外墙为防火墙,屋顶的耐火极限不低于1 h时,其防火间距不限。该情况对相邻建筑物耐火等级均要求为一、二级耐火等级。

防火间距不限的3种情形中,防火墙均不允许开设门、窗、洞口。也就是说该3种情形,防火墙上即使安装了甲级的防火门窗也不满足防火间距不限的要求。

2)防火间距可按照表5.2.2减少25%所需具备的条件要求:

《建规》表5.2.2注1:相邻两座单、多层建筑,当相邻外墙为不燃性墙体且无外露的可燃性屋檐,每面外墙上无防火保护的门、窗、洞口不正对开设且该门、窗、洞口的面积之和不大于外墙面积的5%时,其防火间距可按本表的规定减少25%。从规范原文可以看出,执行该条防火间距减少25%需要同时满足以下4个条件:① 建筑物必须为单多层建筑;② 相邻两面外墙均为不燃性墙体,对墙体的燃烧性能进行了约束限制;③ 无外露的可燃性屋檐;④ 每面外墙上的门、窗、洞口面积之和各不大于外墙面积的5%,且门、窗、洞口不正对开设。规定了每面外墙门、窗、洞口面积及开设位置要求。

3)防火间距可适当减小所需具备的条件要求:

《建规》表5.2.2注4:相邻两座建筑中较低一座建筑的耐火等级不低于二级,相邻较低一面外墙为防火墙且屋顶无天窗,屋顶的耐火极限不低于1 h时,其防火间距不应小于3.5 m;对于高层建筑,不应小于4 m。

《建规》表 5.2.2 注 4：对较高建筑物没有耐火等级、相邻外墙是否为防火墙等相关要求，但对较低建筑物要求满足：① 耐火等级不低于二级；② 相邻较低一面外墙为防火墙且屋顶无天窗；③ 屋顶的耐火极限不低于 1 h。

《建规》表 5.2.2 注 5：相邻两座建筑中较低一座建筑的耐火等级不低于二级且屋顶无天窗，相邻较高一面外墙高出较低一座建筑的屋面 15 m 及以下范围内的开口部位设置甲级防火门、窗，或设置符合现行国家标准《自动喷水灭火系统设计规范》GB 50084—2017 规定的防火分隔水幕或《建规》第 6.5.3 条规定的防火卷帘时，其防火间距不应小于 3.5 m；对于高层建筑，不应小于 4 m。

《建规》表 5.2.2 注 5：对较高建筑物要求，较高一面外墙高出较低一座建筑的屋面 15 m 及以下范围内的开口部位设置甲级防火门窗、防火分隔水幕、防火卷帘分割；同时《建规》表 5.2.2 注 5 对较低建筑物要求：① 较低一座建筑的耐火等级不低于二级；② 屋顶无天窗。

对比注 4 和注 5：对相邻建筑物要求可发现，注 4 和注 5 相同之处是，对较高建筑物耐火等级、相邻外墙均无任何限制条件；不同之处是，对比注 4，注 5 对较低建筑物要求减少了，相邻较低一面外墙为防火墙和屋顶耐火极限不低于 1 h 的要求。

（3）厂房、仓库与民用建筑的防火间距。

厂房、仓库与民用建筑的防火间距按《建规》表 3.4.1 及表 3.5.2 执行。执行《建规》以上两表格时，需注意甲、乙类厂房与甲、乙类仓库与民用建筑之间防火间距的不同之处。

① 甲、乙类厂房与单多层民用建筑之间的防火间距不小于 25 m，与高层民用建筑及重要的公共建筑之间的防火间距不小于 50 m；甲、乙类厂房与明火或散发火花地点的防火间距不应小于 30 m；② 乙类仓库（除乙类第 6 项物品外）与民用建筑的防火间距不宜小于 25 m，与重要公共建筑的防火间距不应小于 50 m。

同时根据《建规》表 3.4.1 注 1，单层、多层戊类厂房与民用建筑的防火间距，可将戊类厂房等同民用建筑，按《建规》第 5.2.2 条的规定执行。

厂房、仓库与民用建筑防火间距可减小的特殊情况。

1）厂房、仓库与民用建筑防火间距不限须具备的条件要求：

首先须满足丙、丁、戊类厂房（仓库）与民用建筑的耐火等级均为一、二级，同时相邻较高一面外墙为无门、窗、洞口的防火墙，或较高一面外墙比相邻较低一座建筑屋面高 15 m 及以下范围内的外墙为无门、窗、洞口的防火墙时，防火间距不限。

2）厂房、仓库与民用建筑防火间距可减小所需具备的条件要求：

与防火间距不限要求条件相同的是首先需要满足丙、丁、戊类厂房（仓库）与民用建筑的耐火等级均为一、二级，同时相邻较低一面外墙为防火墙，且屋顶无天窗或洞口、屋顶的耐火极限不低于1 h，或相邻较高一面外墙为防火墙，且墙上开口部位采取了防火措施，其防火间距可适当减小，但不应小于4 m。

（4）消防验收过程中，建筑防火间距不符合规范要求主要有以下内容。

① 改建项目建筑物变更使用性质，规范要求防火间距与原使用性质相比变大，按照原使用性质满足要求的防火间距，因使用性质变更，无法满足变更使用性质后规范要求的防火间距（图2-2-1）；② 厂房正常防火间距之间增加工艺设备，导致厂房之间的防火间距不满足规范要求。

图2-2-1　改建项目，使用性质变更导致防
火间距不满足规范要求

（5）建筑物防火间距不足时可以采取的改进措施。

① 改变建筑物内的生产和使用性质，尽量降低建筑物的火灾危险性。改变房屋部分结构的耐火性能，提高建筑物的耐火等级；② 调整生产厂房的部分工艺流程，限制库房内储存物品的数量，提高部分构件的耐火性能和燃烧性能；③ 将建筑物的普通外墙改造为实体防火墙。建筑物的山墙对建筑物的通风、采光影响小，设置的窗户少，可将山墙改为实体防火墙；④ 拆除部分耐火等级低、占地面积小、适用性不强且与新建筑物相邻的原有陈旧建筑物（图2-2-2）；⑤ 设置独立的室外防火墙等。

图 2-2-2　防火间距不足,拆除原有的陈旧
建筑,以满足规范要求

（6）防火间距的主要功能。

防火间距是不同建筑间的空间间隔,按照规范要求设置建筑间的防火间距,是防止火灾在建筑之间发生蔓延的空间间隔,也是为保证火灾时消防车通行和灭火救援行动顺利开展提供必要的操作空间。

1）防火间距是不同建筑间最有效的防火分隔措施:热传播是火灾发展蔓延的决定性因素,热传播的主要方式有热传导、热对流和热辐射等。防火间距是最有效的防火分隔措施,通常认为,满足防火间距要求的两座建筑之间,可达到本质安全的防火分隔效果,即满足要求的防火间距能保证火灾不会在两座相邻建筑物之间蔓延。

2）防火间距是消防救援的基本保证:满足要求的防火间距,可保证消防车通行和灭火救援行动的顺利开展。

规范规定的防火间距要求,均为建筑间的最小间距要求,实际应用中,需要根据建筑的体量、火灾危险性和实际条件等因素,尽可能加大建筑间的防火间距。

（7）防火间距的测量计算方法。

1）建筑物之间的防火间距应按相邻建筑外墙的最近水平距离计算,当外墙有凸出的可燃或难燃构件时,应从其凸出部分外缘算起。建筑物与储罐、堆场的防火间距,应为建筑外墙至储罐外壁或堆场中相邻堆垛外缘的最近水平距离。

2）储罐之间的防火间距应为相邻两储罐外壁的最近水平距离。储罐与堆场的防火间距应为储罐外壁至堆场中相邻堆垛外缘的最近水平距离。

3）堆场之间的防火间距应为两堆场中相邻堆垛外缘的最近水平距离。

4）变压器之间的防火间距应为相邻变压器外壁的最近水平距离。变压器与建筑物、储罐或堆场的防火间距，应为变压器外壁至建筑外墙、储罐外壁或相邻堆垛外缘的最近水平距离。

5）建筑物、储罐或堆场与道路、铁路的防火间距，应为建筑外墙、储罐外壁或相邻堆垛外缘距道路最近一侧路边或铁路中心线的最小水平距离。

2. 消防车道

消防车道是指火灾发生时供消防车通行的道路，可以保障火灾时消防车顺利到达火场，消防人员能迅速开展灭火战斗，最大限度地减少人员伤亡和火灾损失。消防验收中，通过对建筑物消防车道的设置形式、车道的净宽、净高、转弯半径和回车场及承受载荷的检查，核实消防车道的设置是否符合现行国家工程建设消防技术标准的要求。

（1）消防车道设计要求。

《建规》对消防车道的设计要求进行了详细的阐述，主要内容如下。

《建规》规定消防车道应符合下列要求：车道的净宽度和净空高度均不应小于 4 m；转弯半径应满足消防车转弯的要求；消防车道与建筑之间不应设置妨碍消防车操作的树木、架空管线等障碍物；消防车道靠建筑外墙一侧的边缘距离建筑外墙不宜小于 5 m；消防车道的坡度不宜大于 8%。

该条款保证了消防车道满足消防车通行及扑救建筑火灾的需求。其中查看消防车道的设置位置、净宽、净高、转弯半径、树木等障碍物是消防验收评定中的"A"项，是验收中的重点项目。

在日常的消防验收工作中，项目违反该条款的情况较多，具体情况如下。

① 消防车道的设置位置与图纸不符：室外绿化施工未按照项目总平面图中消防车道设置要求进行，随意变更消防车道设置位置。② 消防车道净宽、净高、转弯半径、坡度等不符合规范要求：室外绿化施工未考虑消防车通行的要求，高大绿化树木距离消防车道过近，导致消防车道净高不符合要求；室外灯杆、装饰物占用消防车道，导致消防车道净宽、转弯半径等不符合要求。设置在山地或者丘陵地区有室外高差的项目，在设计、施工时应特别主要消防车道坡度的设置要求。消防车道与市政道路连接处，坡度超出规范要求也是比较常见的问题之一。③ 消防车道离建筑物距离不符合规范要求：除高层建筑外的一般建筑，可直接利用消防车道进行消防救援，因此，消防车道与建筑之间必须保持足够的救援空间。④ 消防车道与建筑之间有影响消防车操作的高大树木、架空线路等障碍物；

消防车道和建筑物之间的高大树木影响消防救援，是住宅项目消防验收中常见的问题；在消防验收中，一般树木高度大于 5 m 时，将被定义为影响消防救援的高大树木。架空线路影响救援，主要是部分工业厂房设计借用厂房周边市政道路作为消防车道时，没有考虑市政道路与建筑物之间的架空线路对消防救援的影响。

《建规》规定环形消防车道至少应有两处与其他车道连通。尽头式消防车道应设置回车道或回车场，回车场的面积不应小于 12 m × 12 m；对于高层建筑，不宜小于 15 m × 15 m；供重型消防车使用时，不宜小于 18 m × 18 m。消防车道的路面、救援操作场地、消防车道和救援操作场地下面的管道和暗沟等，应能承受重型消防车的压力。消防车道可利用城乡、厂区道路等，但该道路应满足消防车通行、转弯和停靠的要求。

对于该条款，在日常验收中常见的不合格项有以下几方面内容。

① 消防车道面层未施工完成（图 2-2-3），尽头式消防车道未按照规范及图纸要求设置回车道或回车场；② 消防车道净宽、净高不符合规范要求（图 2-2-4），回车场设置面积不符规范要求；③ 消防车道路面、救援操作场地承重压力不符合要求（图 2-2-5）；④ 消防车道利用城乡、厂区道路等时不满足消防车通行条件；⑤ 消防车道转弯半径不符合规范要求（图 2-2-6）；⑥ 消防车道坡度设置不符合规范要求（图 2-2-7）；⑦ 消防车回车场设置障碍物，影响回车场正常使用（图 2-2-8）；⑧ 消防车道不具备通车条件：项目消防车道与市政道路连接处不具备通车条件（图 2-2-9）、消防车道未连续设置导致部分位置不具备通车条件（图 2-2-10）。

图 2-2-3　消防车道面层未施工完成

图 2-2-4　消防车道净宽不符合规范要求（整改后照片）

图 2-2-5　消防车道承重不满足要求

图 2-2-6　室外楼梯占用消防车道，导致消防车道净宽及转弯半径均不符合规范要求

图 2-2-7　消防车道坡度大于 8%，不符合规范要求

图 2-2-8　消防车回车场设置室外景观，影响消防车正常通行

图 2-2-9　消防车道与市政道路连接处不具备通车条件

图 2-2-10　消防车道未连续设置，部分位置不具备通车条件

　　回车场被室外绿化侵占、消防车道硬化未按照图纸设计要求施工、借用城乡道路作为消防车道时，未考虑消防车通行要求是造成以上不合格项的主要原因。

　　消防车道利用交通道路时，合用道路需满足消防车通行与停靠的要求。当消防车道设置在建筑物红线外时，应取得权属单位的同意，确保消防车道正常使用。

　　（2）消防车道的使用场合。

　　《建规》规定街区内的道路应考虑消防车的通行，道路中心线间的距离不宜大于 160 m。当建筑物沿街道部分的长度大于 150 m 或总长度大于 220 m 时，应设置穿过建筑物的消防车道。确有困难时，应设置环形消防车道。

　　该条款强调了街区内道路作为消防车道使用的具体要求，同时对总长度和沿街长度过长的建筑物进行长度限制，以保证灭火救援以及内部人员疏散。规范条文解释中也明确指出：住宅小区的道路设计要考虑消防车的通行需要。

　　《建规》规定对民用及工业建筑消防车道的设置形式进行了规定，应按照规范要求进行消防车道的设计及施工。擅自改变消防车道的设置形式，常常导致项目无法通过消防验收。

　　（3）关于隐形消防车道、消防车登高操作场地的设置。

　　隐形消防车道和消防车登高操作场地，通常是指在消防车道和消防车登高操作场地上种植不妨碍消防车通行和扑救的草皮等绿化设施，应急时供消防车使用。

　　从规范原则来说，只要满足消防车道和消防车登高操作场地的相关规范要求，并不禁止消防车道和消防车登高操作场地覆盖绿化设施。但实际应用中，存在诸多不确定因素：① 隐形消防车道与其他绿化区域容易混淆，来到陌生环境的消防车驾驶员，难以迅速判断消防车道路径(图 2-2-11)。② 相对硬质消防车道和登高场地，覆盖绿化设施后更容易被破坏，很多物业人员甚至根本没有消防车道和登高场地的概念，隐形车道和场地更容易被挪为他用。③ 绿植隐形的消防车道和登高场地，维护成本高，且时间越长成本越高，很难长期保证隐形消防车道和登高场地的有效性。车道和景观绿化地已融为一体，消防车一旦开到非车道部位，极可能陷入泥坑。④ 目前尚缺乏隐形消防车道和登高场地的相关设计依据，消防验收时，更难以验证隐形消防车道和登高场地是否达到合格标准，对于覆盖绿化设施的消防车道和登高场地，目前的设计依据不够明确，且缺乏可靠的检测验收手段，消防验收时很难验证是否已达合格标准。象征性地验收流程，根本无法保证消防车道和登高场地的有效性。⑤ 难以保证隐形消防车道和登高场地的长期有效性。受绿植和覆土的影响，隐形消防车道和登高场地更容易受损或变坏，难以保证长期有效，物业更不可能定期检测验证，且目前也没有可靠的检测验证手段。

图 2-2-11　隐形消防车道承重不符合要求

　　根据以上分析，建议设计部门在消防设计时尽量不要采用隐形消防车道。

　　(4) 有效控制消防车道坡度以及消防车道与建筑外墙间距的意义。

　　《建规》7.1.8 规定：消防车道与建筑物外墙一侧的边缘距离建筑外墙不宜小于 5 m；消防车道的坡度不宜大于 8%。该条规范对消防车道坡度以及与建筑外墙间距的设置要求，实际意义在于明确：消防车道的设置目的，不仅限于消防车通行，更可直接利用消防车道展开灭火救援行动。

2014版《建规》开始引入消防车登高操作场地，并阐述了消防车登高操作场地长、宽、坡度、承重等一系列方便开展灭火救援的设置要求。由此引发一些认识误区：消防车通道的作用只为保障消防车安全通行，灭火救援仅可在消防车登高操作场地开展。从而忽略了消防车道能在一定程度上满足灭火救援要求，是灭火救援场地的有效补充这一重要作用。

在2014版《建规》实施以前，国内的国家规范及技术标准等并没有消防车登高操作场地这一概念，当时规范及标准的设计理念主要是通过消防车道进行灭火救援。

即使在2014版《建规》实施以后，《建规》仍强调了消防车道能在一定程度上满足灭火救援要求，是灭火救援场地的有效补充：

1）《建规》7.1.2条文说明：沿建筑物设置环形消防车道或沿建筑物的两个长边设置消防车道，有利于在不同风向条件下快速调整灭火救援场地和实施灭火。对于大型建筑，更有利于众多消防车辆到场后展开救援行动和调度。

2）《建规》7.1.3条文说明：工厂或仓库区内不同功能的建筑通常采用道路连接，但有些道路并不能满足消防车的通行和停靠要求，故要求设置专门的消防车道以便灭火救援。

3）《建规》7.1.8条文说明：本条为保证消防车道能够满足消防车通行和扑救建筑火灾的需要；根据实际灭火情况，除高层建筑需要设置灭火救援操作场地外，一般建筑均可直接利用消防车道展开灭火救援行动。

实际灭火救援过程中，单多层建筑通常没有配套登高操作场地，高层建筑的登高操作场地也难以实现全方位保护，因此，灭火救援工作仍需通过建筑四周的消防车道展开，灭火类消防车和举高类消防车均可通过消防车道开展灭火救援工作。需要设置环形消防车道的建筑，均为高层建筑或较大规模的单多层建筑，多数情况下，消防车登高操作场地仅能局部发挥作用，建筑物的灭火救援，必须同时依靠消防车道完成。

因此，当消防车道作为灭火救援操作场地时，应有效控制消防车道坡度以及与建筑外墙间距。当消防车道作为灭火救援操作场地时：① 与消防车道对应的建筑立面，应设置方便救援的消防救援窗口；② 消防车道靠建筑外墙一侧的边缘距离，应满足灭火救援要求（不宜小于5 m）；③ 消防车道宜参照登高操作场地的设置要求，即坡度不宜大于3%（不宜按照"消防车通行不宜大于8%"的要求设置）；④ 消防车道与建筑物之间不应设置妨碍消防救援的树木、架空线路等障碍物。

3. 消防车登高操作场地

消防车登高操作场地是指满足登高消防车靠近、停留、展开并安全作业的场地。对应消防车登高作业场地的建筑外墙，是便于消防员进入建筑内部进行救人和灭火的建筑立面称为消防车登高作业面。

（1）消防车登高操作场地的设计要求。

《建规》规定消防车登高操作场地应符合下列规定。

① 消防车登高操作场地与厂房、仓库、民用建筑之间不应设置妨碍消防车操作的树木、架空管线等障碍物和车库出入口。② 消防车登高操作场地的长度和宽度分别不应小于 15 m 和 10 m；对于建筑高度大于 50 m 的建筑，场地的长度和宽度分别不应小于 20 m 和 10 m。③ 消防车登高操作场地及其下面的建筑结构、管道和暗沟等，应能承受重型消防车的压力。④ 消防车登高操作场地应与消防车道连通，场地靠建筑外墙一侧的边缘距离建筑外墙不宜小于 5 m，且不应大于 10 m，场地的坡度不宜大于 3%。

《建规》规定建筑物与消防车登高操作场地相对应的范围内，应设置直通室外的楼梯或直通楼梯间的入口。

该条款通过实战经验，对消防车登高操作场地的基本要求进行规定。消防车登高操作场地相对应的范围内，设置直通室外的楼梯或直通楼梯间的入口，主要目的是方便消防救援人员出入火场，住宅建筑每个单元的楼梯均应直通消防车登高作业场地。

消防验收过程中，常见的验收不合格项如下。

① 消防登高操作场地与建筑物之间设置妨碍消防车操作的障碍物、车库出入库口等；② 消防登高操作场地被室外绿化占用，宽度、长度不符合规范要求；③ 消防登高操作场地承重不符合要求（图 2-2-12）。

当消防车登高操作场地设置在建筑红线外时，应取得权属单位的同意，确保消防登高操作场地正常使用。

（2）消防车登高操作场地的使用场合。

《建规》规定高层建筑应至少沿一个长边或周边长度的 1/4 且不小于一个长边长度的底边连续布置消防车登高操作场地，该范围内的裙房进深不应大于 4 m。建筑高度不大于 50 m 的建筑，连续布置消防车登高操作场地确有困难时，可间隔布置，但间隔距离不宜大于 30 m，且消防车登高操作场地的总长度仍应符合上述规定。

图 2-2-12　登高操作场地部分位置未硬化,承重不符合规范要求

　　该条规定是为满足扑救建筑火灾和救助高层建筑中遇困人员需要的基本要求。登高操作场地范围内裙房进深不应大于 4 m,以确保登高消防车能够靠近高层建筑主体,便于登高消防车开展灭火救援。

　　消防验收过程中,常见的验收不合格项。

　　① 高层建筑消防车登高作业场地未连续设置,不符合规范要求;② 建筑高度不大于 50 m 的建筑消防车登高操作场地间隔布置时,总长度小于周长的 1/4,不符合规范要求;③ 消防车登高操作场地范围内裙房,因雨棚、挑檐等凸出物导致进深大于 4 m,不满足规范要求;④ 消防登高操作场地被室外绿化占用(图 2-2-13);⑤ 消防登高操作场地未施工完成(图 2-2-14),长度、宽度不符合规范要求(图 2-2-15)。

图 2-2-13　消防登高操作场地被室外绿化占用

图 2-2-14　消防登高操作场地未施工完成

图 2-2-15　登高操作场地宽度不符合规范要求

（3）消防车道、登高操作场地与建筑物之间妨碍消防车操作的树木高度的界定标准。

1）《建规》要求：

《建规》7.1.8 消防车道应符合下列要求（第三条）：消防车道与建筑之间不应设置妨碍消防车操作的树木、架空管线等障碍物；《建规》7.2.2 消防车登高操作场地应符合下列规定（第一条）：场地与厂房、仓库、民用建筑之间不应设置妨碍消防车操作的树木、架空管线等障碍物和车库出入口。

2）条文的解释：

《浙江省消防技术规范难点问题操作技术指南》2020 版 2.1.1 按《建筑设计防火规范》第 7.1.2 条及第 7.1.3 条规定要求设置消防车道贴邻建筑的 5 m

范围内不应布置架空线路、高度大于 5 m 的高大乔木、行道树等影响消防救援的障碍物。

《建规》7.2.1 高层建筑应至少沿一个长边或周边长度的 1/4 且不小于一个长边长度的底边连续布置消防车登高操作场地,该范围内的裙房进深不应大于 4 m。通过该条文可知登高作业面与建筑物之间 4 m 范围内不能设置裙房。

3)界定标准:

综上,我们可将消防车道、登高作业面与建筑物之间 4 m(浙江省地方标准为 5 m)范围内且高度大于 5 m 的树木界定为妨碍消防车操作的树木,对于高度小于等于 5 m 的树木可认为不妨碍消防车操作。

4. 消防救援窗口

消防救援窗口是指设置在厂房、仓库、公共建筑外墙上,便于消防员迅速进入建筑内部,有效开展人员救助和灭火行动的窗口。

(1)消防救援窗口的设计要求。

《建规》规定供消防救援人员进入的窗口的净高度和净宽度均不应小于 1 m,下沿距室内地面不宜大于 1.2 m,间距不宜大于 20 m 且每个防火分区不应少于 2 个,设置位置应与消防车登高操作场地相对应。窗口的玻璃应易于破碎,并应设置可在室外易于识别的明显标志。

救援口大小是满足一个消防员背负基本救援装备进入建筑的基本尺寸。其位置、标识设置应便于消防员快速识别和利用。

消防验收过程中,常见的验收不合格项有:① 消防救援窗口未按照规范要求设置室外易于识别的明显标志(图 2-2-16)或标志张贴位置与设计图纸不符(图 2-2-17);② 建筑物外墙装修物遮挡救援窗口(图 2-2-18)、建筑内部装修遮挡救援窗口(图 2-2-19);③ 消防救援窗口净高度和净宽度不符合规范要求(图 2-2-20、图 2-2-21);④ 消防救援窗口玻璃不易于破碎。

(2)消防救援窗口的使用场所。

《建规》规定厂房、仓库、公共建筑的外墙应在每层的适当位置设置可供消防救援人员进入的窗口。

在建筑的外墙设置可供专业消防人员使用的入口,对于方便消防员灭火救援十分必要。救援窗口的设置既要结合楼层走道在外墙上的开口、还要结合避难层、避难间以及救援场地,在外墙上选择合适的位置进行设置。当建筑物设有消防车登高作业场地时,消防救援窗口的设置位置应与消防车登高作业场地相对应。

图 2-2-16　消防救援窗口未按照规范要求设置室外易于识别的明显标志

图 2-2-17　消防救援窗标识张贴位置与图纸不符（张贴位置不满足救援窗设置要求）

图 2-2-18　建筑物外墙装饰遮挡消防救援窗口

图 2-2-19 建筑内部装修遮挡消防救援窗,影响消防救援

图 2-2-20 建筑物外墙铝板龙骨遮挡救援窗口,导致消防救援窗口净宽不符合规范要求

图 2-2-21 消防救援窗中间立柱导致消防救援窗净宽不符合规范要求

（3）住宅建筑及商业服务网点是否需设置救援口的讨论。

现行《建规》中规定"厂房、仓库、公共建筑的外墙应在每层的适当位置设置可供消防救援人员进入的窗口"，对住宅建筑及配套的商业服务网点未做明确规定，但该类场所并非不需要设置消防救援窗口。

住宅建筑相比厂房、仓库、公共建筑同样具有火灾危险性，发生火灾时，消防救援人员仍需要通过建筑外窗进入建筑内部进行消防救援。

对于普通的住宅建筑，《住宅设计规范》GB 50096—2011 中已明确住宅建筑的日照、天然采光、通风等要求，通常在满足日照、天然采光、通风等要求的前提下，各住户的窗洞口中至少应有满足消防救援口设置要求的窗口，因此《建规》中未做另行规定；

对于设有商业服务网点的住宅建筑，考虑商业服务网点（商业服务网点是设置在住宅建筑的首层或首层及二层，每个分隔单元建筑面积不大于 300 m² 的商店、邮政所、储蓄所、理发店等小型营业性用房）实际功能与公共建筑相当，因此，商业服务网点每个分隔单元的每层，也应设置满足规范要求的救援口。

第三节　平面布置

建筑内部不同用途、不同功能空间的火灾危险性和人员疏散要求是不同的，需要结合建筑功能、空间组合、人员组织和安全疏散等对建筑平面进行合理的布置，尽量降低火灾的危害。

1. 厂房的平面布置要求

（1）甲、乙类生产场所（仓库）不应设置在地下或半地下。

（2）员工宿舍严禁设置在厂房内。

（3）办公室、休息室等不应设置在甲、乙类厂房内，确需贴邻本厂房时，办公室、休息室需同时满足：耐火等级不应低于二级；采用耐火极限不低于 3 h 的防爆墙与厂房分隔；应设置独立的安全出口。

（4）办公室、休息室可设置在丙类厂房内，应满足：采用耐火极限不低于 2.5 h 的防火隔墙和 1 h 的楼板与其他部位分隔；应至少设置 1 个独立的安全出口；如隔墙上需开设相互连通的门时，应采用乙级防火门。

2. 仓库的平面布置要求

（1）员工宿舍严禁设置在仓库内。

（2）办公室、休息室等严禁设置在甲、乙类仓库内，也不应贴邻。

（3）办公室、休息室设置在丙、丁类仓库内时,应满足:采用耐火极限不低于2.5 h的防火隔墙和1 h的楼板与其他部位分隔;应至少设置1个独立的安全出口;如隔墙上需开设相互连通的门时,应采用乙级防火门。

通过厂房、仓库的平面设置要求可以看出,厂房、仓库平面布置的相同处:① 甲、乙类的厂房、仓库均不得设置在地下或者半地下;② 员工宿舍禁止设置在厂房、宿舍内;③ 在甲、乙类厂房、仓库内均不得设置办公室、休息室;④ 办公室、休息室可设置在丙类厂房内以及丙、丁类仓库内时,防火分隔、安全疏散的条件相同。不同之处:办公室、休息室可贴临甲、乙类厂房布置,但不能贴临甲、乙类仓库布置。同时也可以看出:当办公室、休息室设置在丁戊类厂房和戊类仓库时,可不额外考虑防火分隔和安全疏散的要求。

3. 厂房内中间仓库、中间储罐的平面布置要求

中间仓库是指为满足生产需要,从仓库或上道工序取得一定数量的原材料、半成品等存放在厂房内的场所。生产车间和中间仓库的耐火等级应按照仓库和厂房两者中要求较高的确定,并应当保持一致。

（1）甲、乙类中间仓库应靠外墙布置,其储量不宜超过1昼夜的需要量。

（2）甲、乙、丙类中间仓库应采用防火墙和耐火极限不低于1.5 h的不燃性楼板与其他部位分隔。

（3）丁、戊类中间仓库应采用耐火极限不低于2 h的防火隔墙和1 h的楼板与其他部位分隔。

（4）厂房内的丙类液体中间储罐应设置在单独房间内,其容量不应大于5 m³。设置中间储罐的房间,应采用耐火极限不低于3 h的防火隔墙和1.5 h的楼板与其他部位分隔,房间门应采用甲级防火门。

4. 民用建筑的平面布置要求

（1）商店建筑、展览建筑。

① 设置层数要求:营业厅、展览厅不应设置在地下三层及以下楼层。采用三级耐火等级建筑时,不应超过两层;采用四级耐火等级建筑时,应为单层。营业厅、展览厅设置在三级耐火等级的建筑内时,应布置在首层或二层;设置在四级耐火等级的建筑内时,应布置在首层。② 放置物品要求:地下或半地下营业厅、展览厅不应经营、储存和展示甲、乙类火灾危险性物品。

（2）老幼场所。

① 设置层数要求:托儿所、幼儿园的儿童用房和儿童游乐厅等儿童活动场所宜设置在独立的建筑内,且不应设置在地下或半地下;当采用一、二级耐火等

级的建筑时,不应超过三层;采用三级耐火等级的建筑时,不应超过两层;采用四级耐火等级的建筑时,应为单层;当设置在其他民用建筑内时,建筑物耐火等级为一、二级时:不超过三层;建筑物耐火等级为三级时:不超过两层;建筑物耐火等级为四级时应布置在首层。② 防火分隔要求:附设在建筑内的托儿所、幼儿园的儿童用房和儿童游乐厅等儿童活动场所、老年人照料设施,应采用耐火极限不低于 2 h 的防火隔墙和 1 h 的楼板与其他场所或部位分隔,墙上必须设置的门、窗应采用乙级防火门、窗。③ 安全出口要求:设置在单多层建筑物内时,宜设置单独的安全出口和疏散楼梯;设置在高层建设物内时,应设置单独的安全出口和疏散楼梯。

（3）剧场、电影院、礼堂。

① 设置层数要求:剧场、电影院、礼堂宜设置在独立的建筑内,采用三级耐火等级建筑时,不应超过二层;设置在一、二级耐火等级的建筑内时,观众厅宜布置在首层、二层或三层;确需布置在四层及以上楼层时,一个厅、室的疏散门不应少于 2 个,且每个观众厅的建筑面积不宜大于 400 m²;设置在三级耐火等级的建筑内时,不应布置在三层及以上楼层;设置在地下或半地下时,宜设置在地下一层,不应设置在地下三层及以下楼层;设置在高层建筑内时,应设置火灾自动报警系统及自动喷水灭火系统等自动灭火系统。② 防火分隔要求:当设置在其他民用建筑内时,至少应设置 1 个独立的安全出口和疏散楼梯,并应符合下列规定:采用耐火极限不低于 2 h 的防火隔墙和甲级防火门与其他区域分隔。

（4）歌舞娱乐场所。

① 设置层数要求:不应布置在地下二层及以下楼层;宜布置在一、二级耐火等级建筑内的首层、二层或三层的靠外墙部位;不宜布置在袋形走道的两侧或尽端;确需布置在地下一层时,地下一层的地面与室外出入口地坪的高差不应大于 10 m。② 防火分隔要求:与建筑的其他部位之间,应采用耐火极限不低于 2 h 的防火隔墙和 1 h 的不燃性楼板分隔,设置在厅、室墙上的门和该场所与建筑内其他部位相通的门均应采用乙级防火门。③ 布置在地下或四层及以上楼层时的特殊要求:布置在地下或四层及以上楼层时,一个厅、室的建筑面积不应大于 200平方米。

（5）柴油发电机房。

① 设置层数要求:宜布置在首层或地下一、二层,不应布置在人员密集场所的上一层、下一层或贴邻;② 防火分隔要求:应采用耐火极限不低于 2 h 的防火隔墙和 1.5 h 的不燃性楼板与其他部位分隔,门应采用甲级防火门;③ 储油间设

置要求:机房内设置储油间时,其总储存量不应大于 1 m³,储油间应采用耐火极限不低于 3 h 的防火隔墙与发电机间分隔;确需在防火隔墙上开门时,应设置甲级防火门。

(6)消防控制室。

① 设置位置要求:单独建造的消防控制室,其耐火等级不应低于二级;附设在建筑内的消防控制室,宜设置在建筑内首层或地下一层,并宜布置在靠外墙部位;不应设置在电磁场干扰较强及其他可能影响消防控制设备正常工作的房间附近。② 防火分隔要求:与建筑的其他部位之间,应采用耐火极限不低于 2 h 的防火隔墙和耐火极限不低于 1.5 h 的楼板分隔,通向建筑物内的门应采用乙级防火。③ 疏散门设置要求:疏散门应直通室外或安全出口。

(7)消防水泵房。

① 设置位置要求:单独建造的消防水泵房,其耐火等级不应低于二级;不得设置在地下三层及以下或室内地面与室外出入库口地坪高差大于 10 m 的地下楼层内。② 防火分隔要求:与建筑的其他部位之间,应采用耐火极限不低于 2 h 的防火隔墙和耐火极限不低于 1.5 h 的楼板分隔,通向建筑物内的门应采用乙级防火;③ 疏散门设置要求:疏散门应直通室外或安全出口。

(8)消防验收现场验收方法。

查阅项目消防设计专篇、设计图纸,了解建筑的使用性质、建筑层数(高度)、耐火等级、主要功能布局、生产(仓储物品)的火灾危险性等,对上述场所的设置部位、防火分隔措施、安全出口的设置等进行检查是否符合国家现行的标准及规范要求。

(9)现场验收中常见问题。

① 厂房(仓库)内设置办公室,厂房与办公区域的防火分隔不符合规范要求(图 2-3-1):防火隔墙耐火极限不符合要求;隔墙上采用普通门窗;未设置独立的安全出口等。② 民用建筑内特殊场所设置位置不符合规范要求:幼儿园设置在四层及以上不符合规范要求;设置在其他建筑内的幼儿园、老年公寓、电影院未设置独立的安全出口(图 2-3-2);电影院、歌舞娱乐场所设置在(歌舞娱乐场所设置在地下一层)四层及以上时,厅、室面积超过规范限制要求;电影院、歌舞娱乐场所与其他区域的防火分隔不符合规范要求,防火门防火等级不符合规范要求等。③ 柴油发电机设置场所未避开人员密集场所,储油间防火门防火等级不符合规范要求;消防控制室、消防水泵房疏散门无法直通室外;消防水泵房入口处未设置防淹措施(图 2-3-3)等。

图 2-3-1　丙类厂房内设置办公场所,防火隔墙耐火极限不符合要求
（隔墙上的窗未按规范要求用乙级防火墙）

图 2-3-2　幼儿园设置在四层,平面布局不符合规范要求,且设置在其他建
筑内未设置独立的安全出口

图 2-3-3　消防水泵房入口处未设置防淹措施

第三章 建筑保温及装饰装修

第一节　建筑保温和外墙装饰防火

由于我国幅员辽阔,大部分地区冬季温度都较低,所以为了确保建筑物能够达到更好的保温效果,则都需要采取一定的保温手段来确保保温效果的实现。在外墙保温建设过程中,由于其保温材料及保温系统的设计等堵多因素,给人们带来良好的保温效果的同时,也增加了火灾的隐患。特别是最近几年高层建筑火灾的频繁发生,使人们对建筑外墙保温的防火安全问题越发地关注。本章从设计规范上对建筑保温材料进行了详细说明,并对存在的安全隐患进行了初步分析,并进一步对建筑外墙保温系统防火安全措施进行了具体的阐述。

1. 建筑的内、外保温系统,宜采用燃烧性能为 A 级的保温材料,不宜采用 B2 级保温材料,严禁采用 B3 级保温材料;设置保温系统的基层墙体或屋面板的耐火极限应符合《建筑内部装修设计防火规范》GB 50222—2017 的有关规定

在进行建筑保温系统建设时,其保温材料与建筑防火安全息息相关,目前在建筑外墙保温系统中,通常存在无机类保温材料、有机无机复合保温材料和有机高分子保温材料三种,而在这三种材料中,有机高分子材料具有保温性能好,成本低的特点,所以在建筑外墙保温系统施工中应用得较为广泛,但这种材料多是由聚苯乙烯泡沫塑料和聚氨醋硬泡所组成,具有较高的可燃性,这就导致建筑防火安全隐患增加,再加上我国建筑外墙保温市场还不成熟,没有健全的规范和制度,保温材料的设计并没有与防火安全有效地联系起来。

该条规定了建筑内外保温系统中保温材料的燃烧性能的基本要求。不同建筑,其燃烧性能要求有所差别。

A 级材料属于不燃材料,火灾危险性很低,不会导致火焰蔓延。因此,在建筑的内、外保温系统中,要尽量选用 A 级保温材料。

B2 级保温材料属于普通可燃材料,在点火源功率较大或有较强热辐射时,

容易燃烧且火焰传播速度较快,有较大的火灾危险。如果必须要采用 B2 级保温材料,需采取严格的构造措施进行保护。同时,在施工过程中也要注意采取相应的防火措施,如分别堆放、远离焊接区域、上墙后立即做构造保护,等等。

B3 级保温材料属于易燃材料,很容易被低能量的火源或电焊渣等点燃,而且火焰传播速度极为迅速,无论是在施工还是在使用过程中,其火灾危险性都非常高。因此,在建筑的内、外保温系统中严禁采用 B3 级保温材料。

具有必要耐火性能的建筑外围护结构,是防止火势蔓延的重要屏障。耐火性能差的屋顶和墙体,容易被外部高温作用而受到破坏或引燃建筑内部的可燃物,导致火势扩大。该条规定的基层墙体或屋面板的耐火极限,建筑外墙和屋面板的耐火极限要求,不考虑外保温系统的影响。

2. 建筑外墙采用内保温系统时,保温系统应符合下列规定

（1）对于人员密集场所,用火、燃油、燃气等具有火灾危险性的场所以及各类建筑内的疏散楼梯间、避难走道、避难间、避难层等场所或部位,应采用燃烧性能为 A 级的保温材料。

（2）对于其他场所,应采用低烟、低毒且燃烧性能不低于 B1 级的保温材料。

（3）保温系统应采用不燃材料做防护层。采用燃烧性能为 B1 级的保温材料时,防护层的厚度不应小于 10 mm。

该条为强制性条文。对于建筑外墙的内保温系统,保温材料设置在建筑外墙的室内侧,如果采用可燃、难燃保温材料,遇热或燃烧分解产生的烟气和毒性较大,对人员安全带来较大威胁。因此,规定在人员密集场所,不能采用这种材料做保温材料;其他场所,要严格控制使用,要尽量采用低烟、低毒的材料。

保温材料可燃性将造成毒气与毒烟的蔓延。据一项调查分析表明,在火灾中人员伤亡主要来自毒气和烟雾窒息。由于目前保温系统所采用的保温材料多是由泡沫高分子材料所构成,其具有较强的可燃性,在燃料后会产生较大的烟雾,而且具有较高的毒性,这样就导致建筑一旦发生火灾,不仅影响救援工作的开展,而且这些烟雾和毒气也会给建筑内人员的生命带来较大的威胁。目前在建筑火灾发生后,难以控制的最主要原因就是由于外墙保温材料及装饰材料的高可燃性,再加之气体和烟雾具有较快的流动速度,这样很大程度上使火灾波及的范围会进一步扩大。

3. 建筑外墙采用保温材料与两侧墙体构成无空腔复合保温结构体时,该结构体的耐火极限应符合《建筑内部装修设计防火规范》GB 50222—2017 的有关规定;当保温材料的燃烧性能为 B1、B2 级时,保温材料两侧的墙体应采用不燃

材料且厚度均不应小于 50 mm

建筑外墙采用保温材料与两侧墙体无空腔的复合保温结构体系时,由两侧保护层和中间保温层共同组成的墙体的耐火极限应符合本规范的有关规定。当采用 B1、B2 级保温材料时,保温材料两侧的保护层需采用不燃材料,保护层厚度要等于或大于 50 mm。

该条所规定的保温体系主要指夹芯保温等系统,保温层处于结构构件内部,与保温层两侧的墙体和结构受力体系共同作为建筑外墙使用,但要求保温层与两侧的墙体及结构受力体系之间不存在空隙或空腔。该类保温体系的墙体同时兼有墙体保温和建筑外墙体的功能。

该条中的"结构体",指保温层及其两侧的保护层和结构受力体系一体所构成的外墙。

外墙保温材料的燃烧性能等级应按现行国家标准的有关规定,提供出厂抽样检测报告、产品检测报告(图 3-1-1)。

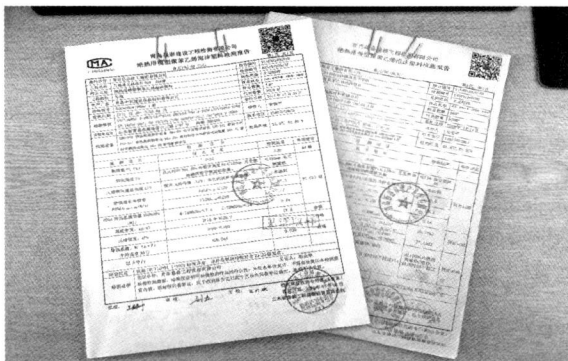

图 3-1-1　应提供相对应的外墙保温材料的出厂
抽样检测报告、产品检测报告

4. 设置人员密集场所的建筑,其外墙外保温材料的燃烧性能应为 A 级

该条为强制性条文。有机保温材料在我国建筑外保温应用中占据主导地位,但由于有机保温材料的可燃性,使得外墙外保温系统火灾屡屡发生,并造成了严重后果。国外一些国家对外保温系统使用的有机保温材料的燃烧性能进行了较严格的规定。对于人员密集场所,火灾容易导致人员群死群伤,故该条要求设有人员密集场所的建筑,其外墙外保温材料应采用 A 级材料。

燃烧性能为 A 级的材料属于不燃材料,火灾危险性低,不会导致火焰蔓延,能较好地防止火灾通过建筑的外立面和屋面蔓延。其他燃烧性能的保温材料不仅易燃烧、易蔓延，且烟气毒性大。因此，老年人照料设施的内、外保温系统要选用 A 级保温材料。

当老年人照料设施部分的建筑面积较小时，考虑其规模较小及其对建筑其他部位的影响，仍可以按本节的规定采用相应的保温材料。

除以上规定的情况外，下列老年人照料设施的内、外墙体和屋面保温材料应采用燃烧性能为 A 级的保温材料：① 独立建造的老年人照料设施；② 与其他建筑组合建造且老年人照料设施部分的总建筑面积大于 500 m² 的老年人照料设施。

5. 与基层墙体、装饰层之间无空腔的建筑外墙外保温系统，其保温材料应符合下列规定

（1）住宅建筑。

① 建筑高度大于 100 m 时，保温材料的燃烧性能应为 A 级；② 建筑高度大于 27 m，但不大于 100 m 时，保温材料的燃烧性能不应低于 B1 级；③ 建筑高度不大于 27 m 时，保温材料的燃烧性能不应低于 B2 级。

（2）除住宅建筑和设置人员密集场所的建筑外的其他建筑。

① 建筑高度大于 50 m 时，保温材料的燃烧性能应为 A 级；② 建筑高度大于 24 m，但不大于 50 m 时，保温材料的燃烧性能不应低于 B1 级；③ 建筑高度不大于 24 m 时，保温材料的燃烧性能不应低于 B2 级。

该条为强制性条文。该条规定的外墙外保温系统，主要指类似薄抹灰外保温系统，即保温材料与基层墙体及保护层、装饰层之间均无空腔的保温系统，该空腔不包括采用粘贴方式施工时在保温材料与墙体找平层之间形成的空隙。结合我国现状，本规范对此保温系统的保温材料进行了必要的限制。

与住宅建筑相比，公共建筑等往往具有更高的火灾危险性，因此结合我国现状，对于除人员密集场所外的其他非住宅类建筑或场所，根据其建筑高度，对外墙外保温系统保温材料的燃烧性能等级做出了更为严格的限制和要求。

6. 除设置人员密集场所的建筑外，与基层墙体、装饰层之间有空腔的建筑外墙外保温系统，其保温材料应符合下列规定

（1）建筑高度大于 24 m 时，保温材料的燃烧性能应为 A 级；

（2）建筑高度不大于 24 m 时，保温材料的燃烧性能不应低于 B1 级。

该条为强制性条文。该条规定的保温体系，主要指在类似建筑幕墙与建筑基层墙体间存在空腔的外墙外保温系统。这类系统一旦被引燃，因烟囱效应而造成火势快速发展，迅速蔓延，且难以从外部进行扑救。因此要严格限制其保温材料的燃烧性能,同时,在空腔处要采取相应的防火封堵措施。

7. 除本规范第 6.7.3 条规定的情况外,当建筑的外墙外保温系统按本节规定采用燃烧性能为 B1、B2 级的保温材料时,应符合下列规定

（1）除采用 B1 级保温材料且建筑高度不大于 24 m 的公共建筑或采用 B1 级保温材料且建筑高度不大于 27 m 的住宅建筑外,建筑外墙上门、窗的耐火完整性不应低于 0.5 h。

（2）应在保温系统中每层设置水平防火隔离带。防火隔离带应采用燃烧性能为 A 级的材料,防火隔离带的高度不应小于 300 mm。

这三条文主要针对采用难燃或可燃保温材料的外保温系统以及有保温材料的幕墙系统,对其防火构造措施提出相应要求,以增强外保温系统整体的防火性能。

第（1）条是指采用 B2 级保温材料的建筑以及采用 B1 级保温材料且建筑高度大于 24 m 的公共建筑或采用 B1 级保温材料且建筑高度大于 27 m 的住宅建筑。有耐火完整性要求的窗,其耐火完整性按照现行国家标准《镶玻璃构件耐火试验方法》GB/T 12513—2006 中对非隔热性镶玻璃构件的试验方法和判定标准进行测定。有耐火完整性要求的门,其耐火完整性按照国家标准《门和卷帘耐火试验方法》GB/T 7633—2008 的有关规定进行测定。

8. 建筑的外墙外保温系统应采用不燃材料在其表面设置防护层,防护层应将保温材料完全包覆。除本规范第 6.7.3 条规定的情况外,当按本节规定采用 B1、B2 级保温材料时,防护层厚度首层不应小于 15 mm,其他层不应小于 5 mm

9. 建筑外墙外保温系统与基层墙体、装饰层之间的空腔,应在每层楼板处采用防火封堵材料封堵

10. 建筑的屋面外保温系统,当屋面板的耐火极限不低于 1 h 时,保温材料的燃烧性能不应低于 B2 级;当屋面板的耐火极限低于 1 h 时,不应低于 B1 级。采用 B1、B2 级保温材料的外保温系统应采用不燃材料作防护层,防护层的厚度不应小于 10 mm

当建筑的屋面和外墙外保温系统均采用 B1、B2 级保温材料时,屋面与外墙之间应采用宽度不小于 500 mm 的不燃材料设置防火隔离带进行分隔。

由于屋面保温材料的火灾危害较建筑外墙的要小,且当保温层覆盖在具有较高耐火极限的屋面板上,对建筑内部的影响不大,故对其保温材料的燃烧性能要求较外墙的要求要低些。但为限制火势通过外墙向下蔓延,要求屋面与建筑外墙的交接部位应做好防火隔离处理,具体分隔位置可以根据实际情况确定。

屋面保温材料的燃烧性能等级应按现行国家标准的有关规定,提供出厂抽样检测报告、产品检测报告(图 3-1-2)。

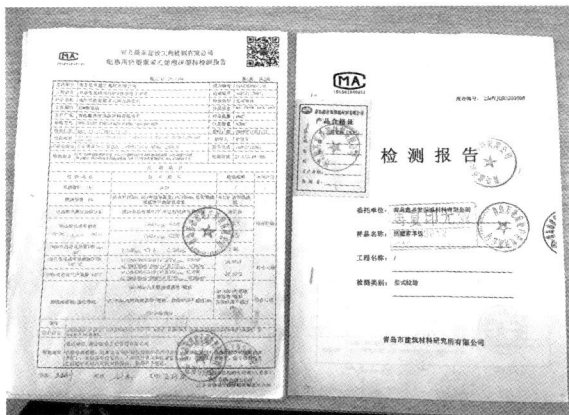

图 3-1-2　应提供相对应的屋面保温材料的出厂
抽样检测报告、产品检测报告

11. 电气线路不应穿越或敷设在燃烧性能为 B1 或 B2 级的保温材料中;确需穿越或敷设时,应采取穿金属管并在金属管周围采用不燃隔热材料进行防火隔离等防火保护措施,设置开关、插座等电器配件的部位周围应采取不燃隔热材料进行防火隔离等防火保护措施

电线因使用年限长、绝缘老化或过负荷运行发热等均能引发火灾,因此不应在可燃保温材料中直接敷设,而需采取穿金属导管保护等防火措施。同时,开关、插座等电器配件也可能会因为过载、短路等发热引发火灾,因此,规定安装开关、插座等电器配件的周围应采取可靠的防火措施,不应直接安装在难燃或可燃的保温材料中。

12. 建筑外墙的装饰层应采用燃烧性能为 A 级的材料,但建筑高度不大于 50 m 时,可采用 B1 级材料

近些年,由于在建筑外墙上采用可燃性装饰材料导致外墙面发生火灾的事故屡次发生,这类火灾往往会从外立面蔓延至多个楼层,造成了严重的火灾危害。因此,该条根据不同的建筑高度及外墙外保温系统的构造情况,对建筑外墙使用的装饰材料的燃烧性能做了必要限制,但该装饰材料不包括建筑外墙表面的饰面涂料。

13. 其他规定

因各地民用建筑的层高不断增高,因为违规动火作业、外墙保温设置不规范

等问题,引发高层民用建筑起火的案例不在少数。高层民用建筑一旦发生火灾由于规模大、结构复杂、人员密集等原因,火灾危险指数远远高于其他建筑,扑救难度更是难上加难(图 3-1-3)。

图 3-1-3　其他火点引燃外墙保温材料,引起的火灾现场

　　根据新颁布的《高层民用建筑消防安全管理规定》中提道:设有建筑外墙外保温系统的高层民用建筑,其管理单位应当在主入口及周边相关显著位置,设置提示性和警示性标识,标示外墙外保温材料的燃烧性能、防火要求。对高层民用建筑外墙外保温系统破损、开裂和脱落的,应当及时修复。高层民用建筑在进行外墙外保温系统施工时,建设单位应当采取必要的防火隔离以及限制住人和使用的措施,确保建筑内人员安全。

　　禁止使用易燃、可燃材料作为高层民用建筑外墙外保温材料。禁止在其建筑内及周边禁放区域燃放烟花爆竹;禁止在其外墙周围堆放可燃物。对于使用难燃外墙外保温材料或者采用与基层墙体、装饰层之间有空腔的建筑外墙外保温系统的高层民用建筑,禁止在其外墙动火用电。

第二节　建筑内部装修专业

1. 装修材料的分类和分级

(1)装修材料的分类。

装修材料按其使用部位和功能,可划分为顶棚装修材料、墙面装修材料、地面装修材料、隔断装修材料、固定家具、装饰织物、其他装修装饰材料7类。

其他装修装饰材料系指楼梯扶手、挂镜线、踢脚板、窗帘盒、暖气罩等。

（2）装修材料的分级。

装修材料按其燃烧性能应划分为 4 级，并应符合下表的规定（表 3-2-1）。

表 3-2-1　装修材料燃烧性能等级

等级	装修材料燃烧性能
A	不燃性
B1	难燃性
B2	可燃性
B3	易燃性

装修材料的燃烧性能等级应按现行国家标准《建筑材料及制品燃烧性能分级》的有关规定，经检测确定（图 3-2-1）。

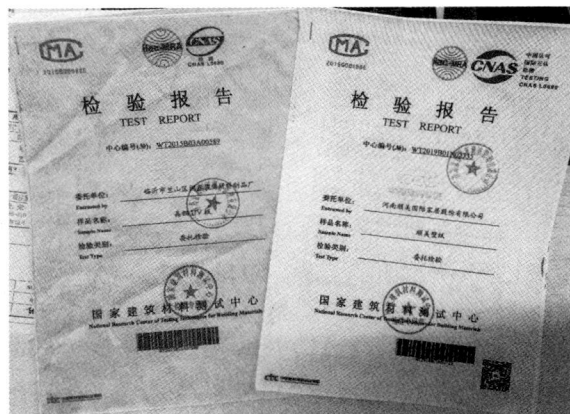

图 3-2-1　装修材料应提供相对应的燃烧性
能等级检测报告

安装在金属龙骨上燃烧性能达到 B1 级的纸面石膏板、矿棉吸声板，可作为 A 级装修材料使用。

单位面积质量小于 300 g/m² 的纸质、布质壁纸，当直接粘贴在 A 级基材上时，可作为 B1 级装修材料使用。

施涂于 A 级基材上的无机装修涂料，可作为 A 级装修材料使用；施涂于 A 级基材上，湿涂覆比小于 1.5 kg/m²，且涂层干膜厚度不大于 1 mm 的有机装修涂料，可作为 B1 级装修材料使用。

为方便设计单位借鉴采纳,对常用建筑内部装修材料燃烧性能等级划分进行了举例。列举的材料大致分为两类,一类是天然材料,一类是人造材料或制品。天然材料的燃烧性能等级划分是建立在大量试验数据积累的基础上形成的结果;人造材料或制品是在常规生产工艺和常规原材料配比下生产出的产品,其燃烧性能的等级划分同样是在大量试验数据积累的基础上形成的,划分结果具有普遍性。

常用建筑内部装修材料燃烧性能等级划分举例(表 3-2-2)。

表 3-2-2　燃烧性能等级划分

材料类别	级别	材料举例
各部位材料	A	花岗石、大理石、水磨石、水泥制品、混凝土制品、石膏板、石灰制品、黏土制品、玻璃、瓷砖、马赛克、钢铁、铝、铜合金、天然石材、金属复合板、纤维石膏板、玻镁板、硅酸钙板等
顶棚材料	B1	纸面石膏板、纤维石膏板、水泥刨花板、矿棉板、玻璃棉装饰吸声板、珍珠岩装饰吸声板、难燃胶合板、难燃中密度纤维板、岩棉装饰板、难燃木材、铝箔复合材料、难燃酚醛胶合板、铝箔玻璃钢复合材料、复合铝箔玻璃棉板等
墙面材料	B1	纸面石膏板、纤维石膏板、水泥刨花板、矿棉板、玻璃棉板、珍珠岩板、难燃胶合板、难燃中密度纤维板、防火塑料装饰板、难燃双面刨花板、多彩涂料、难燃墙纸、难燃墙布、难燃仿花岗岩装饰板、氯氧镁水泥装配式墙板、难燃玻璃钢平板、难燃 PVC 塑料护墙板、阻燃模压木质复合板材、彩色难燃人造板、难燃玻璃钢、复合铝箔玻璃棉板等
	B2	各类天然木材、木制人造板、竹材、纸制装饰板、装饰微薄木贴面板、印刷木纹人造板、塑料贴面装饰板、聚酯装饰板、复塑装饰板、塑纤板、胶合板、塑料壁纸、无纺贴墙布、墙布、复合壁纸、天然材料壁纸、人造革、实木饰面装饰板、胶合竹夹板等
地面材料	B1	硬 PVC 塑料地板、水泥刨花板、水泥木丝板、氯丁橡胶地板、难燃羊毛地毯等
	B2	半硬质 PVC 塑料地板、PVC 卷材地板等
装饰织物	B1	经阻燃处理的各类难燃织物等
	B2	纯毛装饰布、经阻燃处理的其他织物等
其他装修装饰材料	B1	难燃聚氯乙烯塑料、难燃酚醛塑料、聚四氟乙烯塑料、难燃脲醛塑料、硅树脂塑料装饰型材、经难燃处理的各类织物等
	B2	经阻燃处理的聚乙烯、聚丙烯、聚氨酯、聚苯乙烯、玻璃钢、化纤织物、木制品等

有些材料或制品,虽然用途广、用量大,但因材质特点和生产过程中工艺、原材料配比的变化,会导致材料或制品的燃烧性能发生较大变化,这些材料的燃烧性能必须通过试验确认,因此大多数的阻燃制品、高分子材料、高分子复合材料未列入表 3-2-2。

纸面石膏板、矿棉吸声板按我国现行建材防火检测方法检测，大部分不能列入 A 级材料。但是如果认定它们只能作为 B1 级材料，则又有些不尽合理，尚且目前还没有更好的材料可替代它们。

考虑到纸面石膏板、矿棉吸声板用量极大这一客观实际，以及建筑设计防火规范认定贴在金属龙骨上的纸面石膏板为不燃材料这一事实，特规定如纸面石膏板、矿棉吸声板安装在金属龙骨上，可将其作为 A 级材料使用。但矿棉装饰吸声板的燃烧性能与黏结剂有关，只有达到 B1 级时才可执行。

单位面积质量小于 $300 \text{ g}/\text{m}^2$ 的纸质、布质壁纸热分解产生的可燃气体少、发烟小，被直接粘贴在 A 级基材上时，在试验过程中，几乎不出现火焰蔓延的现象，为此确定直接贴在 A 级基材上的这类壁纸可作为 B1 级装修材料来使用。

涂料在室内装修中量大面广，一般室内涂料涂覆比小，涂料中的颜料、填料多，火灾危险性不大。油漆或有机涂料的湿涂覆比为 $0.5 \sim 1.5 \text{ kg}/\text{m}^2$，施涂于不燃性基材上时可划为难燃性材料。一般室内涂料湿涂覆比不会超过 $1.5 \text{ kg}/\text{m}^2$，但是当涂料中含有较多轻质填料时，即使湿涂覆比小于 $1.5 \text{ kg}/\text{m}^2$，其涂层厚度也会比较大，此时复合体的燃烧性能会发生很大的变化，不宜作为 B1 级装修材料使用。

当使用不同装修材料分几层装修同一部位时，各层的装修材料只有贴在等于或高于其耐燃等级的材料上，这些装修材料燃烧性能等级的确认才是有效的。但有时会出现一些特殊的情况，如一些隔音、保温材料与其他不燃、难燃材料复合形成一个整体的复合材料时，对此不宜简单地认定这种组合做法的耐燃等级，应进行整体试验，合理验证。

2. 特别场所装饰装修要求

（1）建筑内部装修不应擅自减少、改动、拆除、遮挡消防设施、疏散指示标志、安全出口、疏散出口、疏散走道和防火分区、防烟分区等（图 3-2-2～3-2-4）。

建筑物内部消防设施是根据国家现行有关规范的要求设计安装的，平时应加强维修管理，一旦需要使用时，操作起来迅速、安全、可靠。但是有些单位为了追求装修效果，随意减少安全出口、疏散出口和疏散走道的宽度和数量，擅自改变消防设施的位置。还有的任意增加隔墙，影响了消防设施的有效保护范围。为保证消防设施和疏散指示标志的使用功能，规范中将该条作为强制性条文。确需变更的建筑防火设计，除执行国家有关标准的规定外，尚应遵循法律法规，按规定程序执行。

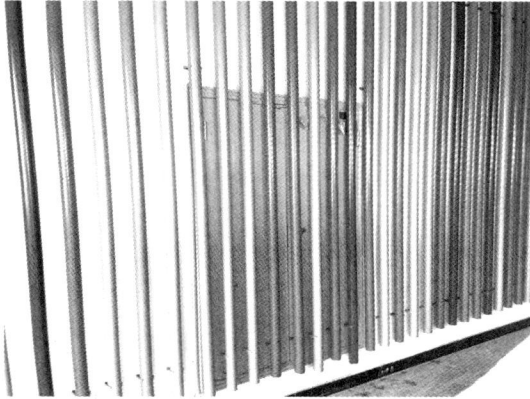

图 3-2-2　建筑内部装修擅自遮挡消防设施

图 3-2-3　建筑内部装修擅自遮挡疏散指示标志

图 3-2-4　消火栓箱门四周的装修材料颜色与
消火栓箱门的颜色无明显区别

（2）建筑内部消火栓箱门不应被装饰物遮掩，消火栓箱门四周的装修材料颜色应与消火栓箱门的颜色有明显区别或在消火栓箱门表面设置发光标志。

建筑内部设置的消火栓箱门一般都设在比较显眼的位置，颜色也比较醒目。通过对大量装修工程的调研，发现许多高档酒店、办公楼的公共区域等场所为了体现装修效果，把消火栓箱门罩在木柜里面；还有的单位把消火栓箱门装修得几乎与墙面一样，仅仅在其表面设置红色的汉字标示，且跟随不同装修风格，其字体、大小、位置也各不相同，不到近处看不出来。这些做法给消火栓的及时取用造成了障碍，也不利于规范化管理。

图 3-2-5　外墙装饰装修阻挡消防救援窗口

（3）疏散走道和安全出口的顶棚、墙面不应采用影响人员安全疏散的镜面反光材料。

该条为《建筑内部装修设计防火规范》GB 50222—2017 中强制性条文。进行建筑装修设计时要保证疏散指示标志和安全出口易于辨认，以免人员在紧急情况下发生疑问和误解，因此不能在疏散走道和安全出口附近采用镜面、玻璃等反光材料进行装饰。同时考虑普通镜面反光材料在高温烟气作用下容易炸裂，而热烟气一般悬浮于建筑内上空，故顶棚也限制使用此类材料。

（4）地上建筑的水平疏散走道和安全出口的门厅，其顶棚应采用 A 级装修材料，其他部位应采用不低于 B1 级的装修材料；地下民用建筑的疏散走道和安全出口的门厅，其顶棚、墙面和地面均应采用 A 级装修材料。

该条为《建筑内部装修设计防火规范》GB 50222—2017 中强制性条文。建筑物各层的水平疏散通道和安全出口门厅是火灾中人员逃生的主要通道，因而对装修材料的燃烧性能做出规定。由于地下民用建筑的火灾特点及疏散走道部位在火灾疏散时的重要性，因此燃烧性能等级要求还要高。

（5）疏散楼梯间和前室的顶棚、墙面和地面均应采用 A 级装修材料。

该条为《建筑内部装修设计防火规范》GB 50222—2017 中强制性条文。该条主要考虑建筑物内纵向疏散通道在火灾中的安全。火灾发生时，各楼层人员都需要经过纵向疏散通道。尤其是高层建筑，如果纵向通道被火封住，对受灾人员的逃生和消防人员的救援都极为不利。另外，对高层建筑的楼梯间一般无装修美观的要求。

图 3-2-6　教学楼敞开楼梯间墙面材料燃烧
性能达不到 A 级

（6）建筑物内设有上下层相连通的中庭、走马廊、开敞楼梯、自动扶梯时，其连通部位的顶棚、墙面应采用 A 级装修材料，其他部位应采用不低于 B1 级的装修材料。

该条为《建筑内部装修设计防火规范》GB 50222—2017 中强制性条文。该条主要考虑建筑物内上下层相连通部位的装修。这些部位空间高度很大，有的上下贯通几层甚至十几层。一旦发生火灾，能起到烟囱一样的作用，使火势无阻挡地向上蔓延，很快充满整幢建筑物，给人员疏散造成很大困难。

（7）建筑内部变形缝（包括沉降缝、伸缩缝、抗震缝等）两侧基层的表面装修应采用不低于 B1 级的装修材料。

变形缝上下贯通整个建筑物，嵌缝材料也具有一定的燃烧性，为防止火势纵向蔓延，要求变形缝表面使用 B1 级以上装修材料，同时可以满足墙面装修的整体效果。

（8）无窗房间内部装修材料的燃烧性能等级除 A 级外，应在单层、多层民用建筑内部各部位装修材料的燃烧性能等级、高层民用建筑内部各部位装修材料的燃烧性能等级、地下民用建筑内部各部位装修材料的燃烧性能等级、厂房内部各部位装修材料的燃烧性能等级、仓库内部各部位装修材料的燃烧性能等级规定的基础上提高一级。

该条为《建筑内部装修设计防火规范》GB 50222—2017 中强制性条文。无窗房间发生火灾时有几个特点：火灾初起阶段不易被发觉，发现起火时，火势往往已经较大；室内的烟雾和毒气不能及时排出；消防人员进行火情侦察和施救比较困难。因此，将无窗房间室内装修的要求强制性提高一级。

（9）消防水泵房、机械加压送风排烟机房、固定灭火系统钢瓶间、配电室、变压器室、发电机房、储油间、通风和空调机房等，其内部所有装修均应采用 A 级装修材料（图 3-2-7）。

该条为《建筑内部装修设计防火规范》GB 50222—2017 中强制性条文。该条主要考虑建筑物内各类动力设备用房。这些设备的正常运转对火灾的监控和扑救是非常重要的，故强制要求全部使用 A 级材料装修。

图 3-2-7 配电室内部装修未采用 A 级装修材料，
不符合规范要求

（10）消防控制室等重要房间，其顶棚和墙面应采用 A 级装修材料，地面及其他装修应采用不低于 B1 级的装修材料。

该条为《建筑内部装修设计防火规范》GB 50222—2017 中强制性条文。该条所指设备为管理中枢,设备失火后影响面大,会造成重大损失,其内装修材料防火等级须作强制要求。

(11)建筑物内的厨房,其顶棚、墙面、地面均应采用 A 级装修材料。

该条为《建筑内部装修设计防火规范》GB 50222—2017 中强制性条文。厨房内火源较多,对装修材料的燃烧性能应严格要求。一般来说,厨房的装修以易于清洗为主要目的,多采用瓷砖、石材、涂料等材料,对该条的要求是可以做到的。

(12)经常使用明火器具的餐厅、科研试验室,其装修材料的燃烧性能等级除 A 级外,应在单层、多层民用建筑内部各部位装修材料的燃烧性能等级、高层民用建筑内部各部位装修材料的燃烧性能等级、地下民用建筑内部各部位装修材料的燃烧性能等级、厂房内部各部位装修材料的燃烧性能等级、仓库内部各部位装修材料的燃烧性能等级规定的基础上提高一级。

该条为规范中强制性条文。随着我国旅游业的发展,各地兴建了许多高档宾馆和风味餐馆。有的餐馆经营各式火锅,有的风味餐馆使用带有燃气灶的流动餐车。宾馆、餐馆人员流动大,管理不便,使用明火增加了引发火灾的危险性,因而在室内装修材料上比同类建筑物的要求高一级。

(13)民用建筑内的库房或贮藏间,其内部所有装修除应符合相应场所规定外,且应采用不低于 B1 级的装修材料。

该条为规范中强制性条文。民用建筑如酒店、商场、办公楼等均设有库房或贮藏间,存有各类可燃物,由于平时无专人看管,存在较大的火灾危险性,所以该条对装修材料的防火等级做出强制要求。

(14)展览性场所装修设计应符合下列规定。

① 展台材料应采用不低于 B1 级的装修材料;② 在展厅设置电加热设备的餐饮操作区内,与电加热设备贴邻的墙面、操作台均应采用 A 级装修材料;③ 展台与卤钨灯等高温照明灯具贴邻部位的材料应采用 A 级装修材料(本条为针对展览性场所新增条款。近年来,展览经济发展很快,展览性场所具有临时性、多变性的独特之处,所以对其装修防火专门列出强制性条文);④ 展示区域的布展设计,包括搭建、布景等,采用大量的装修、装饰材料,为减少火灾荷载,对用以展示展品的展台做了要求;⑤ 展厅内设置电加热设备的餐饮操作区可与展厅不做防火分隔,其电加热设备贴邻的墙面及操作台面应采用 A 级材料,目的是为了防止引发火灾和火灾的蔓延扩大;⑥ 展厅具有人员密集、布展可燃物较多、用电量大、电气火灾风险大等特点,一旦引发火灾将造成很大损失。为防止卤钨灯等高

温照明灯具产生的火花、电弧或高温引燃周围的可燃物,故规定与其贴邻的材料应采用 A 级材料。

（15）住宅建筑装修设计尚应符合下列规定。

① 不应改动住宅内部烟道、风道。② 厨房内的固定橱柜宜采用不低于 B1 级的装修材料。③ 卫生间顶棚宜采用 A 级装修材料。④ 阳台装修宜采用不低于 B1 级的装修材料(住宅建筑作为民用建筑的重要一类,在规范中添加了一条对其装修防火的规定)。⑤ 户内装修是住宅装饰装修的重点,也是突出个性化的场所。住宅楼内的烟道、风道是重要的功能设施,并关系到整栋建筑的消防安全,在装修设计时不得拆改。⑥ 厨房内常用明火,也是容易发生火灾的重点部位,故应使用燃烧性能优良的材料,顶棚、地面、墙面都应参照本规范规定采用 A 级材料。其固定橱柜火灾危险性大,应注意其材料燃烧等级。⑦ 卫生间室内湿度大,顶棚上如安装浴霸等取暖、排风设备时,容易产生电火花,同时这类取暖设备使用时会产生很高热量,易引燃周围可燃材料,故顶棚建议采用 A 级材料装修。若顶棚装修使用非 A 级材料时,应在浴霸、通风设备周边进行隔热绝缘处理,以提高防火安全性。⑧ 阳台往往兼具观景、存放杂物、晾晒衣物等功能,火灾发生时,阳台可防止其竖向蔓延,另有特殊危急情况下,阳台外可设置云梯等消防疏散设备连接外界,临时用作人员纵向疏散通道,对其装修材料做出要求,增强阳台的使用安全性。

（16）照明灯具及电气设备、线路的高温部位,当靠近非 A 级装修材料或构件时,应采取隔热、散热等防火保护措施,与窗帘、帷幕、幕布、软包等装修材料的距离不应小于 500 mm;灯饰应采用不低于 B1 级的材料。

由照明灯具、电加热器具等引发火灾的案例很多。如 1985 年 5 月某研究所微波暗室发生火灾。该暗室的内墙和顶棚均贴有一层可燃的吸波材料,由于长期与照明用的白炽灯泡相接触,引起吸波材料过热,阴燃起火;又如 1986 年 10 月某市塑料工业公司经营部发生火灾。其主要原因是日光灯的镇流器长时间通电过热,引燃四周紧靠的可燃物,并延烧到胶合板木龙骨的顶棚。根据实践经验,对卤钨灯、白炽灯等高温照明灯具和电加热设备产生的高温辐射热采取一定的隔热措施,远离易燃物品,即可以大大减少火灾危害。由于室内装修逐渐向高档化发展,各种类型的灯具应运而生,灯饰更是花样繁多。制作灯饰的材料包括金属、玻璃等不燃材料,但更多的是硬质塑料、塑料薄膜、棉织品、丝织品、竹木、纸类等可燃材料。灯饰往往靠近热源,故对 B2 级和 B3 级材料加以限制。如果由于装饰效果的要求必须使用 B2、B3 级材料,应进行阻燃处理使其达到 B1 级。

（17）建筑内部的配电箱、控制面板、接线盒、开关、插座等不应直接安装在低于B1级的装修材料上；用于顶棚和墙面装修的木质类板材，当内部含有电器、电线等物体时，应采用不低于B1级的材料。

自20世纪80年代以来，由电气设备引发的火灾占各类火灾的比例日趋上升。1976年电气火灾仅占全国火灾总次数的4.9%，1980年为7.3%，1985年为14.9%，到1988年上升到38.6%，近年来我国电气火灾更是占据火灾起因的首位。但是日本等发达国家人均用电量是我国的5倍以上，而电气火灾仅占火灾总数的2%～3%。我国电气火灾日益严重的原因是多方面的：电线陈旧老化，违反用电安全规定，电器设计或安装不当，家用电器设备大幅度增加。另外，由于室内装修采用的可燃材料越来越多，增加了电气设备引发火灾的危险性，必须对此做出防范。配电箱、控制面板、接线盒、开关、插座等产生的火花、电弧或高温熔珠容易引燃周围的可燃物，电气装置也会产热引燃装修材料，在装修防火设计上可采取一定隔离措施，防止危险发生。

（18）当室内顶棚、墙面、地面和隔断装修材料内部安装电加热供暖系统时，室内采用的装修材料和绝热材料的燃烧性能等级应为A级。当室内顶棚、墙面、地面和隔断装修材料内部安装水暖（或蒸汽）供暖系统时，其顶棚采用的装修材料和绝热材料的燃烧性能应为A级，其他部位的装修材料和绝热材料的燃烧性能不应低于B1级，且尚应符合《建筑内部装修设计防火规范》GB 50222—2017中有关公共场所的规定。

近年来，采用电加热供暖系统的室内场所，如汗蒸房等已发生多起火灾，这些场所中的电加热供暖系统一般沿顶棚、墙面或地面安装，该系统的绝热层、填充层和饰面层往往采用可燃材料，当电加热设备因故障异常发热或起火后，极易引燃周围的可燃物，导致人员伤亡。2017年2月5日浙江省台州市天台县一家足浴中心的汗蒸房发生火灾，造成18人死亡、18人受伤的惨痛事故。为吸取这类火灾事故教训，对此类场所加热设备周围材料的燃烧性能提出严格要求。

（19）建筑内部不宜设置采用B3级装饰材料制成的壁挂、布艺等，当需要设置时，不应靠近电气线路、火源或热源，或采取隔离措施。

3. 民用建筑

（1）单层、多层民用建筑内部各部位装修材料的燃烧性能等级，不应低于表3-2-3的规定。

表 3-2-3　单、多层民用建筑内部各部位装修材料的燃烧性能等级

序号	建筑物及场所	建筑规模、性质	顶棚	墙面	地面	隔断	固定家具	窗帘	帷幕	其他装修装饰材料
1	候机楼的候机大厅、贵宾候机室、售票厅、商店、餐饮场所等	—	A	A	B1	B1	B1	B1	—	B1
2	汽车站、火车站、轮船客运站的候车（船）室、商店、餐饮场所等	建筑面积 >10 000 m²	A	A	B1	B1	B1	B1	—	B2
		建筑面积 ≤ 10 000 m²	A	B1	B1	B1	B1	B1	—	B2
3	观众厅、会议厅、多功能厅、等候厅等	每个厅建筑面积 >400 m²	A	A	B1	B1	B1	B1	B1	B1
		每个厅建筑面积 ≤ 400 m²	A	B1	B1	B1	B2	B1	B1	B2
4	体育馆	>3 000 座位	A	A	B1	B1	B1	B1	B1	B2
		≤ 3 000 座位	A	A	B1	B1	B2	B1	B1	B2
5	商店的营业厅	每层建筑面积 >1 500 m² 或总建筑面积 >3 000 m²	A	B1	B1	B1	B1	B1	—	B2
		每层建筑面积 ≤ 1 500 m² 或总建筑面积 ≤ 3 000 m²	A	B1	B1	B1	B2	B1	—	—
6	宾馆、饭店的客房及公共活动用房等	设置送回风道（管）的集中空气调节系统	A	B1	B1	B1	B2	B2	—	B2
		其他	B1	B1	B2	B2	B2	B2	—	—
7	养老院、托儿所、幼儿园的居住及活动场所	—	A	A	B1	B1	B2	B1	—	B2
8	医院的病房区、诊疗区、手术区	—	A	A	B1	B1	B2	B1	—	B2
9	教学场所、教学实验场所	—	A	B1	B2	B2	B2	B2	B2	B2

序号	建筑物及场所	建筑规模、性质	装修材料燃烧性能等级							
			顶棚	墙面	地面	隔断	固定家具	装饰织物 窗帘	装饰织物 帷幕	其他装饰装修材料
10	纪念馆、展览馆、博物馆、图书馆、档案馆、资料馆等的公众活动场所	—	A	B1	B1	B1	B2	B1	—	B2
11	存放文物、纪念展览物品、重要图书、档案、资料的场所	—	A	A	B1	B1	B2	B1	—	B2
12	歌舞娱乐游艺场所	—	A	B1	B1	B1	B1	B1	B1	B1
13	A、B级电子信息系统机房及装有重要机器、仪器的房间	—	A	A	B1	B1	B1	B1	B1	B1
14	餐饮场所	营业面积 >100 m²	A	B1	B1	B1	B2	B1	—	B2
		营业面积 ≤ 100 m²	B1	B1	B1	B2	B2	B2	—	B2
15	办公场所	设置送回风道(管)的集中空气调节系统	A	B1	B1	B2	B2	B2	—	B2
		其他	B1	B1	B2	B2	B2	—	—	—
16	其他公共场所	—	B1	B1	B2	B2	B2	—	—	—
17	住宅	—	B1	B1	B1	B1	B2	B2	—	B2

注:表中"—"代表无特殊要求。

该条为《建筑内部装修设计防火规范》GB 50222—2017 中强制性条文。表3-2-3 给出的装修材料燃烧性能等级是允许使用材料的基准级制,按此等级规范装修材料的选用,能减少火灾危害。

候机楼的主要防火部位是候机大厅、售票厅、商店、餐饮场所、贵宾候机室等,人员密集,危险性较大,对其装修材料防火等级需做出要求。

汽车站、火车站和轮船码头这类建筑数量较多,本规范根据其规模大小分为两类。由于汽车站、火车站和轮船码头有相同的功能,所以把它列为同一类别。

建筑面积大于 10 000 m² 的,一般指大城市的车站、码头,如北京站、上海站、上海码头等。

建筑面积等于或小于 10 000 m² 的，一般指中、小城市及县城的车站、码头。

上述两类建筑物基本上按装修材料燃烧性能两个等级要求做出规定。

观众厅、会议厅、多功能厅、等候厅等属人员密集场所，内装修要求相对较高，随着人民生活水平不断提高，影剧院的功能也逐步增加，如深圳大剧院功能多样，舞台面积近 3 000 m²。影剧院火灾危险性大，如新疆克拉玛依某剧院在演出时因光柱灯距纱幕太近，引燃成火灾；另有电影院因吊顶内电线短路打出火花，引燃可燃吊顶起火。

根据这些建筑物每个厅的建筑面积将它们分为两类。考虑到这类建筑物的窗帘和幕布火灾危险性较大，均要求采用用 B1 级材料的窗帘和幕布，比其他建筑物要求略高一些。

体育馆亦属人员密集场所，根据规模将其划分为两类，此处体育馆装修材料限制针对馆内所有场所。

商店的主要部位是营业厅，本《建筑内部装修设计防火规范》GB 50222—2017 仅指其买卖互动区，该部位货物集中，人员密集，且人员流动性大。全国各类商店数不胜数，商店两个类别的划分参照现行国家标准《建筑设计防火规范》GB 50016—2014。此处商店指候机楼、汽车站、火车站、轮船客运站以外的商店。

上海 1990 年曾发生某百货商场火灾事故，该商场建筑面积为 14 000 m²，电器火灾引燃了大量商品，损失达数百万元；2004 年吉林市中百商厦发生特大火灾，造成 53 人死亡。顶棚是个重要部位，故要求选用 A 级材料装修。

国内多层饭店、宾馆数量大，情况比较复杂，这里将其划为两类。设置有送回风道（管）的集中空气调节系统的一般装修要求高、危险性大。宾馆部位较多，这里主要指两个部分，即客房、公共场所。

养老院、托儿所、幼儿园的居住及活动场所，其使用人员大多缺乏独立疏散能力；医院的病房区、诊疗区、手术区一般为病人、老年人居住，疏散能力亦很差，因此须提高装修材料的燃烧性能等级。考虑到这些场所高档装修少，一般顶棚、墙面和地面都能达到规范要求，故特别着重提高窗帘等织物的燃烧性能等级。对窗帘等织物有较高的要求，这是此类建筑的重点所在。

在各类建筑中用于存放图书、资料和文物的房间，图书、资料、档案等本身为易燃物，一旦发生火灾，火势发展迅速。有些图书、资料、档案文物的保存价值很高，一旦被焚，不可重得，损失很大。

近年来，歌舞娱乐游艺场所屡屡发生一次死亡数十人或数百人的火灾事故，其中一个重要的原因是这类场所使用大量可燃装修材料，发生火灾时，这些材料产生大量有毒烟气,导致人员在很短的时间内窒息死亡。因此对这类场所的室内装修材料做出相应规定。

电子信息系统机房的划分,按照现行国家标准《电子信息系统机房设计规范》GB 50174—2008 的规定确定。

餐饮场所一般处于繁华的市区临街地段,且人员的密度较大,情况比较复杂,加之设有明火操作间和很强的灯光设备,因此引发火灾的危险概率高,火灾造成的后果严重,故对它们提出了较高的要求。此处餐饮场所指候机楼、汽车站、火车站、轮船客运站以外的餐饮场所。

(2)除规定的特别场所和规范表中 3-2-3 中序号为 11～13 规定的部位外,单层、多层民用建筑内面积小于 100 m² 的房间,当采用耐火极限不低于 2 h 的防火隔墙和甲级防火门、窗与其他部位分隔时,其装修材料的燃烧性能等级可在规范表中 3-2-3 的基础上降低一级。

该条主要考虑到一些建筑物大部分房间的装修材料均可满足规范的要求,而在某一局部或某一房间因特殊要求,要采用的可燃装修不能满足规定,并且该部位又无法设立自动报警和自动灭火系统时所做的适当放宽要求。但必须控制面积不得超过 100 m²,并采用耐火极限在 2 h 以上的防火隔墙,甲级防火门、窗与其他部位隔开,即使发生火灾,也不至于波及其他部位。

但是该条在特别场所规定中的场所,由于其重要性和特殊性,其室内装修材料燃烧性能等级仍不降级。

(3)除特别场所规定的场所和规范中表 3-2-3 中序号为 11～13 规定的部位外,当单层、多层民用建筑需做内部装修的空间内装有自动灭火系统时,除顶棚外,其内部装修材料的燃烧性能等级可在规范中表 3-2-3 规定的基础上降低一级;当同时装有火灾自动报警装置和自动灭火系统时,其装修材料的燃烧性能等级可在规范中表 3-2-3 规定的基础上降低一级。

考虑到一些建筑物装修标准要求较高,需要采用可燃材料进行装修,为了满足现实需要,又不降低整体安全性能,故规定设置消防设施以弥补装修材料燃烧等级不够的问题。

4. 高层民用建筑

(1)高层民用建筑内部各部位装修材料的燃烧性能等级,不应低于表 3-2-4 的规定。

表 3-2-4　高层民用建筑内部各部位装修材料的燃烧性能等级

序号	建筑物及场所	建筑规模、性质	装修材料燃烧性能等级									
			顶棚	墙面	地面	隔断	固定家具	装饰织物				其他装修装饰材料
								窗帘	帷幕	床罩	家具包布	
1	候机楼的候机大厅、贵宾候机室、售票厅、商店、餐饮场所等	—	A	A	B1	B1	B1	B1	—	—	—	B1
2	汽车站、火车站、轮船客运站的候车（船）室、商店、餐饮场所等	建筑面积＞10 000 m²	A	A	B1	B1	B1	B1	—	—	—	B2
		建筑面积≤10 000 m²	A	B1	B1	B1	B1	B1	—	—	—	B2
3	观众厅、会议厅、多功能厅、等候厅等	每个厅建筑面积＞400 m²	A	A	B1	B1	B1	B1	—	B1	B1
		每个厅建筑面积≤400 m²	A	B1	B1	B1	B2	B1	B1	—	B1	B2
4	商店的营业厅	每层建筑面积＞1 500 m² 或总建筑面积＞3 000 m²	A	B1	B1	B1	B1	B1	—	—	B2	B1
		每层建筑面积≤1 500 m² 或总建筑面积≤3 000 m²	A	B1	B1	B1	B1	B2	—	—	B2	B2
5	宾馆、饭店的客房及公共活动用房等	一类建筑	A	B1	B1	B1	B2	B1	—	B1	B2	B1
		二类建筑	A	B1	B1	B2	B2	B2	—	B2	B2	B2
6	养老院、托儿所、幼儿园的居住及活动场所	—	A	A	B1	B1	B2	B1	—	B2	B2	B1
7	医院的病房区、诊疗区、手术区	—	A	A	B1	B1	B2	B1	B1	—	B2	B1
8	教学场所、教学实验场所	—	A	B1	B2	B2	B2	B1	B1	—	B1	B2

续表

序号	建筑物及场所	建筑规模、性质	顶棚	墙面	地面	隔断	固定家具	窗帘	帷幕	床罩	家具包布	其他装修装饰材料
								装饰织物				
9	纪念馆、展览馆、博物馆、图书馆、档案馆、资料馆等的公众活动场所	一类建筑	A	B1	B1	B1	B2	B1	B1	—	B1	B1
		二类建筑	A	B1	B1	B1	B2	B1	B2	—	B2	B2
10	存放文物、纪念展览物品、重要图书、档案、资料的场所	—	A	A	B1	B1	B2	B1	—	—	B1	B2
11	歌舞娱乐游艺场所	—	A	B1	B1	B1	B1	B1	B1	B1	B1	B1
12	A、B级电子信息系统机房及装有重要机器、仪器的房间	—	A	A	B1	B1	B1	B1	—	—	B1	B1
13	餐饮场所	—	A	B1	B1	B1	B2	B1	B1	—	B1	B2
14	办公场所	一类建筑	A	B1	B1	B1	B2	B1	B1	—	B1	B1
		二类建筑	A	B1	B1	B1	B2	B1	B2	—	B2	B2
15	电信楼、财贸金融楼、邮政楼、广播电视楼、电力调度楼、防灾指挥调度楼	一类建筑	A	A	B1	B1	B1	B1	B1	—	B1	B1
		二类建筑	A	B1	B2	B2	B2	B1	B2	—	B2	B2
16	其他公共场所	—	A	B1	B1	B2	B2	B2	B2	—	B2	B2
17	住宅	—	A	B1	B1	B1	B2	B1	—	B1	B2	B1

　　该条为强制性条文。表 3-2-4 中建筑物类别、场所及建筑规模是根据现行国家标准《建筑设计防火规范》GB 50016—2014 有关内容结合室内设计情况划分的。其内部装修材料防火等级强制执行，以规范高层民用建筑的材料使用，减少火灾发生。

　　高层民用建筑中内含的观众厅、会议厅等按照每个厅建筑面积划分成两类。

宾馆、饭店的划分，参照现行国家标准《建筑设计防火规范》GB 50016 的规定，将其分为两类。

餐饮场所设在高层建筑内时，其自身引发火灾危险性较大，高层建筑上风速较大，疏散及火灾扑救困难，对其装修材料燃烧性能等级要求较高。

电信、财贸、金融等建筑均为国家和地方政府政治经济要害部门，以其重要特性划为一类。

（2）除特别场所和规范表 3-2-4 中序号为 10～12 规定的部位外，高层民用建筑的裙房内面积小于 500 m² 的房间，当设有自动灭火系统，并且采用耐火极限不低于 2 h 的防火隔墙和甲级防火门、窗与其他部位分隔时，顶棚、墙面、地面装修材料的燃烧性能等级可在本规范表 3-2-4 规定的基础上降低一级。

高层建筑裙房的使用功能比较复杂，其内装修与整栋高层取同为一个水平，在实际操作中有一定的困难。考虑到裙房与主体高层之间有防火分隔并且裙房的层数有限，所以特规定了该条。

（3）除特别场所和规范表 3-2-4 中序号为 10～12 规定的部位外，以及大于 400 m² 的观众厅、会议厅和 100 m 以上的高层民用建筑外，当设有火灾自动报警装置和自动灭火系统时，除顶棚外，其内部装修材料的燃烧性能等级可在本规范表 3-2-4 规定的基础上降低一级。

100 m 以上的高层建筑与高层建筑内大于 400 m² 的会议厅、观众厅均属特殊范围。观众厅等不仅人员密集，采光条件也较差，万一发生火灾，人员伤亡会比较严重，所以在任何条件下都不应降低内装修材料的燃烧性能等级。

（4）电视塔等特殊高层建筑的内部装修，装饰织物应采用不低于 B1 级的材料，其他均应采用 A 级装修材料。

电视塔等特殊高耸建筑物，其建筑高度越来越大，且允许公众在高空中观赏和进餐。因为建筑形式所限，人员在危险情况下的疏散十分困难，所以特对此类建筑做出十分严格的要求。现正在使用中的电视塔内均不同程度地存在一些装饰织物，要求它们全部达到 A 级显然不可能，但应不低于 B1 级，其他装修材料均应达到 A 级。

5. 地下民用建筑

（1）地下民用建筑内部各部位装修材料的燃烧性能等级，不应低于表 3-2-5 的规定。

表 3-2-5　地下民用建筑内部各部位装修材料的燃烧性能等级

序号	建筑物及场所	装修材料燃烧性能等级						
		顶棚	墙面	地面	隔断	固定家具	装饰织物	其他装修装饰材料
1	观众厅、会议厅、多功能厅、等候等,商店的营业厅	A	A	A	B1	B1	B1	B2
2	宾馆、饭店的客房及公共活动用房等	A	B1	B1	B1	B1	B1	B2
3	医院的诊疗区、手术区	A	B1	B1	B1	B1	B1	B2
4	教学场所、教学实验场所	A	B1	B1	B2	B2	B1	B2
5	纪念馆、展览馆、博物馆、图书馆、档案馆、资料馆等的公众活动场所	A	A	B1	B1	B1	B1	B1
6	存放文物、纪念展览物品、重要图书、档案、资料的场所	A	A	A	A	A	B1	B1
7	歌舞娱乐游艺场所	A	A	B1	B1	B1	B1	B1
8	A、B 级电子信息系统机房及装有重要机器、仪器的房间	A	A	B1	B1	B1	B1	B1
9	餐饮场所	A	A	A	B1	B1	B1	B2
10	办公场所	A	B1	B1	B1	B2	B2	B2
11	其他公共场所	A	B1	B2	B2	B2	B2	B2
12	汽车库、修车库	A	A	B1	A	A	—	—

（注:地下民用建筑系指单层、多层、高层民用建筑的地下部分,单独建造在地下的民用建筑以及平战结合的地下人防工程。）

该条为《建筑内部装修设计防火规范》GB 50222—2017 中强制性条文。该条结合地下民用建筑的特点,按建筑类别、场所和装修部位分别规定了装修材料的燃烧性能等级。

人员比较密集的观众厅、商店营业厅、餐饮场所以及火灾荷载较高的各类库房,应严格选用装修材料燃烧性能等级。

宾馆、饭店客房以及各类建筑的办公场所等房间使用面积较小且经常有管理人员值班,场所内人员一般具有一定的活动能力,选用装修材料燃烧性能等级可稍宽。

（2）单独建造的地下民用建筑的地上部分，其门厅、休息室、办公室等内部装修材料的燃烧性能等级可在本规范表3-2-5的基础上降低一级。

6. 厂房仓库

（1）厂房内部各部位装修材料的燃烧性能等级，不应低于表3-2-6的规定。

表3-2-6　厂房内部各部位装修材料的燃烧性能等级

序号	厂房及车间的火灾危险性和性质	建筑规模	装修材料燃烧性能等级						
			顶棚	墙面	地面	隔断	固定家具	装饰织物	其他装修装饰材料
1	甲、乙类厂房 丙类厂房中的甲、乙类生产车间 有明火的丁类厂房、高温车间		A	A	A	A	A	B1	B1
2	劳动密集型丙类生产车间或厂房 火灾荷载较高的丙类生产车间或厂房 洁净车间	单/多层	A	A	B1	B1	B1	B2	B2
		高层	A	A	A	B1	B1	B1	B1
3	其他丙类生产车间或厂房	单/多层	A	B1	B2	B2	B2	B2	B2
		高层	A	B1	B1	B1	B1	B1	B1
4	丙类厂房	地下	A	A	B1	B1	B1	B1	B1
5	无明火的丁类厂房戊类厂房	单/多层	B1	B2	B2	B2	B2	B2	B2
		高层	B1	B2	B2	B2	B2	B1	B1
		地下	A	A	B1	B1	B1	B1	B1

该条为强制性条文。在对工业厂房进行分类时，主要参考了现行国家标准《建筑设计防火规范》GB 50016—2014的规定，根据生产的火灾危险性，将厂房分为甲、乙、丙、丁、戊五类。

根据现行国家标准《建筑设计防火规范》GB 50016—2014的有关要求，当符合下述条件之一时，可按不同工段分别确定内部装修材料。

（1）不同工段之间采用了有效的防火分隔措施可确保发生火灾事故时不足以蔓延到相邻部位，且各工段内均有一独立的安全出口或各工段均设有两个及以上直通公共疏散走道的出口；

（2）符合现行国家标准《建筑设计防火规范》GB 50016—2014 中相关规定可按较小火灾危险性部分确定其产生火灾危险性的车间。

工业建筑装修对本身美观的要求一般并不是很高，但现代化的工业厂房，特别是一些劳动密集型的生产加工厂房，如制衣、制鞋、玩具及电子产品装配等轻工行业，在不同程度上考虑工人劳动的舒适度问题，且有些厂房内的生产材料本身已是易燃或可燃材料，因此在进行装修时，应尽量减少或避免使用易燃、可燃材料，按规范表 3-2-6 的要求强制性执行选用装修材料。

该条中劳动密集型的生产车间主要指生产车间员工总数超过 1 000 人或者同一工作时段员工人数超过 200 人的服装、鞋帽、玩具、木制品、家具、塑料、食品加工和纺织、印染、印刷等劳动密集型企业。

火灾荷载较高的丙类生产车间或厂房是指卷烟、木器加工、泡沫塑料、棉纺、麻纺等行业中可燃物量大的车间，如卷烟车间内可燃物多、产品价值大，且一般不设自动灭火设施，故应提高装修材料燃烧性能的标准；家具等木器生产及泡沫塑料的预发、成型、切片、压花车间，棉纺厂的开包、清花及麻纺厂的分级、梳麻车间等，都应按照表 3-2-6 的规定严格注意装修材料的选用。

参考现行国家标准《洁净厂房设计规范》GB 50073—2013,微电子产业、航天航空和医药产业等行业对环境要求较高，许多产品的制造过程都要求在洁净厂房中进行。洁净厂房吊顶空间内管道密布，检修困难，火灾隐情不易发现。洁净区面积大、结构密闭、室内迂回曲折、生产中危险源较多并且部分工艺特殊，导致火灾发生概率高，火灾排烟、消防通信、人员疏散、灭火救援困难，所以对洁净厂房的装修材料燃烧性能严格控制。

（1）当单层、多层丙、丁、戊类厂房内同时设有火灾自动报警和自动灭火系统时，除顶棚外，其装修材料的燃烧性能等级可在规范表 3-2-6 规定的基础上降低一级。

现行国家标准《建筑设计防火规范》GB 50016—2014 针对工业建筑设置了自动灭火系统和火灾自动报警系统的条款，实际工程案例中，这些自动消防设施发挥了很好的作用，故在工业建筑中也强调自动设施的设置，可降低装修材料的选用等级。顶棚的火灾危险性要大于墙面和地面，因此不能降低等级。

（2）当厂房的地面为架空地板时，其地面应采用不低于 B1 级的装修材料。

从火灾的发展过程考虑，一般来说，对顶棚的防火性能要求最高，其次是墙面，地面要求最低。但如果地面为架空地板时，情况有所不同，万一失火，沿架空地板蔓延较快,受到的损失也大。故对其地面装修材料的燃烧性能做出了要求。

（3）附设在工业建筑内的办公、研发、餐厅等辅助用房,当采用现行国家标准《建筑设计防火规范》GB 50016—2014规定的防火分隔和疏散设施时,其内部装修材料的燃烧性能等级可按民用建筑的规定执行。

该类建筑用途与民用建筑相同,进行了规定的防火分隔后,火势不易蔓延,很难引发大型火灾,因此可视为民用建筑。

（4）仓库内部各部位装修材料的燃烧性能等级,不应低于表3-2-7的规定。

表3-2-7　仓库内部各部位装修材料的燃烧性能等级

序号	仓库类别	建筑规模	装修材料燃烧性能等级			
			顶棚	墙面	地面	隔断
1	甲、乙类仓库	—	A	A	A	A
2	丙类仓库	单层及多层仓库	A	B1	B1	B1
		高层及地下仓库	A	A	A	A
		高架仓库	A	A	A	A
3	丁、戊类仓库	单层及多层仓库	A	B1	B1	B1
		高层及地下仓库	A	A	B1	B1

仓库装修一般较为简单,装修部位为顶棚、墙面、地面和隔断。仓库虽为非人员聚集场所,但由于其储存物品,可燃物较多,火灾荷载大,物资昂贵,一旦发生火灾,燃烧时间较长,造成物质损失较大,因而对其装修材料应严格控制,作为强制性条文执行。

高架仓库货架高度一般超过7 m,仓库内排架之间距离近,内部通道窄,火灾荷载大,并且使用现代化计算机技术控制搬运、装卸操作,线路复杂,火灾因素通常较多,极易引起电气火灾。起火后容易迅速蔓延扩大,排烟、疏散、扑救非常困难,故对其内部装修材料从严要求。

7. 建筑防火材料的分类、燃烧性能及查验要求

1. 建筑防火构件材料

防火材料形式各种各样,对现代防火起到绝对性的作用,常用的防火材料包括防火板、防火门、防火玻璃、防火涂料、防火包等。

防火板是目前市场上最为常用的材质。常用的有2种:一种是高压装饰耐火板,其优点是防火、防潮、耐磨、耐油、易清洗,而且花色品种较多;一种是玻镁防火板,外层是装饰材料,内层是矿物玻镁防火材料,可抗1 500度高温,但装饰性不强。在建筑物出口通道、楼梯井和走廊等处装设防火吊顶天花板,能确保火灾时人们安全疏散,并保护人们免受蔓延火势的侵袭。

防火门分为木质防火门、钢质防火门和不锈钢防火门。通常防火门用于防火墙的开口、楼梯间出入口、疏散走道、管道井开口等部位,对防火分隔、减少火灾损失起着重要作用。

防火窗是指用钢窗框、钢窗扇、防火玻璃组成的,能起隔离和阻止火势蔓延的窗。一般设置在防火间距不足部位的建筑外墙上的开口或天窗,建筑内的防火墙或防火隔墙上等需要观察的部位以及需要防火火灾竖向蔓延的外墙开口部位。

耐火窗(非隔热防火窗)是目前门窗行业对具有耐火完整性的建筑外窗的一种习惯叫法。所谓"耐火窗"是随着《建筑设计防火规范》(GB 50016—2014)的实施才逐步投入使用的新型产品。按照规范要求,具有耐火完整性的窗,需要按照《镶玻璃构件耐火试验方法》(GB/T 12513—2006)的规定试验,满足相应耐火完整性 0.5 h 或 1.0 h 的要求。

防火木制窗框,周围嵌有木制密封材料,遇热膨胀,能防止火焰从缝隙钻入,即使屋外火势猛烈,它也可以耐火 30 min。这种窗框用松木制成,四周粘贴用石墨制成的密封材料,以堵住细微缝隙,增加防火效果。据实验,在距离窗框 10 cm 处,用喷火器对准该窗框,喷出温度高达 800 ℃的火焰,历时 20 min,火焰也未能透过窗框,表明其防火效果是铝制窗框的数倍。

防火卷帘用在建筑物内不便设置防火墙的位置,防火卷帘一般具有良好的防火、隔热、隔烟、抗压、抗老化、耐磨蚀等各项功能。

挡烟垂壁是用不燃材料制成,垂直安装在建筑顶棚、横梁或吊顶下,能在火灾时形成一定的蓄烟空间的挡烟分隔设施。

防火防蛀木材是先将普通木材放入含有钙、铝等阳离子的溶液中浸泡,然后再放入含有磷酸根和硅酸根等阴离子的溶液中浸泡。这样,两种离子就会在木材中进行化学反应,形成类似陶瓷的物质,并紧密地充填到木材细胞组织的空隙中去,从而使木材具有了防火和防蛀的性能。

防火玻璃具有良好的透光性能和耐火、隔热、隔音性能,常见的防火玻璃有夹层复合防火玻璃、夹丝防火玻璃和中空防火玻璃三种。防火玻璃是金融保险、珠宝金行、图书档案、文物贵重物品收藏、财务结算等重要场所和商厦、宾馆、影剧院、医院、机场、计算机房、车站码头等公共建筑以及其他设有防火分隔要求的工业及民用建筑的防火门、窗和防火隔墙等范围的理想防火材料。

防火涂料是一类特制的防火保护涂料，是由氯化橡胶、石蜡和多种防火添加剂组成的溶剂型涂料，耐火性好，施涂于普通电线表面，遇火时膨胀产生200毫米厚的泡沫，炭化成保护层，隔绝火源，适用于发电厂、变电所之类防火等级较高的建筑物室内外电缆线的防火保护。防火封堵材料用于封堵各种贯穿，如电缆、风管、油管、天然气管等穿过墙（仓）壁、楼（甲）板时形成的各种开口以及电缆架桥的分段防火分隔，以免火势通过这些开口及缝隙蔓延，具有防火功能，便于安装，它包括有机防火堵料、无机防火堵料及阻火包。

防火包主要用于电力、通讯、石化、建筑以及船舶等行业的各类电缆贯穿孔洞的防火封堵，能有效阻止火势沿电缆窜燃蔓延，最大限度地避免生命财产的损失，该产品常温下具有良好的通风透气、耐酸碱、耐水、耐油、重量轻、使用方便等特点，遇火迅速膨胀炭化形成具一定厚度和强度的阻火屏障，并在膨胀炭化过程中吸收热量、释放不燃气体，达到阻火、隔热、隔烟的目的，是电力电缆设施防火、阻燃的理想产品。

防火塑料材料主要应用于能产生高热能的及高温的电器中，例如：打印机、热风筒等。主要通过改性树脂或添加不同的材料来达到防火等级。添加材料通常有玻纤、碳酸钙等，按不同的比例与树脂共同注塑成防火塑料材料。

防火软瓷，该制品采用泥土、石粉、沙、水泥弃块等无机粉及改性剂组成，产品密度 2 327 kg/m³。经检验，该制品燃烧性能符合 A 级的规定要求，附加分级符合 s2，d0，t0 级的规定要求。按 GB 8624—2006 判定，该制品燃烧性能达到 A2-s2，d0，t0 级。

防火胶泥又名有机防火堵料，是以有机合成树脂为黏合剂，添加防火剂、填料等经碾压而成。该堵料长久不固化，可塑性很好，可以任意地进行封堵。这种堵料主要应用在建筑管道和电线电缆贯穿孔洞的防火封堵工程中，并与无机防火堵料、阻火包配合使用。

无机防火堵料是一种灰色粉末状材料，将其与水混合后可用于电线电缆的孔洞封堵或用作电线隧道的阻火墙。该防火堵料无毒、无气味，有较好的耐水、耐油等性能，施工方法简单。其氧指数为100，属不燃材料。耐火时间可达3小时。对一些永久性使用的工程，使用无机堵料既节省工程费又使工程牢固。

2. 防火材料燃烧性能报告查阅具体要求

（1）型式检验报告

《中华人民共和国产品质量法》第27条规定："使用不当，可能危及人身、财产安全的产品，应当有警示标志或中文警示说明"，建筑材料的防火安全性能是涉及人身财产安全的重要性能指标,应当在产品包装上明确表明其燃烧性能等级,以防止因产品的不当使用而造成火灾事故。国家防火建筑材料质量监督检验中心只向通过型式检验的产品发放燃烧性能等级标识,同时还对个别企业进行质量跟踪并发放质量跟踪标识,还同国家建材测试中心展开全面合作,全面推广防火环保标识。有了明确标识,表明生产企业对产品做了明确承诺,可作为消费者进行技术判定、投诉的直接依据。查验所选产品的质量检验报告,一般应有两份,分别是理化性能检验报告和燃烧性能检验报告,分别由不同的质检机构出具,且最好由国家级检验中心出具。

（2）进场复验报告

国家各类验收规范中对建筑工程中使用的防火材料做出了关于是否需要进行进场复验或者抽样检验的明确规定,具体规定情况如下:

1）建筑节能工程施工质量验收规范（GB 50411—2007）

墙体节能工程使用的保温隔热材料,其导热系数、密度、抗压强度或压缩强度、燃烧性能应符合设计要求。检验方法:核查质量证明文件及进场复验报告。检查数量:全数检查。

屋面节能工程使用的保温隔热材料,其导热系数、密度、抗压强度或压缩墙度、燃烧性能应符合设计要求。检验方法:核查质量证明文件及进场复验报告。检查数量:全数检查。

2）建筑内部装修防火施工及验收规范（GB 50354—2005）

纺织织物施工应检查下列文件和记录:纺织织物燃烧性能等级的设计要求;纺织织物燃烧性能型式检验报告,进场验收记录和抽样检验报告;现场对纺织织物进行阻燃处理的施工记录及隐蔽工程验收记录。

下列材料进场应进行见证取样检验:B1、B2级纺织织物;现场对纺织织物进行阻燃处理所使用的阻燃剂。

下列材料应进行抽样检验:现场阻燃处理后的纺织织物,每种取 2 m² 检验燃烧性能;施工过程中受潮、燃烧性能可能受影响的纺织织物,每种取 2 m² 检验燃烧性能。

木质材料施工应检查下列文件和记录:木质材料燃烧性能等级的设计要求;木质材料燃烧性能型式检验报告、进场验收记录和抽样检验报告;现场对木质材料进行阻燃处理的施工记录及隐蔽工程验收记录。

下列材料进场应进行见证取样检验:B1级木质材料;现场进行阻燃处理所使用的阻燃剂及防火涂料。

下列材料应进行抽样检验：现场阻燃处理后的木质材料，每种取 4 m² 检验燃烧性能；表面进行加工后的 B1 级木质材料，每种取 4 m² 检验燃烧性能。

高分子合成材料施工应检查下列文件和记录：高分子合成材料燃烧性能等级的设计要求；高分子合成材料燃烧性能型式检验报告、进场验收记录和抽样检验报告；现场对泡沫塑料进行阻燃处理的施工记录及隐蔽工程验收记录。

下列材料进场应进行见证取样检验：B1、B2 级高分子合成材料；现场进行阻燃处理所使用的阻燃剂及防火涂料。现场阻燃处理后的泡沫塑料应进行抽样检验，每种取 0.1 m³ 检验燃烧性能。

复合材料施工应检查下列文件和记录：复合材料燃烧性能等级的设计要求；复合材料燃烧性能型式检验报告、进场验收记录和抽样检验报告；现场对复合材料进行阻燃处理的施工记录及隐蔽工程验收记录。

下列材料进场应进行见证取样检验：B1、B2 级复合材料；现场进行阻燃处理所使用的阻燃剂及防火涂料；现场阻燃处理后的复合材料应进行抽样检验，每种取 4 m² 检验燃烧性能。

其他材料施工应检查下列文件和记录：材料燃烧性能等级的设计要求；材料燃烧性能型式检验报告、进场验收记录和抽样检验报告；现场对材料进行阻燃处理的施工记录及隐蔽工程验收记录。

下列材料进场应进行见证取样检验：B1、B2 级材料；现场进行阻燃处理所使用的阻燃剂及防火涂料。现场阻燃处理后的复合材料应进行抽样检验。

3）防火卷帘、防火门、防火窗施工及验收规范（GB 50877—2014）

防火卷帘、防火门、防火窗主、配件进场应进行检验。检验应由施工单位负责，并应由监理单位监督。需要抽样复验时，应由监理工程师抽样，并应送市场准入制度规定的法定检验机构进行复检检验，不合格者不应安装。

4）铝合金耐火节能门窗应用技术规程（DB37/T 5138—2019）

铝合金耐火节能门窗工程验收时应检查下列文件和记录：铝合金耐火节能门窗工程的施工图、设计说明及其他设计文件；铝合金耐火节能门窗产品出厂合格证及出厂检验报告；铝合金耐火节能门窗的抗风压性能、水密性能、气密性能、保温性能复验报告；有效的耐火性能型式检验或型式试验报告，并符合产品结构一致性；铝合金型材、玻璃、五金件、密封材料等的产品质量合格证书、性能检测报告和进场验收记录；防火玻璃、防火锁、防火合页（铰链）、遇火自动关闭装置、阻燃密封胶、耐火填充材料及耐火材料产品应提供有资质的检测机构出具的型式检验报告或型式试验报告；铝合金耐火节能门窗与洞口墙体连接固定、防腐、缝隙填塞及密封处理、防雷连接等隐蔽工程验收记录;铝合金耐火节能门窗安装施工自检记录。

5）钢结构防火涂料应用技术规程（T/CECS 24—2020）

钢结构防火涂料进入施工现场后,应核验进场材料产品合格证、产品说明书、检验报告等技术文件。建设单位或监理方可根据工程需要,组织现场见证取样,抽取的样品应送至具备检测资质的省级及以上质检机构进行检验。

6）建筑防火封堵应用技术标准（GB/T 51410—2020）

防火封堵工程完成后,施工单位应组织进行施工质量自查、自验。自查、自验后,应向建设单位提交下列文件:防火封堵工程竣工报告;防火封堵材料、组件的检测合格报告;施工过程检查记录;隐蔽工程验收记录;施工完成后的自查、自验记录。

第四章 防火、防烟、防爆

第一节　防火分隔

　　防火分隔是指建筑内部采用防火墙、防火隔墙、楼板、防火门窗防火卷帘等方式,将建筑物内部空间分割成能在一定时间内防止火灾向同一建筑的其余部分蔓延的措施。同一建筑物内,不同的危险区域之间、不同的用户之间、办公场所和生产区域之间、应进行防火分隔处理。楼梯间、前室、疏散通道必须受到完全保护,保证其不受火灾侵害且畅通无阻。建筑物内的各种竖向井道:电缆井、管道井等应保证井道内部火灾不向外部蔓延,井道外部火灾也不向井道内部蔓延,因此其本身应是独立的防火单元。

1. 防火分区

　　防火分区是指在建筑内部采用防火墙、楼板及其他防火分隔设施分隔而成,能在一定时间内防止火灾向同一建筑的其余部分蔓延的局部空间。在建筑物内划分防火分区的措施包括通过耐火性能良好的楼板及窗槛墙等措施,在建筑的垂直方向对每个楼层进行防火分隔,从而形成建筑物内的垂直防火分区;通过防火墙、防火门、防火卷帘等将建筑各层在水平方向分隔出防火区域,从而形成建筑物内的水平防火分区。通过对防火分区的划分,可以有效地将火势控制在一定的范围内,同时可以为人员疏散、火灾扑救提供有利的条件,从而减少火灾损失。

　　防火分区允许的最大建筑面积和建筑物的耐火等级、使用性质、火灾危险性等因素有关。常见建筑物防火分区面积的具体要求应严格按照《建规》表3.3.1、表3.3.2以及表5.3.1执行。在消防验收中,通过查阅消防设计文件、建筑总平面图、建筑防火分区示意图等资料,了解建筑分类及耐火等级等基本因素,从而确定防火分区划分的标准后开展现场检查,防火分区建筑面积测量值允许正偏差不大于规定值的5%。现场验收时须重点对防火分区面积、防火分隔完整性进行检查。

（1）防火分区的建筑面积。

1）厂房、仓库工业建筑物防火分区检查：

厂房（仓库）的同一防火分区内，生产（储存）多种火灾危险性物品时，其防火分区的最大允许面积按其中火灾危险性最大的物品确定。

对于建筑功能以分拣、加工等作业为主的物流建筑，防火分区最大允许面积可按照规范中厂房的有关规定进行检查；对于以仓储为主或分拣、仓储难以区分哪个功能为主的物流建筑，防火分区最大允许面积可按照规范中仓库的有关规定检查；但当分拣、加工等作业区域采用防火墙与储存区域完全分隔时，作业区域可按照厂房的规定进行检查，储存区域可按照仓库的规定进行检查。且当分拣等作业区采用防火墙与储存区完全分隔且符合下列条件时，除自动化控制的丙类高架仓库外，储存区的防火分区最大允许建筑面积和储存区部分建筑的最大允许占地面积，可按《建规》表3.3.2（不含注）的规定增加3倍。

厂房、仓库防火分区的最大允许面积的几个特殊情况：① 除麻纺厂房外，一级耐火等级的多层纺织厂房和二级耐火等级的单、多层纺织厂房，其每个防火分区的最大允许建筑面积可按本表的规定增加0.5倍，但厂房内的原棉开包、清花车间与厂房内其他部位之间均应采用耐火极限不低于2.5 h的防火隔墙分隔，需要开设门、窗、洞口时，应设置甲级防火门、窗。② 一、二级耐火等级的单、多层造纸生产联合厂房，其每个防火分区的最大允许建筑面积可按本表的规定增加1.5倍。一、二级耐火等级的湿式造纸联合厂房，当纸机烘缸罩内设置自动灭火系统，完成工段设置有效灭火设施保护时，其每个防火分区的最大允许建筑面积可按工艺要求确定。③ 厂房内的操作平台、检修平台，当使用人数少于10人时，平台的面积可不计入所在防火分区的建筑面积内。④ 独立建造的硝酸铵仓库、电石仓库、聚乙烯等高分子制品仓库、尿素仓库、配煤仓库、造纸厂的独立成品仓库，当建筑的耐火等级不低于二级时，每座仓库的最大允许占地面积和每个防火分区的最大允许建筑面积可按本表的规定增加1倍。⑤ 厂房内设置自动灭火系统时，每个防火分区的最大允许建筑面积可按《建规》第3.3.1条的规定增加1倍。当丁、戊类的地上厂房内设置自动灭火系统时，每个防火分区的最大允许建筑面积不限。厂房内局部设置自动灭火系统时，其防火分区的增加面积可按该局部面积的1倍计算；仓库内设置自动灭火系统时，除冷库的防火分区外，每座仓库的最大允许占地面积和每个防火分区的最大允许建筑面积可按《建规》表3.3.2规定增加1倍。

2）民用建筑物防火分区检查：

民用建筑防火分区允许最大建筑面积应根据建筑物耐火等级、建筑高度、建筑层数、使用性质等确定。当裙房与高层建筑主体之间设置防火墙时，裙房的防火分区可按单、多层建筑的要求确定。当建筑内设置商场、电影院、展览厅等多个功能区时，应特别注意其防火分区最大允许面积应符合各自的特殊要求。建筑内设置自动扶梯、敞开楼梯等上、下层相连通的开口时，其防火分区的建筑面积应按上、下层相连通的建筑面积叠加计算；同样，对于敞开式、错层式、斜板式的汽车库，其上下连通的建筑面积也应该叠加计算；当叠加计算后的建筑面积大于《建规》表 5.3.1 条的规定时，应划分防火分区。

民用建筑中防火分区最大允许面积的几个特殊情况：①《建规》表 5.3.1 规定的防火分区最大允许建筑面积，当建筑内设置自动灭火系统时，可按此表的规定增加 1 倍；局部设置时，防火分区的增加面积可按该局部面积的 1 倍计算；② 一、二级耐火等级建筑内的商店营业厅、展览厅，当设置自动灭火系统和火灾自动报警系统并采用不燃或难燃装修材料时，其每个防火分区的最大允许建筑面积应符合下列规定：设置在高层建筑内时，不应大于 4 000 m^2；设置在单层建筑或仅设置在多层建筑的首层内时，不应大于 10 000 m^2；设置在地下或半地下时，不应大于 2 000 m^2；③ 总建筑面积大于 20 000 m^2 的地下或半地下商店，应采用无门、窗、洞口的防火墙、耐火极限不低于 2 h 的楼板分隔为多个建筑面积不大于 20 000 m^2 的区域。相邻区域确需局部连通时，应采用下沉式广场等室外开敞空间、防火隔间、避难走道、防烟楼梯间等方式进行连通。

（2）防火分隔完整性检查。

防火分隔的完整性检查，主要是检查设置在防火分区之间的能保证在一定时间内阻止火势蔓延的防火分隔措施。主要检查防火墙、防火卷帘、防火门窗、防火阀等的完整性。在消防验收时应注意：① 防火卷帘的耐火极限不应低于《建规》对所设置部位墙体的耐火极限要求，防火卷帘应具有防烟性能，与楼板、梁、墙、柱之间的空隙应采用防火封堵材料封堵；② 防火门关闭后应具有防烟性能，设置在建筑变形缝附近时，防火门应设置在楼层较多的一侧，并应保证防火门开启时门扇不跨越变形缝。

（3）消防验收过程中常见的不合规项。

① 不按照图纸及规范要求进行防火分区设置，防火分区面积超过规范要求；② 厂房（仓库）变更使用性质（火灾危险性增大），导致原防火分区面积不满足现使用要求；③ 防火分隔措施的完整性不符合要求：防火墙未砌筑到楼板底部；

水电井方法封堵不符合规范要求;防火门、防火卷帘与楼板、梁、墙、柱之间的空隙未采用防火封堵材料封堵(图 4-1-1、图 4-1-2);④ 建筑内设置自动扶梯、敞开楼梯等上、下层相连通的开口时,其防火分区的建筑面积未按上、下层相连通的建筑面积叠加计算;⑤ 防排烟系统水平管道与垂直管道之间未加装防火阀(图 4-1-3);⑥ 裙房与主体建筑之间未设置防火墙,裙房防火防区最大面积按照多层建筑设置,不符合规范要求(图 4-1-4);⑦ 暗装室内消火栓破坏防火隔墙的完整性(图 4-1-5)。

图 4-1-1　防火门与墙体之间的空隙未采用
防火封堵材料封堵

图 4-1-2　防火墙两侧的防火封堵不符合要求

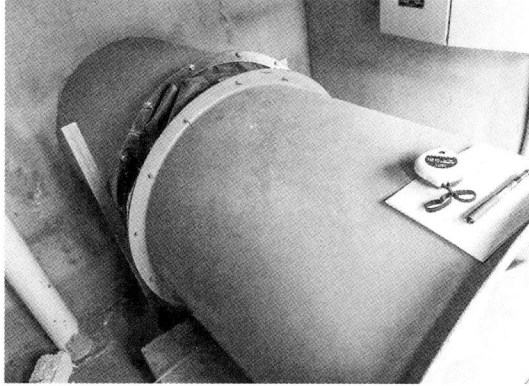

图 4-1-3　水平排烟管道与竖井连接处漏装防火阀

图 4-1-4　裙房与主楼之间未设置防火墙，裙房防火
分区按照多层建筑标准设置，不符合要求

图 4-1-5　暗装室内消火栓破坏防火隔墙的完整性

2. 防火墙

防火墙是指防止火灾蔓延至相邻建筑或相邻水平防火分区且耐火极限不低于 3 h 的不燃性墙体。防火墙应从楼地面基层隔断砌筑到梁、楼板、屋面结构层底面,能在火灾初期和火灾扑救过程中,将火灾有效地限制在一定的空间内,确保火灾在防火墙的一侧而不蔓延到另一侧。在消防验收过程中,通过查阅消防设计文件、建筑平面图、防火分区示意图等,确定防火分区设置部位,查阅穿越防火墙管道的输送介质等基本数据后,对防火墙设置位置、墙体材料、穿越防火墙管道的防火封堵等进行现场检查。

(1)防火墙现场检查内容

1)防火墙设置位置检查:

① 防火墙应直接设置在建筑的基础或框架、梁等承重结构上,框架、梁等承重结构的耐火极限不应低于防火墙的耐火极限;② 建筑外墙为不燃性墙体时,防火墙可不凸出墙的外表面,紧靠防火墙两侧的门、窗、洞口之间最近边缘的水平距离不应小于 2 m;采取设置乙级防火窗等防止火灾水平蔓延的措施时,该距离不限;③ 建筑内的防火墙不宜设置在转角处,确需设置时,内转角两侧墙上的门、窗、洞口之间最近边缘的水平距离不应小于 4 m;采取设置乙级防火窗等防止火灾水平蔓延的措施时,该距离不限;④ 防火墙的构造应能在防火墙任意一侧的屋架、梁、楼板等受到火灾的影响而破坏时,不会导致防火墙倒塌。

2)防火墙墙体材料检查:

① 建筑外墙为难燃性或可燃性墙体时,防火墙应凸出墙的外表面 0.4 m 以上,且防火墙两侧的外墙均应为宽度均不小于 2 m 的不燃性墙体,其耐火极限不应低于外墙的耐火极限;② 防火墙上不应开设门、窗、洞口,确需开设时,应设置不可开启或火灾时能自动关闭的甲级防火门、窗;③ 防火墙耐火极限不低于 3 h 的不燃性墙体,但设置在甲、乙类厂房和甲、乙、丙类仓库内的防火墙,其耐火极限不应低于 4 h。

3)穿越防火墙的管道检查:

可燃气体和甲、乙、丙类液体的管道严禁穿越防火墙,且防火墙内不应设置排气道。其他管道不宜穿越防火墙,确需穿过时,应采用防火封堵材料将墙与管道之间的空隙紧密填实,穿越防火墙处的管道保温材料,应采用不燃材料;当管道为难燃及可燃材料时,应在防火墙两侧的管道上采取防火措施。

防烟、排烟、供暖、通风和空气调节系统中的管道及建筑内的其他管道,在穿越防火隔墙、楼板和防火墙处的孔隙应采用防火封堵材料封堵。风管穿过防火隔墙、楼板和防火墙时，穿越处风管上的防火阀、排烟防火阀两侧各 2 m 范围内的风管应采用耐火风管或风管外壁应采取防火保护措施，且耐火极限不应低于该防火分隔体的耐火极限。

（2）消防验收过程中，防火墙常见的不合规项。

① 防火墙上设置的防火门防火等级不符合图纸及规范要求；设置在疏散走道的常开防火门消防联动测试时，无法按照规范要求联动关闭；② 防火墙内转角两侧墙上的门、窗、洞口之间最近边缘的水平距离小于 4 m（图 4-1-6），且未按照规范要求采用防火窗；紧靠防火墙两侧的门、窗、洞口之间最近边缘的水平距离小于 2 m；③ 穿过防火墙处的管道防火封堵不符合规范（图 4-1-7、图 4-1-8）；④ 防火墙未砌筑到梁、楼板、屋面结构层底面（图 4-1-9）；⑤ 窗槛墙高度不符合规范要求（图 4-1-10、图 4-1-11）。

图 4-1-6　防火墙设置在转角处，内转角窗距离不符合规范要求

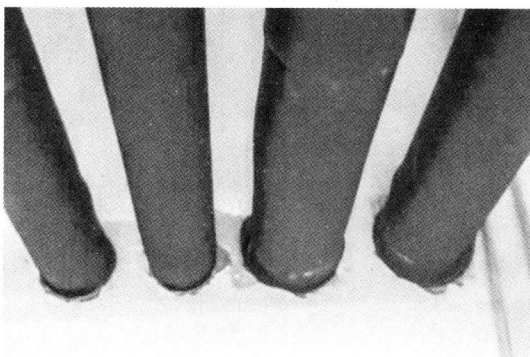

图 4-1-7　管道穿越防火墙，防火封堵不符合规范要求

图 4-1-8 电缆桥架穿越防火墙,未做有效的防火封堵

图 4-1-9 防火墙未按照规范要求砌筑到
梁、楼板、屋面结构层底面

图 4-1-10 窗槛墙高度不符合规范要求

图 4-1-11　窗槛墙高度不符合规范要求，整改增加窗槛墙

3. 防火卷帘

防火卷帘是在一定时间内，连同框架能满足耐火完整性、隔热性等要求的卷帘。由帘板、导轨、座板、门楣、箱体、卷门机、控制箱等组成的耐火完整性符合要求的防火分隔物，它能有效地组织火势从门窗洞口蔓延。防火卷帘的耐火极限不应低于《建规》对所设置部位墙体的耐火极限要求。

（1）防火卷帘的检查验收内容。

1）防火卷帘设置位置检查：

防火卷帘常设置在自动扶梯周围、与中庭相连的厅、通道等处。防火卷帘下方不得有影响其降落的障碍物。用防火卷帘代替防火墙进行水平防火分区分隔时：除中庭外，当防火分隔部位的宽度不大于 30 m 时，防火卷帘的宽度不应大于 10 m；当防火分隔部位的宽度大于 30 m 时，防火卷帘的宽度不应大于该部位宽度的 1/3，且不应大于 20 m。

虽然防火卷帘在耐火极限上可达到防火要求，但卷帘密闭性不好，防烟效果不理想，如果联动设施、固定槽或卷轴电机等部件不能正常发挥作用，将导致防烟楼梯间或封闭楼梯间的防烟措施将形同虚设。此外，卷帘在关闭时也不利于人员逃生。因此，封闭楼梯间、防烟楼梯间及其前室不应设置防火卷帘。

2）防火卷帘的耐火极限要求：

当防火卷帘的耐火极限符合现行国家标准《门和卷帘的耐火试验方法》GB/T 7633—2008 有关耐火完整性和耐火隔热性的判定条件时，可不设置自动喷水灭火系统保护。

当防火卷帘的耐火极限仅符合现行国家标准《门和卷帘的耐火试验方法》GB/T 7633—2008 有关耐火完整性的判定条件时,应设置自动喷水灭火系统保护。自动喷水灭火系统的设计应符合现行国家标准《自动喷水灭火系统设计规范》GB 50084 的规定,但火灾延续时间不应小于该防火卷帘的耐火极限。

3）防火卷帘外观及安装质量检查要求:

防火卷帘的帘面应平整、光洁;导轨、座板、门楣、箱体、卷门机、控制箱等应齐全完好,表明无明显凹凸及机械损伤;卷帘的卷门机、控制器、手动按钮盒等位置应设置永久标识,标明产品名称、型号、规格、耐火性能、生产厂家等内容;防火卷帘、防护罩等与楼板、梁和墙、柱之间的空隙,应采用防火封堵材料等封堵,封堵部位的耐火极限不应低于防火卷帘的耐火极限。防火卷帘的控制器和手动按钮盒应分别安装在防火卷帘内外两侧的墙壁上。控制器和手动按钮盒应安装在便于识别的位置,且应标出上升、下降、停止等功能。防火卷帘控制器及手动按钮盒的安装应牢固可靠,其底边距地面高度宜为 1.3～1.5 m。

4）防火卷帘运行功能的测试:

① 防火卷帘装配完成后,帘面在导轨内运行应平稳,不应有脱轨和明显的倾斜现象。双帘面卷帘的两个帘面应同时升降,两个帘面之间的高度差不应大于 50 mm;② 防火卷帘电动启、闭的运行速度应为 2～7.5 m/min,其自重下降速度不应大于 9.5 m/min;③ 防火卷帘启、闭运行的平均噪声不应大于 85 dB;④ 安装在防火卷帘上的温控释放装置动作后,防火卷帘应自动下降至全闭;

5）防火卷帘的系统功能测试应满足:

① 通电功能测试:应将防火卷帘控制器分别与消防控制室的火灾报警控制器或消防联动控制设备、相关的火灾探测器、卷门机等连接并通电,防火卷帘控制器应处于正常工作状态;② 备用电源测试:设有备用电源的防火卷帘,其控制器应有主、备电源转换功能。主、备电源的工作状态应有指示,主、备电源的转换不应使防火卷帘控制器发生误动作。备用电源的电池容量应保证防火卷帘控制器在备用电源供电条件下能正常可靠工作 1 h,并应提供控制器控制卷门机速放控制装置完成卷帘自重垂降,控制卷帘降至下限位所需的电源;③ 火灾报警功能调试时,防火卷帘控制器应直接或间接地接收来自火灾探测器组发出的火灾报警信号,并应发出声、光报警信号;④ 故障报警功能调试时,防火卷帘控制器的电源缺相或相序有误,以及防火卷帘控制器与火灾探测器之间的连接线断线或发生故障,防火卷帘控制器均应发出故障报警信号;⑤ 当防火卷帘控制器接收到火灾报警信号后,应控制分隔防火分区的防火卷帘由上限位自动关闭至全闭;防火

卷帘控制器接到感烟火灾探测器的报警信号后,控制防火卷帘自动关闭至中位(1.8 m)处停止,接到感温火灾探测器的报警信号后,继续关闭至全闭;防火卷帘半降、全降的动作状态信号应反馈到消防控制室;⑥ 手动控制功能调试时,手动操作防火卷帘控制器上的按钮和手动按钮盒上的按钮,可控制防火卷帘的上升、下降、停止;⑦ 自重下降功能调试时,应将卷门机电源设置于故障状态,防火卷帘应在防火卷帘控制器的控制下,依靠自重下降至全闭。

（2）防火卷帘禁用场所及禁用依据汇总。

1）甲类厂房及三、四级耐火等级的其他类厂房的防火墙上禁用防火卷帘。

《建规》3.3.1:除甲类厂房外的一、二级耐火等级厂房,其防火分区的建筑面积大于规范要求时,且设置防火墙确有困难时,可采用防火卷帘进行分隔。

2）甲、乙类仓库内防火分区之间的防火墙上禁用防火卷帘。

《建规》3.3.2:仓库内的防火分区之间必须采用防火墙分隔,甲、乙类仓库内的防火分区之间的防火墙不应开设门、窗、洞口。

《建规》3.2.9:甲、乙类厂房和甲、乙、丙类仓库的防火墙,其耐火极限不应低于4 h。防火卷帘必须符合现行产品标准《防火卷帘》GB 14102—2005产品标准要求,该产品标准中对防火卷帘耐火极限的要求只有2 h和3 h两个类别。在现行设计标准中,大部分情况下要求防火卷帘耐火极限为3 h,因此目前防火卷帘生产厂家产品耐火极限大都为3 h。所以如乙类厂房、丙类仓库等因特殊要求需要使用防火卷帘,应对防火卷帘的耐火极限予以认定,确保满足4 h耐火极限要求。

3）建筑高度大于250 m的建筑,防火墙、防火隔墙不得采用防火卷帘。

《建筑高度大于250 m民用建筑防火设计加强性技术要求》第三条:防火分隔应符合下列规定:防火墙、防火隔墙不得采用防火玻璃墙、防火卷帘替代。

4）当防火分区利用通向相邻防火分区的甲级防火门作为安全出口时,相邻两个防火分区之间的防火墙上禁用防火卷帘。

《建规》5.5.9:当防火分区利用通向相邻防火分区的甲级防火门作为安全出口时,应采用防火墙与相邻防火分区进行分隔。相邻两个防火分区之间不能采用防火卷帘、防火玻璃、防火分隔水幕等措施替代防火墙。

5）防烟前室、疏散楼梯（间）、避难层、避难走道、消防电梯前室、疏散走道两侧不得设置防火卷帘。

通常将通向防烟前室、疏散楼梯（间）、避难层、避难走道的安全出口视为直通室外的安全出口,因此进入以上区域可视为到达安全区域。虽然防火卷帘的耐火极限可达到防火隔墙、防火墙的耐火极限要求,但在实际使用过程中存在须通过火灾报警控制系统联动控制等诸多的不确定性因素,以上区域与室内其他区域的分隔措施,应采用实体墙,不得设置防火卷帘(图4-1-12)、防火玻璃等可靠性较低的分隔措施。

图 4-1-12　疏散楼梯间设置防火卷帘,不符合规范要求

疏散走道是指火灾发生时,建筑内人员从火灾现场逃往安全场所的通道,疏散走道的设置应能保证逃离火场的人员进入走道后,能顺利地通行到楼梯间等安全区域。防火卷帘属临时下放的防火分隔措施,可靠性差,下放时有可能对疏散人群造成二次伤害。因此,疏散走道两侧应设置实体墙,不得设置防火卷帘。

6)在超大城市综合体中,严禁使用侧向或水平封闭式及折叠提升式防火卷帘。

超大城市综合体是指总建筑面积大于 10 万平方米(含本数,不包括住宅和写字楼部分的建筑面积),集购物、旅店、展览、餐饮、文娱、交通枢纽等两种或两种以上功能于一体的超大城市综合体。

《关于加强超大城市综合体消防安全工作的指导意见》(公消〔2016〕113 号)第四条:超大城市综合体中,严禁使用侧向或水平封闭式及折叠提升式防火卷帘。

7)防火卷帘(包括防火玻璃隔墙)不得用作以下特殊区域的分隔措施。

① 设置商业服务网点的住宅建筑,其居住部分与商业服务网点之间应采用耐火极限不低于 2.00 h 且无门、窗、洞口的防火隔墙和 1.50 h 的不燃性楼板完全分隔。② 除商业服务网点外,住宅建筑与其他使用功能的建筑合建时,住宅部分与非住宅部分之间,应采用耐火极限不低于 2.00 h 且无门、窗、洞口的防火隔墙和 1.50 h 的不燃性楼板完全分隔;当为高层建筑时,应采用无门、窗、洞口的防

火墙和耐火极限不低于 2.00 h 的不燃性楼板完全分隔。③ 剧场、电影院、礼堂确需设置在其他民用建筑内时，应采用耐火极限不低于 2.00 h 的防火隔墙和甲级防火门与其他区域分隔。④ 歌舞娱乐放映游艺场所的厅、室之间及与建筑的其他部位之间，应采用耐火极限不低于 2.00 h 的防火隔墙和 1.00 h 的不燃性楼板分隔。⑤ 医疗建筑内的手术室或手术部、产房、重症监护室、贵重精密医疗装备用房、储藏间、实验室、胶片室等，附设在建筑内的托儿所、幼儿园的儿童用房和儿童游乐厅等儿童活动场所、老年人照料设施，应采用耐火极限不低于 2.00 h 的防火隔墙和 1.00 h 的楼板与其他场所或部位分隔，墙上必须设置的门、窗应采用乙级防火门、窗。

（3）对防火卷帘设置长度限制要求的解读。

防火卷帘设置长度限制要求的规范条文为《建规》6.5.3：防火分隔部位设置防火卷帘时，除中庭外，当防火分隔部位的宽度不大于 30 m 时，防火卷帘的宽度不应大于 10 m；当防火分隔部位的宽度大于 30 m 时，防火卷帘的宽度不应大于该部位宽度的 1/3，且不应大于 20 m（图 4-1-13）。对于该条文的解读如下：

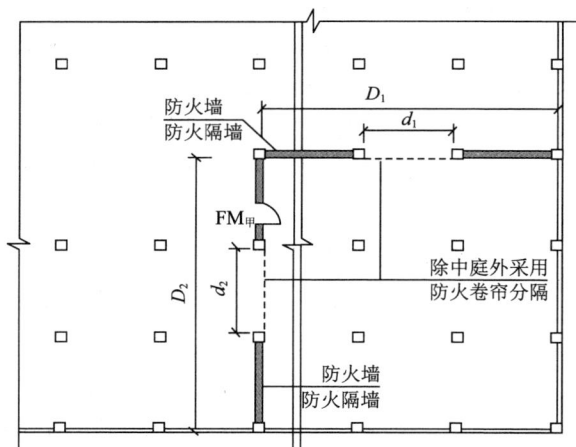

图 4-1-13　防火卷帘设置长度图示

注：① 防火分隔部位总宽度：$D = D_1 + D_2 -$ 中庭位置采用防火卷帘长度；② 防火卷帘设置宽度：$d = d_1 + d_2 -$ 中庭位置采用防火卷帘长度；③ 当 $D \leqslant 30$ m 时，$d \leqslant 10$ m；当 $D > 30$ m 时，$d \leqslant 1/3$ D，且 $d \leqslant 20$ m。

1）防火分隔部位的宽度是指，某一防火分隔区域与相邻防火分隔区域两两之间需要进行分隔的部位的总宽度，当某一防火分隔区域与相邻防火分隔区域有多条边两两相邻时，分隔总宽度为多条两两相临边的长度之和。同理，防火卷帘设置长度为多条两两相邻防火墙上设置的防火卷帘总长度。

2）建筑中庭部位的周围连通空间,当采用防火卷帘进行防火分隔时,防火卷帘设置宽度不受《建规》6.5.3要求的限制,即中庭部位防火卷帘的宽度除不计入防火分隔部位的宽度外,也不计入防火卷帘设置长度。

（4）消防验收过程中,防火卷帘常见的不合规项。

① 防火卷帘导轨未做防火处理（图4-1-14）导致防火卷帘导轨耐火极限与防火卷帘耐火极限不匹配,《防火卷帘》GB 14102—2005 6.2.3:防火卷帘导轨使用的原材料厚度要求,其中外露型不小于3.0 mm;② 防火卷帘下方（特别是装修类项目）有妨碍其下降的障碍物（图4-1-15）;③ 防火卷帘缝隙、穿越防火卷帘管道未采取有效的防火、防烟分隔措施（图4-1-16）;④ 防火卷帘部件不齐全:缺少专门控制防火卷帘动作的感温（感烟）探测器、温度释放装置、手动速放装置、缺少永久性标牌等（图4-1-17）;⑤ 联动测试,疏散通道上的卷帘未实现两步降

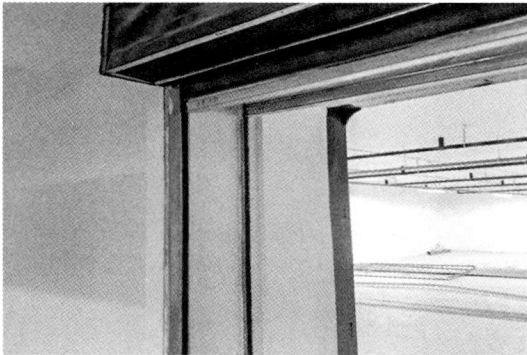

图4-1-14 防火卷帘导轨未做防火处理

图4-1-15 防火卷帘下方设置停车位,妨碍防火卷帘正常降落

或者两步降逻辑不符规范要求；⑥ 卷帘运行不平稳、有脱轨或倾斜现象，运行噪音大于规范要求，板座与地面接触时倾斜、不均匀（图 4-1-18）。

图 4-1-16　管道穿越防火卷帘，未做有效的防火封堵

图 4-1-17　该侧防火卷帘未安装控制防火卷帘联动的火灾探测器

图 4-1-18　卷帘运行不平稳，倾斜严重，影响使用功能

4. 防火门、窗

防火门、窗是指在一定时间内,连同框架能满足耐火完整性、隔热性等要求的门、窗。防火门是由门板、门框、锁具、闭门器、顺序器、五金件、防火密封件、电动控制装置等组成的符合耐火完整性和隔热性等要求的防火分隔物。防火窗是由窗扇、窗框、五金件、防火密封件以及窗扇启闭控制装置组成的符合耐火完整性和隔热性等要求的防火分隔物。

(1)防火门、窗的检查验收内容。

1)防火门、窗的选型:

防火门按照开启状态可分为常闭式防火门和常开式防火门。建筑内经常有人走动的位置优先选用常开式防火门,其他位置均应采用常闭式防火门。常闭式防火门应在门扇位置设置"保持防火门常闭"等提示标识。防火窗主要分为固定式防火窗和有可开启窗扇及装配有窗扇启闭控制装置的活动式防火窗。在消防验收过程中,应根据防火门、窗设置位置,结合消防设计文件检查核实防火门、窗耐火极限是否符合规范及设计文件要求。

2)防火门、窗外观及安装质量检查要求:

防火门门框、门扇及各配件表明应平整、光洁、并无明显凹凸、擦痕等,每樘防火门均应在其明显部位设置永久性标牌,并应标明产品名称、型号、规格、耐火性能及商标、生产单位(制造商)名称和厂址、出厂日期及产品生产批号、执行标准等。

防火门应向疏散方向开启,防火门在关闭后应从任何一侧手动开启;常开防火门,应安装火灾时能自动关闭门扇的控制、信号反馈装置和现场手动控制装置;防火插销应安装在双扇门或多扇门相对固定一侧的门扇上;防火门门框与门扇、门扇与门扇的缝隙处嵌装的防火密封件应牢固、完好;设置在变形缝附近的防火门,应安装在楼层数较多的一侧,且门扇开启后不应跨越变形缝;钢质防火门门框内应充填水泥砂浆,门框与墙体应用预埋钢件或膨胀螺栓等连接牢固,其固定点间距不宜大于600 mm。防火门安装完成后,其门扇应启闭灵活,并应无反弹、翘角、卡阻和关闭不严现象,门扇的开启力不应大于80 N。

防火窗表面应平整、光洁,并应无明显凹痕或机械损伤。每樘防火窗均应在其明显部位设置永久性标牌,并应标明产品名称、型号、规格、生产单位(制造商)名称和地址、产品生产日期或生产编号、出厂日期、执行标准等。

有密封要求的防火窗,其窗框密封槽内镶嵌的防火密封件应牢固、完好;钢质防火窗窗框内应充填水泥砂浆。窗框与墙体应用预埋钢件或膨胀螺栓等连接牢固，其固定点间距不宜大于 600 mm；活动式防火窗窗扇启闭控制装置的安装应位置明显，便于操作，并应装配火灾时能控制窗扇自动关闭的温控释放装置。

3）防火门、窗的系统功能测试应满足：

① 常闭防火门，从门的任意一侧手动开启，应自动关闭。当装有信号反馈装置时，开、关状态信号应反馈到消防控制室；② 常开防火门，其任意一侧的火灾探测器报警后，应自动关闭，并应将关闭信号反馈至消防控制室；③ 常开防火门，接到消防控制室手动发出的关闭指令或接到现场手动发出的关闭指令后，应自动关闭，并应将关闭信号反馈至消防控制室；④ 活动式防火窗，现场手动启动防火窗窗扇启闭控制装置时，活动窗扇应灵活开启，并应完全关闭，同时应无启闭卡阻现象；⑤ 活动式防火窗，现场手动启动防火窗窗扇启闭控制装置时，活动窗扇应灵活开启，并应完全关闭，同时应无启闭卡阻现象；⑥ 活动式防火窗，接到消防控制室发出的关闭指令后，应自动关闭，并应将关闭信号反馈至消防控制室；⑦ 安装在活动式防火窗上的温控释放装置动作后，活动式防火窗应在 60 s 内自动关闭。

（2）消防验收过程中，防火门、窗常见的不合格项。

① 防火门、窗防火等级不符合图纸及规范要求：水泵房、风机房等设备间未采用甲级防火门；② 部分位置未按照图纸要求采用防火门、防火窗：厨房明火作业区域未按照图纸及规范要求采用防火门、窗进行有效分隔，丙类厂房与办公区域未按照规范要求设置防火门、窗（图 4-1-19），防火墙内转角处窗间距不符合规范要求且未按照图纸要求设置防火窗，高层住宅建筑避难间未采用防火门，避难门窗防火等级设置不符合规范要求，住宅项目入户门直接开向电梯前室，未按规

图 4-1-19　丙类厂房与办公区域未按照规
范要求设置防火门、窗

范要求采用防火门（图4-1-20）；③ 防火门、窗安装不符合规范要求：门框、窗口未填充水泥砂浆（图4-1-21），防火门门框缝隙未进行防火封堵处理；多扇防火门未安装顺序器、常闭防火未安装闭门器等（图4-1-22），防火门门框与墙体未按规范要求进行连接（图4-1-23）；④ 防火门未在其明显部位设置永久性标识（图4-1-24）；⑤ 具有联动要求的常开防火门，联动测试时无法联动关闭；活动式防火窗无法联动关闭，防火门动作信号无法反馈到消防控制室。

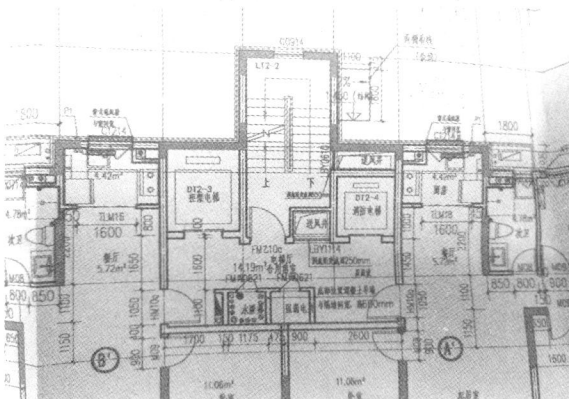

图 4-1-20 入户门直接开向电梯前室未
采用防火门，设计图纸不符合规范要求

图 4-1-21 防火门框未按照规范要求填充水泥砂浆

5. 竖向管道井

如果建筑内竖井未采取有效的防火分隔措施，竖向管道井上下贯通，一旦发生火灾极易产生烟囱效应，成为火灾烟气和火灾蔓延的通道之一，火灾极易沿管

图 4-1-22　防火门安装门框缝隙未进行防火封堵处理，未安装闭门器

图 4-1-23　防火门未安装在墙体上，与墙体连接不符规范要求

图 4-1-24　防火门未设置表明产品名称、型号、规格等信息的永久性标识

道井、电缆井、电梯井等竖井井道蔓延。在消防验收过程中,应对竖向管道井的设置、封堵方面进行检查,核实竖向井道的设置是否符合现行国际工程建设消防技术标准的要求。

(1)竖向管道井的设置要求。

① 电梯井应独立设置,井内严禁敷设可燃气体和甲、乙、丙类液体管道,不应敷设与电梯无关的电缆、电线等。电梯井的井壁除设置电梯门、安全逃生门和通气孔洞外,不应设置其他开口;② 电缆井、管道井、排烟道、排气道、垃圾道等竖向井道,应分别独立设置。井壁的耐火极限不应低于1 h,井壁上的检查门应采用丙级防火门;③ 建筑内的电缆井、管道井应在每层楼板处采用不低于楼板耐火极限的不燃材料或防火封堵材料封堵;④ 建筑内的电缆井、管道井与房间、走道等相连通的孔隙应采用防火封堵材料封堵;⑤ 建筑内的电缆井、管道井应在每层楼板处采用不低于楼板耐火极限的不燃性材料或防火封堵材料封堵。

(2)消防验收过程中,竖向管道井常见的不合格项。

① 电缆井、水井楼板处防火封堵不符合规范要求(图4-1-25);② 电缆井、管道井等竖井未按照设计要求独立设置(图4-1-26);③ 电缆井、管道井等井壁上的检查门未按规范要求采用丙级防火门。

图 4-1-25 电缆井楼板处防火封堵不符合
规范要求

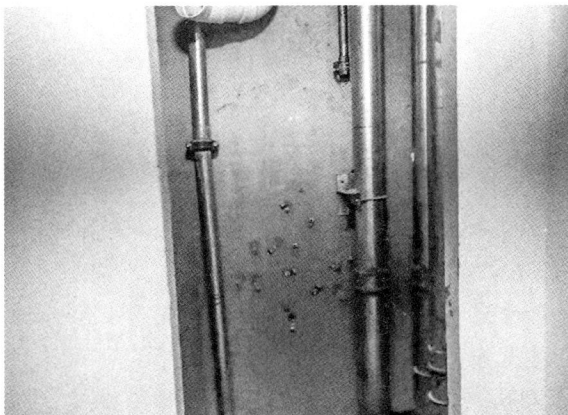

图 4-1-26　竖向管道井未独立设置，不符合
规范要求

第二节　防烟分隔

防烟分隔是指用挡烟垂壁、挡烟梁、挡烟隔墙等把烟气限制在一定范围的空间区域，从而实现有组织的排烟，并有利于建筑物内人员安全疏散所采取的分隔技术措施。

1. 防烟分区

火灾现场人员伤亡的主要原因是烟害。发生火灾时首要任务是把火场上产生的高温烟气控制在一定的区域之内，并迅速排出室外。为此，在设定条件下必须划分防烟分区。设置防烟分区主要是保证在一定时间内，使火场上产生的高温烟气不致随意扩散，并加以排除，从而达到有利人员安全疏散、控制火势蔓延和减小火灾损失的目的。

（1）防烟分区的设置要求。

设置防烟分区时，如果面积过大，会使烟气波及面积扩大，增加受灾面积，不利安全疏散和扑救；如果面积过小，不仅影响使用，同时还会提高工程造价。

① 不设排烟设施的房间（包括地下室）和走道，不划分防烟分区；② 防烟分区不应跨越防火分区；③ 对有特殊用途的场所，如地下室、防烟楼梯间、消防电梯、避难层间等，应单独划分防烟分区；④ 防烟分区一般不跨越楼层，某些情况下，如 1 层面积过小，允许包括 1 个以上的楼层，但以不超过 3 层为宜；⑤ 每个防烟分区的面积，应按照《建筑防排烟技术标准》GB 51251—2017 表 4.2.4 规定执行；⑥ 公共建筑、工业建筑中的走道宽度不大于 2.5 m 时，其防烟分区的长边

长度不应大于 60 m。当空间净高大于 9 m 时,防烟分区之间可不设置挡烟设施。

（2）挡烟设施设置要求。

用于防烟分区挡烟设施主要有挡烟隔板、挡烟垂壁、从顶棚下凸出不小于 500 mm 的梁。

① 各种挡烟设施的挡烟高度不得小于 500 mm;② 卷帘式挡烟垂壁由两块或者两块以上织物缝制时,搭接宽度不得小于 20 mm;当单节挡烟垂壁宽度不能满足防烟分区要求,采用多节垂壁搭接使用时,卷帘式挡烟垂壁搭接宽度不得小于 100 mm;翻板式挡烟垂壁搭接宽度不得小于 20 mm;③ 挡烟垂壁边沿与建筑物表面最小距离不得大于 20 mm。

（3）消防验收过程中,防烟分隔常见的不合规项。

① 防烟分区面积超过规范要求的最大防烟分区面积;② 部分位置未按照图纸要求安装挡烟垂壁:歌舞娱乐场所疏散走道、地下车库等位置;③ 挡烟垂壁安装高度不能保证排烟口在储烟仓内（图 4-2-1）,搭接宽度及与建筑物结构面缝隙不符合规范要求;④ 消防联动测试:电动挡烟垂壁未下降至挡烟工作位置,信号未反馈到中控室。

图 4-2-1 挡烟垂壁安装高度不符合要求:
排烟口未在储烟仓内

第三节 防爆

爆炸是指由于物质急剧氧化或分解反应产生温度、压力增加或者两者同时增加的现象。

1. 爆炸危险场所的布置要求

（1）有爆炸危险的甲、乙类厂房宜独立设置，并宜采用敞开或半敞开式。其承重结构宜采用钢筋混凝土或钢框架、排架结构。

（2）有爆炸危险的甲、乙类生产部位，宜布置在单层厂房靠外墙的泄压设施或多层厂房顶层靠外墙的泄压设施附近。有爆炸危险的设备宜避开厂房的梁、柱等主要承重构件布置。

（3）有爆炸危险的甲、乙类厂房的总控制室应独立设置。有爆炸危险的甲、乙类厂房的分控制室宜独立设置，当贴邻外墙设置时，应采用耐火极限不低于3 h的防火隔墙与其他部位分隔。

（4）有爆炸危险区域内的楼梯间、室外楼梯或有爆炸危险的区域与相邻区域连通处，应设置门斗等防护措施。门斗的隔墙应为耐火极限不应低于2 h的防火隔墙，门应采用甲级防火门并应与楼梯间的门错位设置。

2. 防爆、泄压措施

（1）有爆炸危险的厂房或厂房内有爆炸危险的部位应设置泄压设施。泄压设施宜采用轻质屋面板、轻质墙体和易于泄压的门、窗等，应采用安全玻璃等在爆炸时不产生尖锐碎片的材料。泄压设施的设置应避开人员密集场所和主要交通道路，并宜靠近有爆炸危险的部位。作为泄压设施的轻质屋面板和墙体的质量不宜大于60 kg/m²。屋顶上的泄压设施应采取防冰雪积聚措施。

（2）散发较空气轻的可燃气体、可燃蒸气的甲类厂房，宜采用轻质屋面板作为泄压面积。顶棚应尽量平整、无死角，厂房上部空间应通风良好。

（3）散发较空气重的可燃气体、可燃蒸气的甲类厂房和有粉尘、纤维爆炸危险的乙类厂房。应符合下列规定：应采用不发火花的地面；采用绝缘材料作整体面层时，应采取防静电措施；散发可燃粉尘、纤维的厂房，其内表面应平整、光滑，并易于清扫；厂房内不宜设置地沟，确需设置时，其盖板应严密，地沟应采取防止可燃气体、可燃蒸气和粉尘、纤维在地沟积聚的有效措施，且应在与相邻厂房连通处采用防火材料密封。

（4）甲、乙、丙类液体仓库应设置防止液体流散的设施。遇湿会发生燃烧爆炸的物品仓库应采取防止水浸渍的措施。使用和生产甲、乙、丙类液体的厂房，其管、沟不应与相邻厂房的管、沟相通，下水道应设置隔油设施。

（5）甲、乙类厂房内的空气不应循环使用；丙类厂房内含有燃烧或者爆炸危险粉尘、纤维的空气，在循环使用前必须经过净化处理，使空气中含尘浓度低于其爆炸下限的25%。

（6）厂房内爆炸危险场所的排风管道,严禁穿过防火墙和有爆炸危险的房间隔墙。

（7）供暖管道不得穿过存在与供暖管道接触能引起燃烧或爆炸的气体、蒸气和粉尘的房间,必须穿过时,应采用不燃材料隔热。供暖管道和可燃物之间的距离应满足:当供热管道的表面温度大于 100 ℃时,两者间距不应小于 100 mm 或采用不燃性材料隔热;当供热管道的表面温度不大于 100 ℃时,两者间距不应小于 50 mm 或采用不燃性材料隔热;在散发可燃粉尘、纤维的厂房内,散热器表面平均温度不得超过 82.5 ℃,输煤管廊的散热器表面平均温度不得超过 130 ℃。

3. 电气防爆

（1）爆炸危险环境应选用铜芯绝缘电缆或导线,未防止过载和短路,绝缘电线和电缆的允许载流量不得小于熔断器熔体额定电流的 1.25 倍和断流器长延时过电流脱扣器整定电流的 1.25 倍。

（2）当爆炸环境中气体、蒸气的密度比空气大时,电气线路应敷设在高处或埋入地下;当爆炸环境中气体、蒸气的密度比空气小时,电气线路应敷设在较低处或用电缆沟敷设。

（3）电气线路之间原则上不能直接连接,如必须连接应采用压接、熔焊、钎焊等方式,并保证接触良好。

第五章 安全疏散及消防电梯

第一节　安全疏散

在日常的消防验收工作中,应根据建筑分类和耐火等级等要求,对安全出口、疏散出口、疏散走道、避难走道、疏散楼梯间与避难疏散设施(避难层、避难间、下沉式广场等)设置是否符合消防设计图纸及规范要求进行检查。

1. 安全出口

安全出口是指供人员安全疏散用的楼梯间、室外楼梯的出入口或直通室内外安全区域的出口,保证在火灾时能够迅速安全地疏散人员和抢救物资,减少人员伤亡,降低火灾损失。通常情况下,我们认为疏散楼梯间(含防烟楼梯间的前室)、避难走道、避难层等,均属于安全区域,在火灾条件下,人员能安全走到安全区域,即可认为到达安全地点。因此,供人员安全疏散用的楼梯间及前室出口、室外楼梯的出口以及直通室内外安全区域的出口等,均属于安全出口。常见的安全出口有敞开楼梯间的出口、封闭楼梯间的出口、防烟楼梯间的出口及前室出口,以及直接通向室外安全区域的房门、符合条件的连廊和天桥出口等。

在日常的消防验收工作中,需要对安全出口的设置形式、数量、宽度、间距、畅通性进行检查验收,核实安全出口的设置是否符合消防设计图纸及规范的要求。

（1）安全出口的设置形式。

建筑物内发生火灾时,为了减少损失,需要把建筑物内的人员和物资尽快撤到安全区域,凡是符合安全疏散要求的门、楼梯、走道等都称为安全出口,如建筑物的外门,着火楼层梯间的门,防火墙上所设的防火门,经过走道或楼梯能通向室外的门等。

（2）安全出口数量的设置要求。

安全出口的设置数量和安全出口的总疏散宽度、安全疏散距离相关。当安全出口的总宽度满足要求时，还需要保证在不同人员分布条件下的安全疏散距离。为满足火灾时人员可以从不同的方向进行疏散，要求建设内每个防火分区或一个防火分区的每个楼层，其安全出口的数量应经计算确定，且不应少于2个。

1）公共建筑安全出口数量设置要求：

公共建筑每个防火分区或者一个防火分区的每个楼层安全出口数量不少于2个，当公共建筑满足以下要求时，可以设置一个安全出口：① 除托儿所、幼儿园外，建筑面积不大于200 m^{2}且人数不超过50人的单层公共建筑或多层公共建筑的首层；② 除医疗建筑，老年人照料设施，托儿所、幼儿园的儿童用房，儿童游乐厅等儿童活动场所和歌舞娱乐放映游艺场所等外的公共建筑，其耐火等级、最多建筑层数、每层最大建筑面积和使用人数应符合《建规》表5.5.8规定；③ 除歌舞娱乐放映游艺场所外，防火分区建筑面积不大于200 m^{2}的地下或半地下设备间、防火分区建筑面积不大于50 m^{2}且经常停留人数不超过15人的其他地下或半地下建筑（室）。

2）住宅建筑安全出口数量设置要求：

一般要求住宅建筑每个单元每层安全出口数量不少于2个：① 建筑高度不大于27 m的建筑，当每个单元任一层的建筑面积大于650 m^2，或任一户门至最近安全出口的距离大于15 m时，每个单元每层的安全出口不应少于2个；② 建筑高度大于27 m、不大于54 m的建筑，当每个单元任一层的建筑面积大于650 m^2，或任一户门至最近安全出口的距离大于10 m时，每个单元每层的安全出口不应少于2个；③ 建筑高度大于54 m的建筑，每个单元每层的安全出口不应少于2个；④ 建筑高度大于27 m，但不大于54 m的住宅建筑，每个单元设置一座疏散楼梯时，疏散楼梯应通至屋面，且单元之间的疏散楼梯应能通过屋面连通，户门应采用乙级防火门。当不能通至屋面或不能通过屋面连通时，应设置2个安全出口。

3）厂房建筑安全出口数量设置要求：

一般要求厂房建筑每个防火分区或者一个防火分区每个楼层安全出口数量不少于2个，当厂房建筑满足以下要求时，可以设置1个安全出口：① 甲类厂房，每层建筑面积不大于100 m^2，且同一时间的作业人数不超过5人；② 乙类厂房，每层建筑面积不大于150 m^2，且同一时间的作业人数不超过10人；③ 丙类厂房，每层建筑面积不大于250 m^2，且同一时间的作业人数不超过20人；④ 丁、戊类厂房，每层建筑面积不大于400 m²，且同一时间的作业人数不超过30人；⑤地下或半地下厂房（包括地下或半地下室），每层建筑面积不大于50 m²，且同一时间的作业人数不超过15人。

4) 仓库建筑安全出口数量设置要求：

一般要求仓库建筑每个防火分区安全出口数量不少于2个，当仓库建筑满足以下要求时，可以设置一个安全出口：①每座仓库的安全出口不应少于2个，当一座仓库的占地面积不大于300 m²时，可设置1个安全出口；②地下或半地下仓库（包括地下或半地下室）的安全出口不应少于2个，当建筑面积不大于100 m²时，可设置1个安全出口；③地下或半地下仓库（包括地下或半地下室），当有多个防火分区相邻布置并采用防火墙分隔时，每个防火分区可利用防火墙上通向相邻防火分区的甲级防火门作为第二安全出口，但每个防火分区必须至少有1个直通室外的安全出口。

5) 人防工程安全出口数量设置要求：

人防工程的每个防火分区的安全出口数量不应少于2个，当人防工程满足以下要求时，可以设置一个安全出口：①防火分区建筑面积不大于1 000 m²的商业营业厅、展览厅等场所，设置通向室外、直通室外的疏散楼梯间或避难走道的安全出口个数不得少于1个，可将相邻防火分区之间防火墙上设置的防火门作为安全出口；②建筑面积不大于500 m²，且室内地面与室外出入口地坪高差不大于10 m，容纳人数不大于30人的防火分区，当设置有仅用于采光或进风用的竖井，且竖井内有金属梯直通地面、防火分区通向竖井处设置有不低于乙级的常闭防火门时，可只设置一个通向室外、直通室外的疏散楼梯间或避难走道的安全出口，可设置一个与相邻防火分区相通的防火门；③建筑面积不大于200 m²，且经常停留人数不超过3人的防火分区，可只设置一个通向相邻防火分区的防火门。

（3）安全出口宽度的设置要求。

安全出口总净宽度，应根据疏散人数按每100人的最小疏散净宽度不小于《建规》表5.5.21-1的规定计算确定。首层外门的总净宽度应按该建筑疏散人数最多一层的人数计算确定，不供其他楼层人员疏散的外门，可按本层的疏散人数计算确定。地下或半地下人员密集的厅、室和歌舞娱乐放映游艺场所，其房间疏散门、安全出口、疏散走道和疏散楼梯的各自总净宽度，应根据疏散人数按每100人不小于1 m计算确定。

首层外门的净宽度按照《建规》表5.5.21-1的规定计算后，厂房不应小于1.2 m，高层医疗建筑不应小于1.3 m，其他高层公共建筑不应小于1.2 m，住宅建筑不应小于 1.1 m。

（4）安全出口间距的设置要求。

建筑内的安全出口和疏散门应分散布置，且建筑内每个防火分区或一个防火分区的每个楼层、每个住宅单元每层相邻两个安全出口以及每个房间相邻两个疏散门最近边缘之间的水平距离不应小于 5 m。

（5）防火分区借用安全出口的要求。

1）一、二级耐火等级公共建筑内的安全出口全部直通室外确有困难的防火分区，可利用通向相邻防火分区的甲级防火门作为安全出口，但应符合下列要求：① 利用通向相邻防火分区的甲级防火门作为安全出口时，应采用防火墙与相邻防火分区进行分隔；不能采用防火卷帘、防火分隔水幕等措施替代防火墙。② 建筑面积大于 1 000 m² 的防火分区，直通室外的安全出口不应少于 2 个；建筑面积不大于 1 000 m² 的防火分区，直通室外的安全出口不应少于 1 个。③ 该防火分区通向相邻防火分区的疏散净宽度不应大于其按《建规》第 5.5.21 条规定计算所需疏散总净宽度的 30%，建筑各层直通室外的安全出口总净宽度不应小于按照《建规》第 5.5.21 条规定计算所需疏散总净宽度。

2）地下或半地下仓库（包括地下或半地下室），当有多个防火分区相邻布置并采用防火墙分隔时，每个防火分区可利用防火墙上通向相邻防火分区的甲级防火门作为第二安全出口，但每个防火分区必须至少有 1 个直通室外的安全出口。

3）地上部分的厂房、仓库、汽车库等不允许借用安全出口。

（6）安全出口现场验收检查方法。

查阅项目消防设计文件，了解项目建筑高度、使用性质、耐火等级等，确定疏散人员数量及疏散宽度指标，计算项目安全出口总宽度。现场查验项目安全出口总宽度、数量、间距、首层外门最小净宽度是否符合消防设计图纸及国家现行规范要求。

（7）安全出口现场验收常见问题。

1）安全出口数量不符合规范要求：安全出口数量少于图纸数量；不满足设置一个安全出口条件的建筑，只设置一个安全出口；原大空间分隔使用，分割后部分区域安全出口数量、疏散距离等不符合规范要求。

2）安全出口宽度不符规范要求：首层外门净宽不符合规范要求（图 5-1-1）；门洞安装门框、镶贴瓷砖等装修后，净宽度不符规范要求（图 5-1-2）、安全出口被装饰、装修物遮挡（图 5-1-3），住宅项目入户门净宽不符合规范要求（图 5-1-4）。

图 5-1-1 公共建筑首层外门疏散净宽不符合规范要求

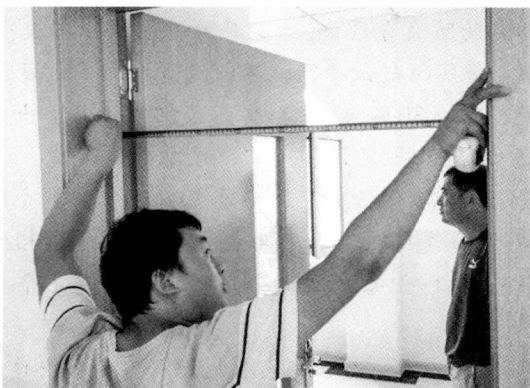

图 5-1-2 项目装修后安全出口净宽不满足规范及图纸要求

图 5-1-3 安全出口被遮挡无法完全开启

图 5-1-4 入户门净宽小于 900 mm,不满足现行规范要求

3) 特殊要求建筑未设置独立的安全出口:电影院、老幼场所与其他场所合用时,未按要求设置独立的安全出口。

4) 安全出口间距不满足不小于 5 m 的要求。

5) 安全出口未采用向疏散方向开启的平开门(图 5-1-5)。

图 5-1-5 安全出口门采用旋转门,不符合规范要求

(8) 关于住宅建筑户门疏散净宽测量标准的说明。

部分新建住宅建筑入户门净宽不满足规范要求的最小值(净宽大于 900 mm),影响工程消防验收顺利通过。

此问题如果在施工阶段不对入户门门洞宽加以控制,验收阶段彻底整改须扩宽门洞,更换净宽不符合要求的入户门,整改时间长、难度大,必将给项目方造成大量的、不必要的成本支出。

1）此问题产生的根源。

此问题产生的根源，首先源于《住宅设计规范》与《建筑设计防火规范》中关于户门宽度的要求不一致：《住宅设计规范》要求住宅建筑入户门的最小门洞宽度为 1 m，并未涉及户门安装后的实际净宽的具体要求；《建筑设计防火规范》要求住宅建筑入户门的净宽不应小于 0.9 m。两规范分别对入户门施工预留"门洞"及入户门安装后的"净宽"进行相应的要求。设计单位按照门洞 1 m 设计，需要施工单位在入户门安装后控制净宽不小于 0.9 m。但在实际施工过程中，入户门安装后，净宽在扣减门洞两侧抹灰层、门框宽度及门扇（开启到 90 度）厚度后，实际净宽很难达到规范的不小于 0.9 m 要求。

其次，还与《建筑设计防火规范》历次版本中对"净宽度"的含义表述不清、相应图示显示的测量方法发生调整有关。

2015 年 5 月 1 日起实施的《建筑设计防火规范》及 2018 年 10 月 1 日起实施的《建筑设计防火规范》2018 年修订版，对入户门的净宽度规定一致，但对"净宽度"的含义未做进一步表述，只是在规范对应的图示中进行了补充。

2015 年 6 月 1 日实施的《建筑设计防火规范》图示，对入户门净宽的图示明确为：入户门净宽为门洞口宽度。

2018 年 11 月 1 日实施的《建筑设计防火规范》图示，对入户门净宽进行了加强，通过增加"疏散门净宽度示意图"（图 5-1-6）放大详图的方式，重新定义了净宽度计算测量方法：入户门净宽为入户门开启到 90 度后的实际通行宽度。

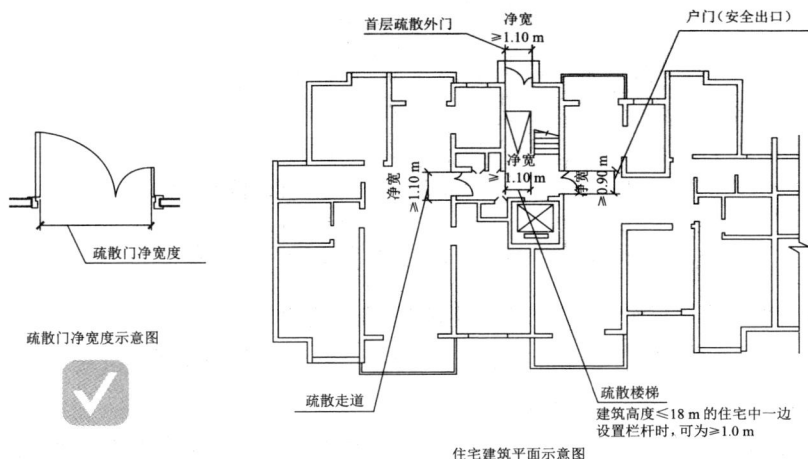

图 5-1-6　住宅建筑平面示意图及疏散门净宽示意图

从以上分析可以看出:直至 2018 年 11 月 1 日出版《建筑设计防火规范》图示后,才明确了住宅建筑入户门净宽计算测量方法。在此过程中,对住宅建筑入户门净宽计算测量方法的认识不统一,也是导致出现该问题的另一个重要原因。

2)设计阶段、施工阶段解决方法。

设计单位在设计过程中,适当增加住宅建筑入户门门洞宽度;施工单位在入户门制作、安装过程中,提前进行技术交底,确保入户门安装后净宽满足规范要求。

3)国家规范的逐步调整。

针对入户门净宽问题,国家、部分省市已在根据满足使用功能这一基本要求的前提下,逐步对现行规范进行了修改:

《建筑设计防火规范》2021 年度征求意见稿,该意见稿中已将入户门净宽度调整为 0.8 m。建议在《建筑设计防火规范》2021 年度征求意见稿正式实施前,仍按原规范实施。

《浙江省消防技术规范难点问题操作技术指南(2020 版)》已按照住宅建筑的入户门的净宽度不应小于 0.80 m 执行。

《山东省建筑工程消防设计部分非强制性条文适用指引》第 2.6.17 条规定,公共建筑内疏散门的净宽度不应小于 0.8 m,一般房间门均宜满足净宽度不小于 0.8 m。

2. 疏散出口

疏散出口包括安全出口和疏散门,这里主要指的是疏散门,即设置在建筑物内各房间直接通向疏散走道的门或安全出口上的门。疏散门是针对房间出口的概念,主要包括房间直接通向疏散走道的房门、房间直接开向疏散楼梯间的门(如住宅的户门),以及房间直通室外的门等,疏散门不包括套间内的隔间门或住宅套内的房间门。而安全出口,是专指通向安全区域的出口。安全出口和疏散门的概念是相对的,从本质上说,安全出口上设置的门,就是疏散门。安全出口属于疏散门一种形式,是疏散门的一个特例。

(1)疏散出口的设置形式。

1)民用建筑和厂房的疏散门,应采用向疏散方向开启的平开门,不应采用推拉门、卷帘门、吊门、转门和折叠门。除甲、乙类生产车间外,人数不超过 60 人且每樘门的平均疏散人数不超过 30 人的房间,其疏散门的开启方向不限。

2)仓库的疏散门应采用向疏散方向开启的平开门,但丙、丁、戊类仓库首层靠墙的外侧可采用推拉门或卷帘门。

3)人员密集场所内平时需要控制人员随意出入的疏散门和设置门禁系统的

住宅、宿舍、公寓建筑的外门，应保证火灾时不需使用钥匙等任何工具即能从内部打开，并应在显著位置设置具有使用提示的标识。

（2）疏散出口数量的设置要求。

疏散出口的数量设置要求与安全出口基本一致。公共建筑每个房间的疏散出口（疏散门）数量不少于2个，除托儿所、幼儿园、老年人照料设施、医疗建筑、教学建筑内位于走道尽端的房间外，当建筑满足以下条件时，可设置一个疏散出口。

1）位于两个安全出口之间或袋形走道两侧的房间，对于托儿所、幼儿园、老年人照料设施，建筑面积不大于50 m^2；对于医疗建筑、教学建筑，建筑面积不大于75 m^2；对于其他建筑或场所，建筑面积不大于120 m^2。

2）位于走道尽端的房间，建筑面积小于50 m^2 且疏散门的净宽度不小于0.90 m，或由房间内任一点至疏散门的直线距离不大于15 m、建筑面积不大于200 m^2 且疏散门的净宽度不小于1.40 m。

3）歌舞娱乐放映游艺场所内建筑面积不大于50 m^2 且经常停留人数不超过15人的厅、室。

4）建筑面积不大于200 m^2 的地下或半地下设备间、建筑面积不大于50 m^2 且经常停留人数不超过15人的地下或半地下房间，可设置1个疏散门。

（3）特殊场所每个疏散门疏散人数要求。

1）剧场、电影院、礼堂的观众厅或多功能厅，每个疏散门的平均疏散人数不应超过250人；当容纳人数超过2 000人时，其超过2 000人的部分，每个疏散门的平均疏散人数不应超过400人。

2）对于体育馆的观众厅，每个疏散门的疏散人数通常为400～700人。

（4）疏散出口宽度的设置要求。

疏散门的宽度、疏散门的数量、疏散总宽度是确定疏散时间的重要因素。公共建筑内疏散门和住宅建筑内疏散门的净宽度不得小于0.9 m，观众厅等人员密集场所的疏散门净宽度不得小于1.4 m。

1）每层的房间疏散门、安全出口、疏散走道和疏散楼梯的各自总净宽度，应根据疏散人数按每100人的最小疏散净宽度不小于《建规》表5.5.21-1的规定。当每层疏散人数不等时，疏散楼梯的总净宽度可分层计算，地上建筑内下层楼梯的总净宽度应按该层及以上疏散人数最多一层的人数计算；地下建筑内上层楼梯的总净宽度应按该层及以下疏散人数最多一层的人数计算。

2）地下或半地下人员密集的厅、室和歌舞娱乐放映游艺场所，其房间疏散门、安全出口、疏散走道和疏散楼梯的各自总净宽度,应根据疏散人数按每100人不小于1 m计算确定。

3)首层外门的总净宽度应按该建筑疏散人数最多一层的人数计算确定,不供其他楼层人员疏散的外门,可按本层的疏散人数计算确定。

4)住宅建筑的户门、安全出口、疏散走道和疏散楼梯的各自总净宽度应经计算确定,且户门和安全出口的净宽度不应小于0.90 m,疏散走道、疏散楼梯和首层疏散外门的净宽度不应小于1.10 m。

(5)疏散出口间距的设置要求。

建筑内的安全出口和疏散门应分散布置,且建筑内每个防火分区或一个防火分区的每个楼层、每个住宅单元每层相邻两个安全出口以及每个房间相邻两个疏散门最近边缘之间的水平距离不应小于5 m。

(6)疏散出口畅通性设置要求。

开向疏散楼梯或疏散楼梯间的门,当其完全开启时,不应减少楼梯平台的有效宽度。人员密集的公共场所、观众厅的疏散门不应设置门槛,其净宽度不应小于1.4 m,且紧靠门口内外各1.4 m范围内不应设置踏步,人员密集的公共场所的室外疏散通道的净宽度不应小于3.00 m,并应直接通向宽敞地带。

(7)疏散出口现场验收常见问题。

1)疏散出口数量不符合规范要求:疏散出口数量少于图纸数量。

2)疏散出口净宽、总疏散宽度不符规范要求:首层外门净宽不符合规范要求;门洞安装门框、镶贴瓷砖等装修后净宽度不符规范要求;疏散门开启后影响疏散走道净宽,导致疏散走道净宽不符合规范要求(图5-1-7)。

图5-1-7　疏散门开启后影响疏散走道宽度

3）安全出口间距不满足不小于 5 m 的要求。

4）疏散门设置形式不符合规范要求：厂房采用推拉门作为疏散出口（图 5-1-8）。

5）疏散门开启方向未向疏散方向开启，不符合规范要求。

6）疏散门设置门槛、疏散门开启后影响疏散畅通性（图 5-1-9）。

7）人员密集场所疏散门紧靠门口位置踏步设置不符合要求（图 5-1-10）；

8）人员密集场所室外疏散走道宽度不符合规范要求（图 5-1-11）；

9）车库疏散出口位置设置停车位，影响疏散畅通性（图 5-1-12）。

图 5-1-8　厂房采用推拉门作为疏散门，不符合规范要求

图 5-1-9　疏散门设置门槛，影响疏散的畅通性

图 5-1-10　人员密集场所紧靠疏散门内外两侧 1.4 m 范围内设置踏步,不符合规范要求

图 5-1-11　该人员密集场所室外疏散走道宽度不符合规范要求

图 5-1-12　车库疏散出口位置设置停车位影响疏散畅通性
（疏散门未向疏散方向开启、疏散出口位置未设置疏散指示标识）

（8）人员密集场所与人员密集的场所。

1）"人员密集场所"是指建筑类别，属于建筑分类定性，通常以某座（或某栋）建筑为单位。人员密集场所，是指公众聚集场所，医院的门诊楼、病房楼，学校的教学楼、图书馆、食堂和集体宿舍，养老院，福利院，托儿所，幼儿园，公共图书馆的阅览室，公共展览馆、博物馆的展示厅，劳动密集型企业的生产加工车间和员工集体宿舍，旅游、宗教活动场所等。人员密集的室内场所。如：宾馆、饭店等旅馆，餐馆场所，商场、市场、超市等商店，体育场馆，公共展览馆、博物馆的展览厅，金融证券交易场所，公共娱乐场所，医院的门诊楼、病房楼，老年人建筑、托儿所、幼儿园，学校的教学楼、图书馆和集体宿舍，公共图书馆的阅览室，客运车站、码头、民用机场的候车、候船、候机厅（楼），人员密集的生产加工车间、员工宿舍等。

2）"人员密集的场所"是指建筑内部的功能场所类别，主要针对建筑内部的某些房间或区域。即使是非人员密集场所建筑，其内部仍可能存在"人员密集的场所"。比如：办公建筑不属于人员密集场所建筑，但其附属的会议厅、多功能厅等，属于人员密集的场所，等等。

3）定性为"人员密集场所建筑"，不代表所有房间（或区域）均为人员密集的场所。即使是人员密集场所建筑，同样可能存在非人员密集的房间或区域，比如酒店、医疗建筑等，属于人员密集场所建筑，但其附属的办公室、车库等，通常不属于人员密集的场所。

4）定性为"非人员密集场所建筑"，某些房间（或区域）仍可能属于人员密集的场所。通常情况下，建筑附属功能并不改变主体定性，因此，某座建筑的局部区域为人员密集的场所，并不一定代表本建筑为人员密集场所建筑。比如，办公建筑中可附属自用的会议厅、多功能厅等，这类场所属于人员密集的场所，但整体建筑仍属于办公建筑，不属于人员密集场所建筑。

3. 疏散距离

安全疏散距离，是控制安全疏散设计的基本要素。安全疏散距离越短，人员的疏散过程越安全，该距离的确定既要考虑人员疏散的安全，也要兼顾建筑功能和平面布置的要求，对不同火灾危险性场所和不同耐火等级建筑物有不同要求。

疏散距离、需要疏散的人数、人员自身的活动能力等因素直接影响疏散所需要的时间。通常情况下，我们认为火灾条件下人员能安全进入安全出口，即可认为到达安全地点。因此，民用建筑的疏散距离主要包括房间内任一点至直通疏散走道疏散门的直线距离以及直通疏散走道疏散门至最近安全出口的直线距离;厂房的疏散距是指厂房内任一点至最近安全出口的直线距离。

（1）安全疏散距离设置要求。

1）公共建筑的安全疏散距离直通疏散走道的房间疏散门至最近安全出口的直线距离不应大于《建规》表5.5.17的规定。

2）楼梯间应在首层直通室外,确有困难时,可在首层采用扩大的封闭楼梯间或防烟楼梯间前室。当层数不超过4层且未采用扩大的封闭楼梯间或防烟楼梯间前室时,可将直通室外的门设置在离楼梯间不大于15 m处。

3）房间内任一点至房间直通疏散走道的疏散门的直线距离,不应大于《建规》表5.5.17规定的袋形走道两侧或尽端的疏散门至最近安全出口的直线距离。

4）厂房内任一点至最近安全出口的直线距离不应大于《建规》表3.7.4的规定。

5）一、二级耐火等级建筑内疏散门或安全出口不少于2个的观众厅、展览厅、多功能厅、餐厅、营业厅等,其室内任一点至最近疏散门或安全出口的直线距离不应大于30 m;当疏散门不能直通室外地面或疏散楼梯间时,应采用长度不大于10 m的疏散走道通至最近的安全出口,当该场所设置自动喷水灭火系统时,室内任一点至最近安全出口的安全疏散距离可分别增加25%。

验收时需要特别注意:当公共建筑内全部设置有自动喷水灭火系统时,公共建筑内任一点至最近安全出口的直线距离可按《建规》表5.5.17增加25%;厂房内任一点至最近安全出口的直线距离仍按《建规》表3.7.4执行,不能因为设置自动喷水灭火系统而增加疏散距离。

6）建筑内开向敞开式外廊的房间疏散门至最近安全出口的直线距离可按《建规》表5.5.17的规定增加5 m。

7）直通疏散走道的房间疏散门至最近敞开楼梯间的直线距离,当房间位于两个楼梯间之间时,应按本表的规定减少5 m;当房间位于袋形走道两侧或尽端时,应按《建规》表5.5.17表的规定减少2 m。

8）建筑物内全部设置自动喷水灭火系统时,其安全疏散距离可按《建规》表5.5.17表的规定增加25%。

（2）疏散距离消防验收常见问题。

1）袋形走道两侧疏散门安全疏散距离计算错误,不符合规范要求。

2）项目平面布局变更导致疏散距离增大,不符合规范要求。

4. 疏散走道、避难走道

疏散走道是疏散时人员从房间内至房间门或从房间门至疏散楼梯或外部出口等安全出口的室内走道。在火灾情况下,人员要从房间等部位向外疏散,首先通过疏散走道,所以,疏散走道是疏散的必经之路,通常为疏散的第一安全地带。

避难走道主要用于解决大型建筑中疏散距离过长或难以按照规范要求设置直通室外的安全出口等问题。避难走道和防烟楼梯间的作用类似,疏散时人员只要进入避难走道,就可视为进入相对安全的区域。

（1）疏散走道宽度设置要求。

1）厂房内疏散走道的净宽度不宜小于 1.4 m。

2）公共建筑疏散走道的净宽度不应小于 1.1 m;高层医疗建筑单面布房时,疏散走道净宽不小于 1.4 m,双侧布房时,疏散走道净宽不小于 1.5 m;其他公共建筑单面布房时,疏散走道净宽不小于 1.3 m,双侧布房时,疏散走道净宽不小于 1.4 m。

3）住宅建筑疏散走道净宽不小于 1.1 m。

4）人员密集的公共场所的室外疏散通道的净宽度不应小于 3 m,并应直接通向宽敞地带;剧场、电影院、礼堂、体育馆等场所的疏散走道,观众厅内疏散走道的净宽度不应小于 1 m;边走道的净宽度不宜小于 0.80 m。

（2）疏散走道畅通性设置要求。

疏散走道要简明直接,尽量避免弯曲,尤其不要往返转折,否则会造成疏散阻力和产生不安全感。疏散走道内不应设置阶梯、门槛、门垛、管道等突出物,以免影响疏散。

（3）疏散走道的装修及分隔要求。

疏散走道是火灾时必经之路,为第一安全地带,走道的结构和装修必须保证它的耐火性能。走道与房间隔墙应砌至梁、板底部并全部填实所有空隙。疏散走道两侧隔墙的耐火极限:一、二级耐火等级的建筑不低于 1 h,三级耐火等级的建筑不低于 0.5 h,四级耐火等级的建筑不低于 0.25 h。地上建筑的疏散走道,其顶棚装修材料应采用 A 级装修材料,其他部位的装修材料应采用不低于 B1 级的装修材料。地下民用建筑的疏散走道,其顶、墙、地的装修材料均应采用燃烧性能为 A 级的装修材料。

（4）避难走道的设置要求。

1）避难走道防火隔墙的耐火极限不应低于 3 h,楼板的耐火极限不应低于 1.5 h。

2）避难走道直通地面的出口不应少于 2 个,并应设置在不同方向;当避难走道仅与一个防火分区相通且该防火分区至少有 1 个直通室外的安全出口时,可设置 1 个直通地面的出口。任一防火分区通向避难走道的门至该避难走道最近直通地面的出口的距离不应大于 60 m。

3）避难走道的净宽度不应小于任一防火分区通向该避难走道的设计疏散总净宽度。

4）避难走道内部装修材料的燃烧性能应为 A 级。

5）防火分区至避难走道入口处应设置防烟前室,前室的使用面积不应小于 6 m²,开向前室的门应采用甲级防火门,前室开向避难走道的门应采用乙级防火门。

6）避难走道内应设置消火栓、消防应急照明、应急广播和消防专线电话。

（5）疏散走道(避难走道)消防验收过程中常见问题。

1）疏散走道净宽不满足规范要求:疏散走道装饰装修后,导致净宽不满足规范要求;疏散门开启,占用疏散走道净宽,影响疏散（图 5-1-13）。

图 5-1-13　疏散门开启后,影响疏散走道净宽

2）疏散走道内设置阶梯、门槛、门垛、管、室内消火栓等突出物,影响疏散走道畅通性（图 5-1-14）。

3）疏散走道两侧隔墙的耐火极限不符合规范要求（图 5-1-15）。

4）疏散走道装饰装修材料燃烧性能不符合规范要求（图 5-1-16）。

图 5-1-14　原消火栓安装位置影响疏散走道净宽及疏散的畅通性

图 5-1-15　疏散走道两侧的隔墙耐火极限不符规范要求

图 5-1-16　疏散走道采用可燃物装饰装修，不符合规范要求

5. 疏散楼梯间

疏散楼梯间分为敞开楼梯间、封闭楼梯间、防烟楼梯间和室外楼梯间。封闭楼梯间是指在楼梯间入口处设置门,以防止火灾的烟和热气进入的楼梯间;防烟楼梯间是指在楼梯间入口处设置防烟的前室、开敞式阳台或凹廊(统称前室)等设施,且通向前室和楼梯间的门均为防火门,以防止火灾的烟和热气进入的楼梯间。室外楼梯间可以作为辅助的防烟楼梯间。

(1)疏散楼梯间设置形式要求。

1)厂房、仓库疏散楼梯间设置形式要求:① 高层厂房和甲、乙、丙类多层厂房的疏散楼梯应采用封闭楼梯间或室外楼梯。建筑高度大于 32 m 且任一层人数超过 10 人的厂房,应采用防烟楼梯间或室外楼梯。② 高层仓库应采用封闭楼梯间。

2)住宅建筑疏散楼梯间设置形式要求:① 筑高度不大于 21 m 的住宅建筑可采用敞开楼梯间;与电梯井相邻布置的疏散楼梯应采用封闭楼梯间,当户门采用乙级防火门时,仍可采用敞开楼梯间。② 建筑高度大于 21 m、不大于 33 m 的住宅建筑应采用封闭楼梯间;当户门采用乙级防火门时,可采用敞开楼梯间。③ 建筑高度大于 33 m 的住宅建筑应采用防烟楼梯间。户门不宜直接开向前室,确有困难时,每层开向同一前室的户门不应大于 3 樘且应采用乙级防火门。④ 住宅单元的疏散楼梯,当分散设置确有困难且任一户门至最近疏散楼梯间入口的距离不大于 10 m 时,可采用剪刀楼梯间,但应符合下列规定:应采用防烟楼梯间。梯段之间应设置耐火极限不低于 1 h 的防火隔墙。楼梯间的前室不宜共用;共用时,前室的使用面积不应小于 6 m²。楼梯间的前室或共用前室不宜与消防电梯的前室合用;楼梯间的共用前室与消防电梯的前室合用时,合用前室的使用面积不应小于 12 m²,且短边不应小于 2.4 m。

3)公共建筑疏散楼梯间设置形式要求:① 一类高层公共建筑和建筑高度大于 32 m 的二类高层公共建筑,其疏散楼梯应采用防烟楼梯间。裙房和建筑高度不大于 32 m 的二类高层公共建筑,其疏散楼梯应采用封闭楼梯间。② 下列多层建筑:医疗建筑、旅馆及类似使用功能的建筑,歌舞娱乐放映游艺场所的建筑,商店、图书馆、展览建筑、会议中心及类似使用功能的建筑,6 层及以上的其他建筑,除与敞开式外廊直接相连的楼梯间外,均应采用封闭楼梯间。

4)地下与半地下建筑疏散楼梯间设置形式要求:除住宅建筑套内的自用楼梯外,地下或半地下建筑(室)的疏散楼梯间,应符合下列规定:室内地面与室外出入口地坪高差大于 10 m 或 3 层及以上的地下、半地下建筑(室),其疏散楼梯应采用防烟楼梯间；其他地下或半地下建筑（室），其疏散楼梯应采用封闭楼梯间。

（2）疏散楼梯的平面布置要求。

建筑的楼梯间宜通至屋面，通向屋面的门或窗应向外开启。除通向避难层错位的疏散楼梯外，建筑内的疏散楼梯间在各层的平面位置不应改变。

1）疏散楼梯间平面布置要求的一般规定：① 楼梯间应能天然采光和自然通风，并宜靠外墙设置，靠外墙设置时，楼梯间、前室及合用前室外墙上的窗口与两侧门、窗、洞口最近边缘的水平距离不应小于 1 m；② 楼梯间内不应设置烧水间、可燃材料储藏室、垃圾道；③ 楼梯间内不应有影响疏散的凸出物或其他障碍物；④ 封闭楼梯间、防烟楼梯间及其前室，不应设置卷帘；⑤ 楼梯间内不应设置甲、乙、丙类液体管道；⑥ 封闭楼梯间、防烟楼梯间及其前室内禁止穿过或设置可燃气体管道，敞开楼梯间内不应设置可燃气体管道，当住宅建筑的敞开楼梯间内确需设置可燃气体管道和可燃气体计量表时，应采用金属管和设置切断气源的阀门。

2）封闭楼梯间平面布置要求的特殊规定：① 不能自然通风或自然通风不能满足要求时，应设置机械加压送风系统或采用防烟楼梯间；② 除楼梯间的出入口和外窗外，楼梯间的墙上不应开设其他门、窗、洞口；③ 高层建筑、人员密集的公共建筑、人员密集的多层丙类厂房以及甲、乙类厂房，其封闭楼梯间的门应采用乙级防火门，并应向疏散方向开启，其他建筑，可采用双向弹簧门；④ 楼梯间的首层可将走道和门厅等包括在楼梯间内形成扩大的封闭楼梯间，但应采用乙级防火门等与其他走道和房间分隔。

3）防烟楼梯间平面布置要求的特殊规定：① 应设置防烟设施。② 前室可与消防电梯间前室合用。③ 前室的使用面积：公共建筑、高层厂房（仓库），不应小于 6 m²；住宅建筑，不应小于 4.5 m²。与消防电梯间前室合用时，合用前室的使用面积：公共建筑、高层厂房（仓库），不应小于 10 m²；住宅建筑，不应小于 6 m²。④ 疏散走道通向前室以及前室通向楼梯间的门应采用乙级防火门。⑤ 除住宅建筑的楼梯间前室外，防烟楼梯间和前室内的墙上不应开设除疏散门和送风口外的其他门、窗、洞口。⑥ 楼梯间的首层可将走道和门厅等包括在楼梯间前室内形成扩大的前室，但应采用乙级防火门等与其他走道和房间分隔。

4）室外楼梯平面布置要求的特殊规定：① 栏杆扶手的高度不应小于 1.1 m，楼梯的净宽度不应小于 0.9 m；② 倾斜角度不应大于 45°；③ 梯段和平台均应采用不燃材料制作，平台的耐火极限不应低于 1 h，梯段的耐火极限不应低于 0.25 h；

④ 通向室外楼梯的门应采用乙级防火门,并应向外开启;⑤ 除疏散门外,楼梯周围2 m内的墙面上不应设置门、窗、洞口,疏散门不应正对梯段。

5)地下或半地下建筑(室)疏散楼梯间的特殊规定:除住宅建筑套内的自用楼梯外,地下或半地下建筑(室)的疏散楼梯间,应符合下列规定:① 室内地面与室外出入口地坪高差大于10 m或3层及以上的地下、半地下建筑(室),其疏散楼梯应采用防烟楼梯间;其他地下或半地下建筑(室),其疏散楼梯应采用封闭楼梯间;② 应在首层采用耐火极限不低于2.00 h的防火隔墙与其他部位分隔并应直通室外,确需在隔墙上开门时,应采用乙级防火门;③ 建筑的地下或半地下部分与地上部分不应共用楼梯间,确需共用楼梯间时,应在首层采用耐火极限不低于2.00 h的防火隔墙和乙级防火门将地下或半地下部分与地上部分的连通部位完全分隔,并应设置明显的标志。

(3)疏散楼梯净宽度的设置要求。

疏散楼梯的净宽度是指梯段一侧的扶手中心线(或墙面)到梯段另一侧扶手中心线(或墙面)之间的最小水平距离。

① 一般公共建筑疏散楼梯的净宽度不应小于1.1 m,高层医疗建筑疏散楼梯的净宽度不应小于1.3 m,其他高层公共建筑疏散楼梯的净宽度不应小于1.2 m;② 住宅建筑疏散楼梯的净宽度不应小于1.1 m,当住宅建筑高度不大于18 m且疏散楼梯一边设置栏杆时,其疏散楼梯的净宽度不应小于1 m;③ 厂房、汽车库疏散楼梯的最小净宽度不应小于1.1 m;④ 人防工程中商场、公共娱乐场所、健身体育场所疏散楼梯的净宽度不应小于1.4 m,医院疏散楼梯净宽度不应小于1.3 m。

(4)消防验收过程中,疏散楼梯常见的不合规项。

① 楼梯间的设置形式不符合图纸及规范要求(图5-1-17);② 疏散楼梯净宽不符合规范要求:装饰装修物占用疏散宽度(图5-1-18)、工艺管道占用疏散楼梯疏散宽度(图5-1-19)、土建结构占用疏散楼梯疏散宽度(图5-1-20);③ 封闭楼梯间、防烟楼梯间设置其他门窗洞口不符规范要求(图5-1-21);④ 地上、地下楼梯间共用时在首层未按要求进行防火分隔(图5-1-22);⑤ 室外楼梯设置不符规范要求:平台耐火极限不符规范要求(图5-1-23)、墙面开启门窗洞口与室外楼梯距离不符规范要求、倾斜角度不符规范要求(图5-1-24)。

6. 避难疏散设施

避难疏散设施主要指发生火灾时,供人员逃避的安全场所,主要包括避难层、避难间、和下沉广场等。

图 5-1-17　未按照图纸要求设置封闭楼梯间

图 5-1-18　装饰装修物占用疏散宽度，导致疏散楼梯净宽度不符合规范要求

图 5-1-19　工艺管道占用疏散楼梯疏散宽度

图 5-1-20 结构柱占用疏散楼梯疏散宽度

图 5-1-21 封闭楼梯间、防烟楼梯间开设其他门窗洞口,不符合规范要求(图示已封堵到位)

图 5-1-22 地上、地下楼梯间共用时,首层未进行防火分隔

图 5-1-23　室外楼梯耐火极限不符合规范要求

图 5-1-24　门窗洞口距离不符合规范要求

（1）避难层（间）的设置要求。

建筑高度大于 100 m 的公共建筑，应设置避难层（间）。

① 第一个避难层（间）的楼地面至灭火救援场地地面的高度不应大于 50 m，两个避难层（间）之间的高度不宜大于 50 m。② 通向避难层（间）的疏散楼梯应在避难层分隔、同层错位或上下层断开。③ 通向避难层（间）的疏散楼梯应在避难层分隔、同层错位或上下层断开。④ 避难层可兼作设备层。设备管道宜集中布置，其中的易燃、可燃液体或气体管道应集中布置，设备管道区应采用耐火极限不低于 3 h 的防火隔墙与避难区分隔。管道井和设备间应采用耐火极限不低于 2 h 的防火隔墙与避难区分隔，管道井和设备间的门不应直接开向避难区；确需直接开向避难区时，与避难层区出入口的距离不应小于 5 m，且应采用甲级防

火门。避难间内不应设置易燃、可燃液体或气体管道,不应开设除外窗、疏散门之外的其他开口。⑤避难层应设置消防电梯出口。应设置消火栓和消防软管卷盘。应设置消防专线电话和应急广播。在避难层(间)进入楼梯间的入口处和疏散楼梯通向避难层(间)的出口处,应设置明显的指示标志。⑥应设置直接对外的可开启窗口或独立的机械防烟设施,外窗应采用乙级防火窗。

(2)高层病房避难间设置要求。

高层病房楼应在二层及以上的病房楼层和洁净手术部设置避难间。

①避难间服务的护理单元不应超过2个,其净面积应按每个护理单元不小于25 m²确定。避难间兼作其他用途时,应保证人员的避难安全,且不得减少可供避难的净面积。②应靠近楼梯间,并应采用耐火极限不低于2 h的防火隔墙和甲级防火门与其他部位分隔。③应设置消防专线电话和消防应急广播。避难间的入口处应设置明显的指示标志。④应设置直接对外的可开启窗口或独立的机械防烟设施,外窗应采用乙级防火窗。

(3)下沉式广场设置要求。

用于建筑内部防火分隔的下沉式广场等室外开敞空间,应符合下列规定。

①分隔后的不同区域通向下沉式广场等室外开敞空间的开口最近边缘之间的水平距离不应小于13 m。室外开敞空间除用于人员疏散外不得用于其他商业或可能导致火灾蔓延的用途,其中用于疏散的净面积不应小于169 m²。②下沉式广场等室外开敞空间内应设置不少于1部直通地面的疏散楼梯。当连接下沉广场的防火分区需利用下沉广场进行疏散时,疏散楼梯的总净宽度不应小于任一防火分区通向室外开敞空间的设计疏散总净宽度。③确需设置防风雨篷时,防风雨篷不应完全封闭,四周开口部位应均匀布置,开口的面积不应小于该空间地面面积的25%,开口高度不应小于1 m;开口设置百叶时,百叶的有效排烟面积可按百叶通风口面积的60%计算。

(4)消防验收过程中,避难疏散设施常见问题。

①避难层位置设置不符规范要求:两个避难层之间的高度不符规范要求等。②避难层疏散楼梯未实现同层错位、上下层断开。③避难层防火门防火等级不符合规范要求。④避难间未设置明显标识,外窗未按照规范要求采用乙级防火窗。⑤下沉式广场等室外开敞空间设置非人员疏散用途场所。

7. 消防应急照明和疏散指示标志

消防应急照明和疏散指示标志是用于辅助建筑内人员安全疏散、逃生、避难和消防作业等应急行动的消防设施,在事故发生时,为人员疏散、逃生、灭火救援提供必要的照明和疏散线路指示。

（1）系统安装的一般要求。

① 消防应急灯具与供电线路之间不能使用插头连接；② 消防应急灯具安装后，不能对人员正常通行产生影响，消防应急标志灯具周围要保证无遮挡物；③ 带有疏散方向指示标志箭头的消防应急标志灯具，应保证箭头指示的疏散方向与实际疏散方向相同。

（2）消防应急标志灯具的安装要求。

① 安装在顶部时，灯具上边与顶棚距离宜大于 200 mm；吊装时，应采用金属吊杆和吊链，吊杆和吊链上端应固定在建筑结构上。② 应设置在安全出口和人员密集的场所的疏散门的正上方。③ 应设置在疏散走道及其转角处距地面高度 1 m 以下的墙面或地面上。灯光疏散指示标志的间距不应大于 20 m；对于袋形走道，不应大于 10 m；在走道转角区，不应大于 1 m。

（3）建筑内疏散照明的地面最低水平照度设置要求。

① 对于疏散走道，不应低于 1 Lx。② 对于人员密集场所、避难层（间），不应低于 3 Lx；对于老年人照料设施、病房楼或手术部的避难间，不应低于 10 Lx。③ 对于楼梯间、前室或合用前室、避难走道，不应低于 5 Lx；对于人员密集场所、老年人照料设施、病房楼或手术部内的楼梯间、前室或合用前室、避难走道，不应低于 10 Lx。

（4）关于设置在高处的消防应急灯具与供电线路之间是否可使用插头连接的讨论。

依据《消防应急照明和疏散指示系统技术标准》中的 4.4.3 应急照明控制器主电源应设置明显的永久性标识，并应直接与消防电源连接，严禁使用电源插头；应急照明控制器与其外接备用电源之间应直接连接。

《民用建筑电气设计规范》JGJ 16—2018 要求：严禁在应急照明电源输出回路中连接插座。主要目的是提高系统的稳定性，尤其是疏散指示标志安装高度低，安装插座容易带来安全隐患，也容易被挪作他用。实际应用中对于外挂安装的应急照明灯，通常安装在墙面的上部，没有误动和挪作他用的问题。

《住宅建筑电气设计规范》JGJ 242—2011 中的 9.2.2 条文解释中对应急照明灯的电源插座进行了补充说明：供应急灯的电源回路可以设置电源插座。

综合以上规范，对于设置在高处的消防应急灯具与供电线路之间，安装插座未带来安全隐患，也不容易被挪作他用时，在消防验收中，一般不作为消防验收问题（图 5-1-25）。

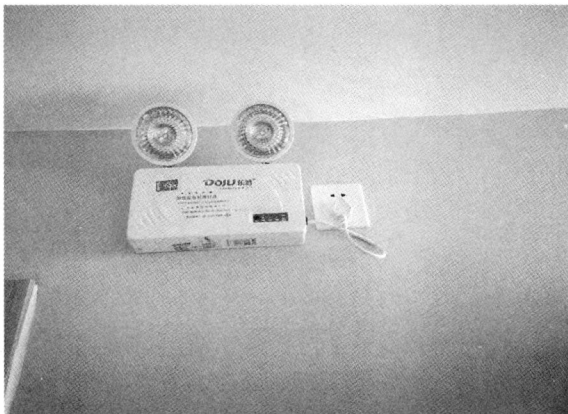

图 5-1-25 设置在高处的应急照明灯具与
供电线路之间使用插头连接

（5）消防应急照明和疏散指示系统消防验收常见问题。

① 消防联动测试，应急照明不能强切；② 疏散指示标识指示方向错误；
③ 疏散指示标识安装位置不符合规范要求：转角处间距过大、标识与顶棚距离不
符合规范要求、部分位置缺少疏散指示标识（图 5-1-26）；④ 应急照明照度不符
合规范要求；⑤ 安全出口标识未接通电源，明敷线路未做防火处理（图 5-5-27）。

图 5-1-26 疏散走道未按要求设置安全疏散指示标识

图 5-1-27　安全出口标识未接通电源,明敷线路未做防火处理

第二节　消防电梯

消防电梯是火灾时运送消防器材和消防人员的专用消防设施。对于高层建筑,消防电梯能节省消防员体力,使消防员快速接近着火区域;对于地下建筑,由于排烟、通风条件差,消防员通过楼梯进入地下难度大,设置消防电梯有利于满足灭火和火场救援的需要。

1. 消防电梯的设置场所

消防电梯的设置场所:① 建筑高度大于 33 m 的住宅建筑;② 一类高层公共建筑和建筑高度大于 32 m 的二类高层公共建筑、5 层及以上且总建筑面积大于 3 000 m²(包括设置在其他建筑内五层及以上楼层)的老年人照料设施;③ 设置消防电梯的建筑的地下或半地下室,埋深大于 10 m 且总建筑面积大于 3 000 m² 的其他地下或半地下建筑(室)。对于总建筑面积大于 3 000 m²,该面积不包括建筑的地上面积和地下汽车库面积,但应包括项目地下非汽车库供平时使用的人防工程的面积。

2. 消防电梯的设置要求

(1) 消防电梯的数量设置要求。

消防电梯应分别设置在不同防火分区内,且每个防火分区不应少于 1 台。

(2) 消防电梯前室设置要求。

除设置在仓库连廊、冷库穿堂或谷物筒仓工作塔内的消防电梯外,消防电梯应设置前室,并应符合下列规定:① 前室宜靠外墙设置,并应在首层直通室外或经过长度不大于 30 m 的通道通向室外。② 前室的使用面积不应小于 6 m²,前室的短边不应小于2.4 m(对该面积和尺寸要求的主要目的是:为满足火灾时消防员整装和担架运输等功能要求,应是与消防电梯门正对的规则区域的面积和尺寸,对于前室非规则区域的面积和尺寸不应计算在内。);与防烟楼梯间合用的前室,其使用面积尚应符合《建规》第5.5.28条和第6.4.3条的规定。③除前室的出入口、前室内设置的正压送风口和《建规》第5.5.27条规定的户门外,前室内不应开设其他门、窗、洞口。④前室或合用前室的门应采用乙级防火门,不应设置卷帘。

(3)消防电梯井及机房的设置要求。

消防电梯井、机房与相邻电梯井、机房之间应设置耐火极限不低于2 h的防火隔墙,隔墙上的门应采用甲级防火门。

(4)消防电梯的配置要求。

①应能每层停靠;②电梯的载重量不应小于800 kg;③电梯从首层至顶层的运行时间不宜大于60 s;④电梯的动力与控制电缆、电线、控制面板应采取防水措施;⑤在首层的消防电梯入口处应设置供消防队员专用的操作按钮;⑥电梯轿厢的内部装修应采用不燃材料;⑦电梯轿厢内部应设置专用消防对讲电话。

(5)消防电梯的排水设施设置要求。

消防电梯的井底应设置排水设施,排水井的容量不应小于2 m³,排水泵的排水量不应小于10 L/s。消防电梯间前室的门口宜设置挡水设施。

3. 消防电梯消防验收过程中常见问题

(1)设置消防电梯的建筑的地下或半地下室,消防电梯未通至地下部分。

(2)消防电梯前室的出入口、前室内设置除正压送风口、户门外,开设其他门、窗、洞口不符合规范要求。

(3)消防电梯配置不符合规范要求:运行时间不符合规范要求、轿厢内未设置消防电话、电梯入口处未设置供消防队员专用的操作按钮。

(4)消防电梯排水设施设置不符合规范要求:排水坑体积不符规范要求、排水电机未接通电源。

(5)消防电梯轿厢内装饰物采用可燃材料,不符合规范要求(图5-2-1)。

(6)消防电梯前室或合用前室设置卷帘,不符合规范要求(图5-2-2)。

(7)消防电梯前室因装修或设置在前室的消火栓箱、管道等,导致使用面积或短边长度不符合规范要求。

(8)消防电梯与防烟楼梯合用前室未按设计图纸设置防火门(图5-2-3),前室防火分隔不符合要求。

图 5-2-1　消防电梯轿厢内装饰物采用可燃性材料不符合规范要求

图 5-2-2　电梯前室设置防火卷帘,不符合规范要求(疏散门未向疏散方向开启)

图 5-2-3　消防电梯与防烟楼梯合用前室未按设计图纸设置防火门

第六章 消防给水及消火栓系统

第一节 供水水源

1. 天然水源

消防水源水质应满足水灭火设施本身,及其灭火、控火、抑制、降温和冷却等功能的要求,常见的天然水源为河流、海洋、地下水,也包括游泳池、池塘,又因室外天然水源水质较差或具有腐蚀性(消防给水管道内平时所充水的pH值应为6～9),并且存在一些颗粒物或漂浮物,容易堵塞消防给水管道、消防水枪、洒水喷头等;一些有可能是间歇性或有其他用途的水池当必须作为消防水池时,应保证其可靠性。如雨水清水池一般仅在雨季充满水,而在非雨季可能没有水,水景池、游泳池在检修和清洗期可能无水,而增加了消防给水系统无水的风险,所以天然水源通常作为备用水源;必须作为消防水源时,应有保证在任何情况下均能满足消防给水系统所需的水量和水质的技术措施。

当室外消防水源采用天然水源时,应采取防止冰凌、漂浮物、悬浮物等物质堵塞消防水泵的技术措施,并应采取确保安全取水的措施。

当天然水源等作为消防水源时,应符合下列规定。

(1)当地表水作为室外消防水源时,应采取确保消防车、固定和移动消防水泵在枯水位取水的技术措施;当消防车取水时,最大吸水高度不应超过6 m;

(2)当井水作为消防水源时,还应设置探测水井水位的水位测试装置。

(3)设有消防车取水口的天然水源,应设置消防车到达取水口的消防车道和消防车回车场或回车道。

2. 市政供水

市政消防给水系统是负担一个城市、一个区域的室外消防给水任务的一系列工程设施,主要由水源(一般是水厂)、市政管网和市政消火栓(同室外消火栓)

组成。因火灾发生是随机的，并没有固定的时间，因此要求市政供水是连续的才能直接向消防给水系统供水。

（1）用作两路消防供水的市政给水管网应符合下列要求。

① 市政给水厂应至少有两条输水干管向市政给水管网输水；② 市政给水管网应为环状管网；③ 应至少有两条不同的市政给水干管上不少于两条引入管向消防给水系统供水。

市政给水管网分环状给水管网和枝状给水管网两种形式，环状给水管网水源一般来自不同的水厂，也可能是一个水厂引入两条供水干管。通过适当的阀门设置，环状管网可以保证较高的供水率（图6-1-1）。

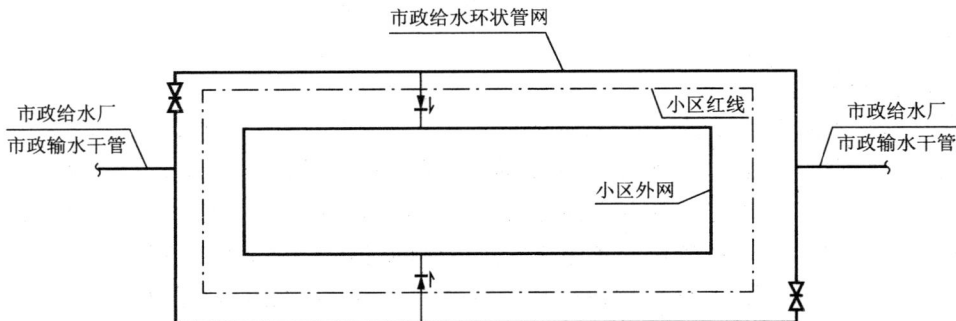

图 6-1-1　环状管网供水示意图

（2）市政消火栓。

在城市、居住区、工厂、仓库等的规划和建筑设计时，必须同时设计消防给水系统，应沿可同行消防车的街道设置市政消火栓系统，市政消火栓宜在道路的一侧设置，并宜靠近十字路口，但当市政道路宽度超过 60 m 时，应在道路的两侧交叉错落设置。市政消火栓距路边不宜小于 0.5 m，并不应大于 2 m（方便取水），距建筑外墙或外墙边缘不宜小于 5 m（防止火灾时异物掉落，确保取水安全），其中地下式市政消火栓应设置永久性的明显标志。

市政消火栓是布置在市政管网上的室外消火栓，主要供水方式有三种：① 供消防车从市政给水管网或室外给水管网取水；② 连接水带，给消防车直接灌水；③ 连接水带和水枪，直接出水灭火。

当市政给水管网设有市政消火栓时，其平时运行工作压力不应小于 0.14 MPa，火灾时水力最不利市政消火栓的出流量不应小于 15 L/s，且供水压力从地面算起不应小于 0.1 MPa。

第二节　消防水池

1. 设置要求

符合下列规定之一时,应设置消防水池。

(1)当生产、生活用水量达到最大时,市政给水管网或入户引入管不能满足室内、室外消防给水设计流量;

(2)当采用一路消防供水或只有一条入户引入管,且室外消火栓设计流量大于 20 L/s 或建筑高度大于 50 m 时;

(3)市政消防给水设计流量小于建筑室内外消防给水设计流量。

当消防水池采用两路消防供水且在火灾情况下连续补水能满足消防要求时,消防水池的有效容积应根据计算确定,但不应小于 100 m^3,当仅设有消火栓系统时不应小于 50 m^3,目的是提高消防给水的可靠性。

高层民用建筑高压消防给水系统的高位消防水池总有效容积大于 200 m^3 时,宜设置蓄水有效容积相等且可独立使用的两格消防水池;当建筑高度大于 100 m 时应设置独立的两座消防水池。每格或座应有一条独立的出水管向消防给水系统供水。

当高层民用建筑采用高位消防水池供水的高压消防给水系统时,高位消防水池储存室内消防用水量确有困难,但火灾时补水可靠,其总有效容积不应小于室内消防用水量的 50%。

消防水池的总蓄水有效容积大于 500 m^3 时,宜设两格能独立使用的消防水池;当大于 1 000 m^3 时,应设置能独立使用的两座消防水池。每格(或座)消防水池应设置独立的出水管,并应设置满足最低有效水位的连通管,且其管径应能满足消防给水设计流量的要求。

高位消防水池设置在建筑物内时,应采用耐火极限不低于 2 h 的隔墙和 1.5 h 的楼板与其他部位隔开,并应设甲级防火门;且消防水池及其支承框架与建筑构件应连接牢固。

2. 水位显示

消防水池的出水、排水和水位应符合下列规定。

(1)消防水池的出水管应保证消防水池的有效容积能被全部利用;

(2)消防水池应设置就地水位显示装置,并应在消防控制中心或值班室等地点设置显示消防水池水位的装置,同时应有最高和最低报警水位;

(3)消防水池应设置溢流水管和排水设施,并应采用间接排水方式。

消防水池设置各种水位的目的是保证消防水池不因放空或各种因素漏水而造成有效灭火水源不足的技术措施；消防水池溢流和排水采用间接排水是防止污水倒灌污染消防水池内的水。

3. 报警装置

消防水池应设置就地水位显示装置，并应在消防控制中心或值班室等地点设置显示消防水池水位的装置，同时应有最高和最低报警水位。

4. 有效容量

消防水池的有效水深，是设计最高有效水位至消防水池最低有效水位之间的距离。其中，最低有效水位是消防水泵吸水喇叭口或出水管喇叭口以上 0.6 m水位，当消防水泵吸水管上设置防止旋流器时，最低有效水位为防止旋流器顶部以上 0.2 m（图 6-2-1）。

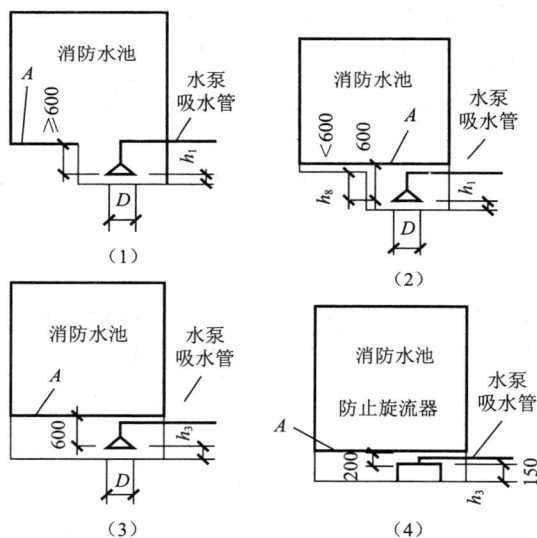

图 6-2-1　水泵吸水管安装示意图

5. 补水措施

消防水池的给水管应根据其有效容积和补水时间确定，补水时间不宜大于48 h，但当消防水池有效总容积大于 2 000 m³ 时，不应大于 96 h。消防水池进水管管径应计算确定，且不应小于DN100（图 6-2-2）。

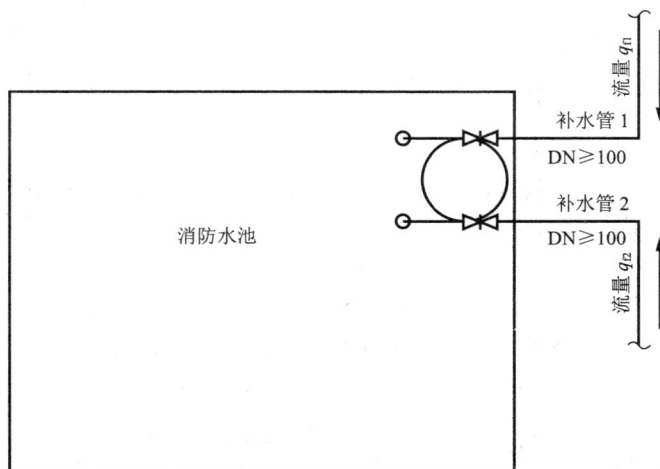

注：q_{f1}——火灾时消防水池补水管 1 的补水流量。

q_{f2}——火灾时消防水池补水管 2 的补水流量。

$q_{f1} \geqslant q_{f2}$ 时，按 q_{f2} 计算补水流量。

图 6-2-2　消防水池补水管安装示意图

第三节　消防水泵

消防水泵机组应由水泵、驱动器和专用控制柜等组成。一组消防水泵可由同一消防给水系统的工作泵和备用泵组成。消防水泵宜根据可靠性、安装场所、消防水源、消防给水设计流量和扬程等综合因素确定水泵的型式，消防水泵的选择应满足消防给水系统流量和压力需求，是消防水泵选择的最基本规定。水泵驱动器宜采用电动机或柴油机直接传动，消防水泵不应采用双电动机或基于柴油机等组成的双动力驱动水泵。

1. 水泵管件阀门

离心式消防水泵吸水管、出水管和阀门等，应符合下列规定（图 6-3-1 和图 6-3-2）。

（1）一组消防水泵，吸水管不应少于两条，当其中一条损坏或检修时，其余吸水管应仍能通过全部消防给水设计流量；

（2）消防水泵吸水管布置应避免形成气囊；

（3）一组消防水泵应设置不少于两条的输水干管与消防给水环状管网连接，当其中一条输水管检修时，其余输水管应仍能供应全部消防给水设计流量；

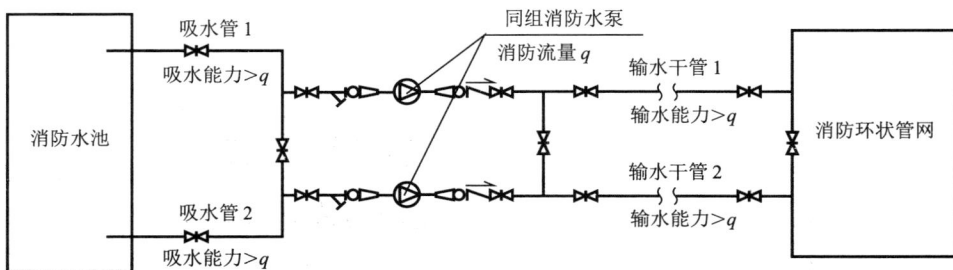

注：q 为消防流量。

图 6-3-1　同组消防水泵吸水、输水干管示意

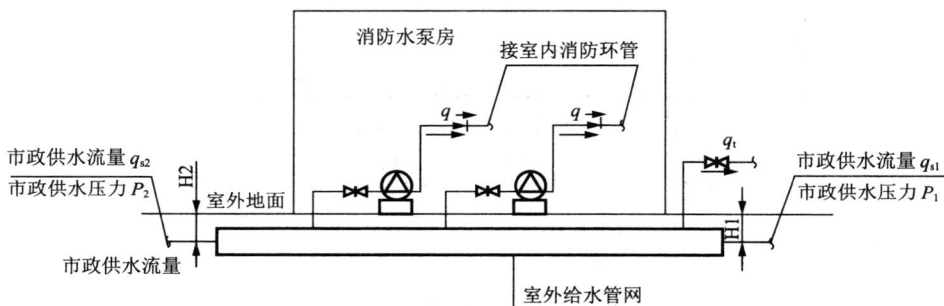

注：q——消防给水设计流量。
　　q_t——其他用水流量。
　　q_{s1}——第一路消防供水流量。
　　q_{s2}——第二路消防供水流量。

图 6-3-2　消防水泵吸水管、水管安装实例图

（4）消防水泵吸水口的淹没深度应满足消防水泵在最低水位运行安全的要求，吸水管喇叭口在消防水池最低有效水位下的淹没深度应根据吸水管喇叭口的水流速度和水力条件确定，但不应小于 600 mm，当采用旋流防止器时，淹没深度不应小于 200 mm；

（5）消防水泵的吸水管上应设置明杆闸阀或带自锁装置的蝶阀，但当设置暗杆阀门时应设有开启刻度和标志，当管径超过 DN300 时，宜设置电动阀门（图 6-3-3、图 6-3-4）；

（6）消防水泵的出水管上应设止回阀、明杆闸阀。当采用蝶阀时，应带有自锁装置，当管径大于 DN300 时，宜设置电动阀门；

（7）消防水泵吸水管的直径小于 DN250 时，其流速宜为 $1 \sim 1.2$ m/s，直径大于 DN250 时，宜为 $1.2 \sim 1.6$ m/s；

图 6-3-3 消防水泵吸水管采用暗杆闸阀,不符合规范要求

图 6-3-4 消防水泵吸水管按规范要求采用明杆闸阀

(8)消防水泵出水管的直径小于 DN250 时,其流速宜为 1.5～2 m/s,直径大于 DN250 时,宜为 2～2.5 m/s;

(9)吸水井的布置应满足井内水流顺畅、流速均匀、不产生涡漩的要求,并应便于安装施工;

(10)消防水泵的吸水管、出水管道穿越外墙时,应采用防水套管,当穿越墙体和楼板时,应符合本规范第 12.3.19 条第 5 款的要求;

(11)消防水泵的吸水管穿越消防水池时,应采用柔性套管,采用刚性防水套管时应在水泵吸水管上设置柔性接头,且管径不应大于 DN150。

为方便检修维护,水泵吸水管路的设置次序(图 6-3-5、图 6-3-6),通常是控制阀、过滤器、压力表,当吸水管路设置过滤器时,压力表通常安装在过滤器的下

侧,可通过压力变化观察过滤器的堵塞情况;为避免形成气囊(图 6-3-7),吸水管
与水泵的连接,应采用偏心异径管(图 6-3-8、图 6-3-9),并应采用管顶平接;为
方便安装和减震,水泵的进出管路均需通过挠性接头连接;水泵出口应设置压力
表、止回阀、控制阀,压力表通常是水泵出口的第一个部件,设置在止回阀的前
面,确保正确反映水泵出口压力;水泵出水管路上,还应采取防止管网超压的技
术措施,通常的措施是设置超压泄压阀(安全泄压阀),管路压力超过安全值时自
动开启泄压,压力正常时自动关闭,维持管网设备在设定的安全值下运行;在止
回阀和控制阀之间,设置流量测试管路,同时也是试水管路,泄压阀、试水阀和流
量测试装置等的排水,均会回到消防水池中。

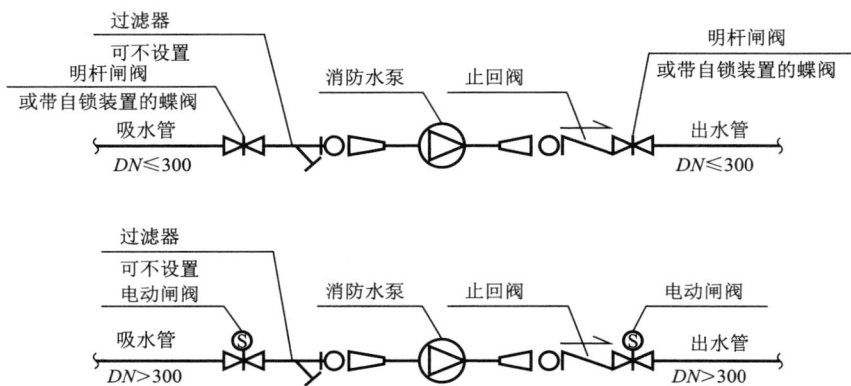

图 6-3-5　消防水泵吸水管、水管阀门设置

图 6-3-6　吸水管未采用明杆闸阀,安装压力表实例

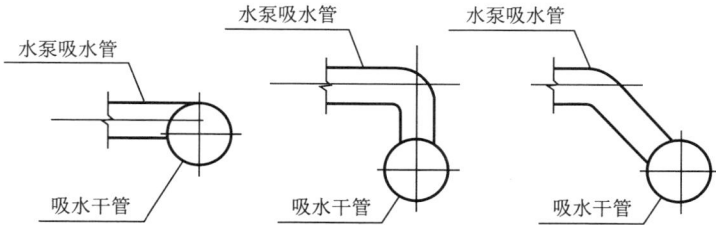

图 6-3-7　吸水管避免形成气囊—吸水管连接

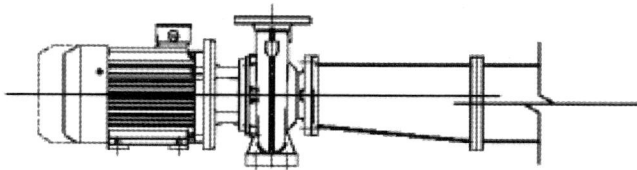

图 6-3-8　吸水管避免形成气—偏心异径管

图 6-3-9　吸水管未采用偏心异径管顶平接实例

消防水泵吸水管和出水管上应设置压力表,并应符合下列规定:

(1)消防水泵出水管压力表的最大量程不应低于其设计工作压力的 2 倍,且不应低于 1.60 MPa;

(2)消防水泵吸水管宜设置真空表、压力表或真空压力表,压力表的最大量程应根据工程具体情况确定,但不应低于 0.70 MPa,真空表的最大量程宜为 −0.10 MPa(图 6-3-10)。

2. 水泵吸水方式

消防水泵吸水应符合下列规定。

图 6-3-10　消防水泵吸水管未采用真空压力表

（1）消防水泵应采取自灌式吸水（图 6-3-11，图 6-3-12）；

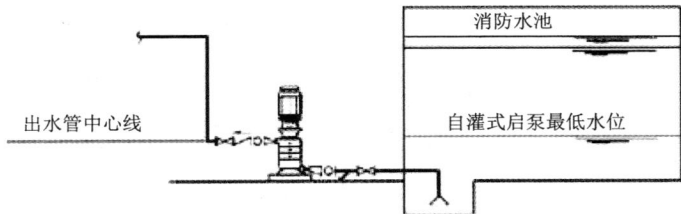

图 6-3-11　立式消水泵安装示意图

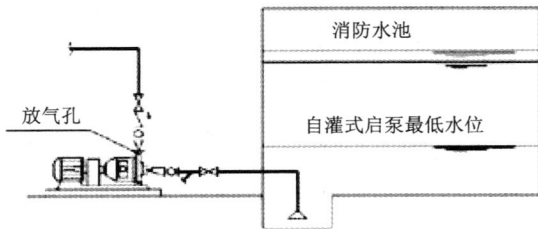

图 6-3-12　卧式消防水泵安装示意图

　　（2）消防水泵从市政管网直接抽水时，应在消防水泵出水管上设置有空气隔断的倒流防止器；

　　（3）当吸水口处无吸水井时，吸水口处应设置旋流防止器。

　　火灾的发生是不定时的，为保证消防水泵随时启动并可靠供水，消防水泵应经常充满水，以保证及时启动供水，所以消防水泵应自灌吸水。消防水泵从市政管网直接吸水时为防止消防给水系统的水因背压高而倒灌,系统应设置倒流防止器。倒流防止器因构造原因致使水流紊乱,如果安装在水泵吸水管上,其紊乱的水流进入水泵后会增加水泵的气蚀以及局部真空度,对水泵的寿命和性能有极大的影响,故应置在出水管上。

消防水池池底不应低于水泵地面。对于卧式消防水泵,消防水池满足自灌式启泵的最低水位应高于泵壳顶部放气孔。对于立式消防水泵,消防水池满足自灌式启泵的最低水位应高于水泵出水管中心线。

3. 水泵启停方式

(1)消防水泵控制柜在平时应使消防水泵处于自动启泵状态;

(2)消防水泵不应设置自动停泵的控制功能,停泵应由具有管理权限的工作人员根据火灾扑救情况确定;

(3)消防水泵应能手动启停和自动启动;

(4)消防控制柜或控制盘应设置专用线路连接的手动直接启泵按钮;

(5)消防水泵控制柜应设置机械应急启泵功能,并应保证在控制柜内的控制线路发生故障时由有管理权限的人员在紧急时启动消防水泵。机械应急启动时,应确保消防水泵在报警 5 min 内正常工作;

(6)消防水泵、稳压泵应设置就地强制启停泵按钮,并应有保护装置。

4. 启动控制装置

(1)消防水泵控制柜应设置在消防水泵房或专用消防水泵控制室内;

(2)消防控制柜或控制盘应能显示消防水泵和稳压泵的运行状态;

(3)消防控制柜或控制盘应能显示消防水池、高位消防水箱等水源的高水位、低水位报警信号以及正常水位;

(4)消防水泵控制柜设置在专用消防水泵控制室时,其防护等级不应低于 IP30,与消防水泵设置在同一空间时,其防护等级不应低于 IP55(图 6-3-13);

(5)消防水泵控制柜应采取防止被水淹没的措施,在高温潮湿环境下,消防水泵控制柜内应设置自动防潮除湿的装置;

(6)消防水泵控制柜前面板的明显部位应设置紧急时开柜门的装置。

5. 水锤消除设施

消防水泵出水管上止回阀宜采用水锤消除止回阀,当消防水泵供水高度超过 24 m 时,应采用水锤消除器。当水泵出水管上设有囊式气压水罐时,可不设水锤消除设施。

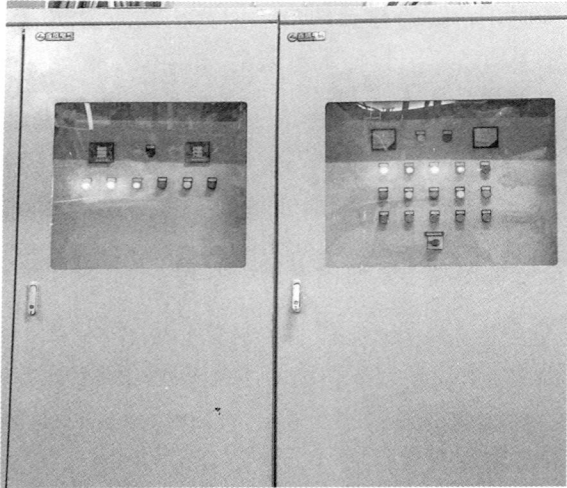

图 6-3-13　防护等级为 IP55 水泵控制柜

水锤又称水击，在建筑给排水和消防给水系统中，水锤是指水在输送过程中，由于阀门突然开启或关闭、或水泵突然启动、停止等原因，是流速发生突变，水在惯性的作用下，对管网及设备产生来回往复冲击的现象。在消防给水系统中，水锤较多的发生在消防水泵的启、停阶段，尤其在消防水泵停止时，倒流水的冲击，作用在止回阀上，可能导致管网及设备的损害。

水锤消除止回阀通常是指缓闭式止回阀，通过调整止回阀的关闭（或开启）速度，可有效减少水锤的危害，达到安全及安静的启闭效果。水锤消除器通常是指水锤吸纳器，是通过密封缓冲气压腔，对水锤实现缓冲，能使给水管道和设施免遭水锤破坏的水力防护装置。

第四节　气压给水设备

1. 稳压泵

在高位消防水箱不能满足最不利点工作压力的情况下，必须采取加压措施，通常采用稳压泵。稳压泵组一般设置在屋顶水箱附近，也可以设置在水泵房。

稳压泵的设计流量应符合下列规定。

（1）稳压泵的设计流量不应小于消防给水系统管网的正常泄漏量和系统自动启动流量；

（2）消防给水系统管网的正常泄漏量应根据管道材质、接口形式等确定，当

没有管网泄漏量数据时,稳压泵的设计流量宜按消防给水设计流量的 1%～3% 计,且不宜小于 1 L/s;

（3）消防给水系统所采用的报警阀压力开关等自动启动流量应根据产品确定。

稳压泵的设计流量根据其功能确定,满足系统维持压力的功能要求,就要使其流量大于系统的泄漏量,否则无法满足。因此规定稳压泵的设计流量应大于系统的管网的漏水量;另外在消防给水系统中,有些报警阀等压力开关等需要一定的流量才能启动,通常稳压泵的流量应大于这一流量。

对于自喷系统:稳压泵流量需要满足报警阀的启动流量要求（不小于 1 L/s）,同时建议不要大于一只洒水喷头的喷放流量,若取为 1 L/s,这个流量满足报警阀的启动流量要求,也满足小于最不利点标准洒水喷头的流量（在 0.15 MPa 下的流量是 1.63 L/s）。

对于消火栓系统:需要满足水泵房启动压力开关的压力启动要求和高位水箱出口流量开关动作要求,因此稳压泵流量不宜大于一支消防水枪的流量,可以取值 3～4 L/s。

稳压泵的设计压力应符合下列要求。

（1）稳压泵的设计压力应满足系统自动启动和管网充满水的要求;

（2）稳压泵的设计压力应保持系统自动启泵压力设置点处的压力在准工作状态时大于系统设置自动启泵压力值,且增加值宜为 0.07～0.10 MPa;

（3）稳压泵的设计压力应保持系统最不利点处水灭火设施在准工作状态时的静水压力应大于 0.15 MPa。

稳压泵组的出水管路上设有电接点压力表（也可以是压力传感器）,当电接点压力表处的管网压力低至稳压泵起泵压力值 P1 时,电接点压力表反馈信号给稳压泵控制柜,控制柜启动稳压泵。稳压泵启动以后,管网压力不断升高,当达到稳压泵停泵压力 P2 时,稳压泵停止。

2. 气压罐

设置稳压泵的临时高压消防给水系统应设置防止稳压泵频繁启停的技术措施,当采用气压水罐时,其调节容积应根据稳压泵启泵次数不大于 15 次/h 计算确定,但有效储水容积不宜小于 150 L。

第五节　消防水箱

1. 设置位置

消防水箱的主要作用是供给建筑初期火灾时的消防用水水量,并保证相应的水压要求。水箱压力的高低对于扑救建筑物顶层或附近几层的火灾关系也很大,压力低可能出不了水或达不到要求的充实水柱,也不能启动自动喷水系统报警阀压力开关,影响灭火效率,为此高位消防水箱应规定其最低有效压力或者高度。

严寒、寒冷等冬季冰冻地区的消防水箱应设置在消防水箱间内,其他地区宜设置在室内,当必须在屋顶露天设置时,应采取防冻隔热等安全措施。高位消防水箱间应通风良好,不应结冰,当必须设置在严寒、寒冷等冬季结冰地区的非采暖房间时,应采取防冻措施,环境温度或水温不应低于 5 ℃。

2. 有效容量

临时高压消防给水系统的高位消防水箱的有效容积应满足初期火灾消防用水量的要求,并应符合下列规定。

（1）一类高层公共建筑,不应小于 36 m³,但当建筑高度大于 100 m 时,不应小于 50 m³,当建筑高度大于 150 m 时,不应小于 100 m³;

（2）多层公共建筑、二类高层公共建筑和一类高层住宅,不应小于 18 m³,当一类高层住宅建筑高度超过 100 m 时,不应小于 36 m³;

（3）二类高层住宅,不应小于 12 m³;

（4）建筑高度大于 21 m 的多层住宅,不应小于 6 m³;

（5）工业建筑室内消防给水设计流量当小于或等于 25 L/s 时,不应小于 12 m³,大于 25 L/s 时不应小于 18 m³;

（6）总建筑面积大于 10 000 m² 且小于 30 000 m² 的商店建筑,不应小于 36 m³,总建筑面积大于 30 000 m² 的商店,不应小于 50 m³,当与本条第 1 款规定不一致时应取其较大值。

3. 管网连接

（1）进水管的管径应满足消防水箱 8 h 充满水的要求,但管径不应小于 DN32,进水管宜设置液位阀或浮球阀;

（2）进水管应在溢流水位以上接入,进水管口的最低点高出溢流边缘的高度应等于进水管管径,但最小不应小于 100 mm,最大不应大于 150 mm;

（3）当进水管为淹没出流时，应在进水管上设置防止倒流的措施或在管道上设置虹吸破坏孔和真空破坏器，虹吸破坏孔的孔径不宜小于管径的 1/5，且不应小于 25 mm，但当采用生活给水系统补水时，进水管不应淹没出流；

（4）溢流管的直径不应小于进水管直径的 2 倍，且不应小于 DN100，溢流管的喇叭口直径不应小于溢流管直径的 1.5～2.5 倍；

（5）高位消防水箱出水管管径应满足消防给水设计流量的出水要求，且不应小于 DN100；

（6）高位消防水箱出水管应位于高位消防水箱最低水位以下，并应设置防止消防用水进入高位消防水箱的止回阀；

（7）高位消防水箱的进、出水管应设置带有指示启闭装置的阀门。

第六节　水泵接合器

水泵接合器是用于外部增援供水的措施，当消防水泵不能正常供水时，由消防车连接水泵接合器向消防给水系统管道供水。水泵接合器是固定设置在建筑物外，用于消防车向建筑物内消防给水系统输送消防用水和其他液体灭火剂的连接器具。

消防水泵接合器，一般应由本体、消防接口、安全阀和水流止回装置（止回阀）、水流截断装置（闸阀）等组成。按照安装形式可以分为地上式、地下式、墙壁式、多用式。

下列场所的室内消火栓给水系统应设置消防水泵接合器。

（1）高层民用建筑；

（2）设有消防给水的住宅、超过 5 层的其他多层民用建筑；

（3）超过 2 层或建筑面积大于 10 000 m² 的地下或半地下建筑（室）、室内消火栓设计流量大于 10 L/s 平战结合的人防工程；

（4）高层工业建筑和超过 4 层的多层工业建筑；

（5）城市交通隧道。

自动喷水灭火系统、水喷雾灭火系统、泡沫灭火系统和固定消防炮灭火系统等均应设置消防水泵接合器。水泵接合器处应设置永久性标志铭牌，并应标明供水系统、供水范围和额定压力（图 6-6-1）。消防水泵接合器的供水范围，应根据当地消防车的供水流量和压力确定，当建筑高度超出当地消防车的供水压力范围，应根据当地消防队提供的资料，确定消防水泵接合器接力供水方案，且消防给水应在设备层等方便操作的地点，设置手抬泵或移动泵接力供水的吸水和加压接口,这种方式适应于所有的系统分区形式,在满足条件的情况下,水泵接合器的转输水管,可以共用转输水箱的补水管,也可以共用输水泵的转输水管。

图 6-6-1　水泵接合器未设置永久性标识

第七节　消火栓系统

1. 室外消火栓及取水口

室外消火栓是设置在建筑物室外消防给水管网上或市政给水管网上的供水设施,是扑救火灾的重要消防设施之一。主要供水方式有 3 种:① 供消防车从市政给水管网或室外给水管网取水;② 连接水带,给消防车直接灌水;③ 连接水带和水枪,直接出水灭火。

在市政给水不能满足要求的情况下,需要设置消防水池,通过室外消火栓泵,组成室外消防给水系统。消防水池应设消防车取水口,每个取水口宜按一个室外消火栓计算,可以计入室外消火栓数量。

储存室外消防用水的消防水池或供消防车取水的消防水池,应符合下列规定。

（1）消防水池应设置取水口（井）,且吸水高度不应大于 6 m;

（2）取水口（井）与建筑物（水泵房除外）的距离不宜小于 15 m;

（3）取水口（井）与甲、乙、丙类液体储罐等构筑物的距离不宜小于 40 m;

（4）取水口（井）与液化石油气储罐的距离不宜小于 60 m,当采取防止辐射热保护措施时,可为 40 m。

民用建筑、厂房、仓库、储罐（区）和堆场周围应设置室外消火栓系统。用于消防救援和消防车停靠的屋面上，应设置室外消火栓系统。耐火等级不低于二级且建筑体积不大于 3 000 m³ 的戊类厂房，居住区人数不超过 500 人且建筑层数不超过两层的居住区，可不设置室外消火栓系统。

室外消火栓宜沿建筑周围均匀布置，且不宜集中布置在建筑一侧；建筑消防扑救面一侧的室外消火栓数量不宜少于两个。

人防工程、地下工程等建筑应在出入口附近设置室外消火栓，且距出入口的距离不宜小于 5 m，并不宜大于 40 m（图 6-7-1）。

图 6-7-1 室外消火栓设置位置距离地库出入口小于 5 m

室外消火栓管网的稳压措施及消防水泵的启动方式：① 在市政给水管网能保证供水压力的情况下，可以采用市政给水稳压，在室外消防管网引入口安装流量开关，通过流量开关启动室外消火栓泵，也可以考虑通过供水干管上的压力开关启动室外消火栓泵；② 采用稳压泵维持系统的充水和压力，稳压泵的流量宜小于 10 L/s，稳压泵的起泵压力和停泵压力应保证室外管网的平时运行工作压力不小于 0.14 MPa；③ 通过屋顶高位消防水箱维持系统的充水和压力，通过流量开关联动室外消火栓泵，也可以考虑通过供水干管上的压力开关启动室外消火栓泵。

2. 室内消火栓

室内消火栓是安装在室内消防管网上、带有阀门的栓体，打开阀门以后，通过消防接口、水带、水枪等设施供水灭火。室内消火栓通常设置在消火栓箱内，消火栓箱还包括消防接口、水带、水枪、消防软管卷盘及电器设备等消防器材，具有给水、灭火、控制、报警等功能。室内消火栓是控制建筑内初期火灾的主要灭火、控火设备，一般需要专业人员或受过训练的人员才能较好地使用和发挥作用。

下列建筑或场所应设置室内消火栓系统。

（1）建筑占地面积大于300 m² 的厂房和仓库；

（2）高层公共建筑和建筑高度大于21 m 的住宅建筑；

注：建筑高度不大于27 m 的住宅建筑，设置室内消火栓系统确有困难时，可只设置干式消防竖管和不带消火栓箱的DN65 的室内消火栓。

（3）体积大于5 000 m³ 的车站、码头、机场的候车（船、机）建筑、展览建筑、商店建筑、旅馆建筑、医疗建筑、老年人照料设施和图书馆建筑等单、多层建筑；

（4）特等、甲等剧场，超过800 个座位的其他等级的剧场和电影院等以及超过1 200 个座位的礼堂、体育馆等单、多层建筑；

（5）建筑高度大于15 m 或体积大于10 000 m³ 的办公建筑、教学建筑和其他单、多层民用建筑。

可不设置室内消火栓系统，但宜设置消防软管卷盘或轻便消防水龙（消防软管卷盘和轻便消防水龙是控制建筑物内固体可燃物初起火的有效器材，用水量小、配备和使用方便，适用于非专业人员使用）。

（1）耐火等级为一、二级且可燃物较少的单、多层丁、戊类厂房（仓库）。

（2）耐火等级为三、四级且建筑体积不大于3 000 m³ 的丁类厂房；耐火等级为三、四级且建筑体积不大于5 000 m³ 的戊类厂房（仓库）。

（3）粮食仓库、金库、远离城镇且无人值班的独立建筑。

（4）存有与水接触能引起燃烧爆炸的物品的建筑。

（5）室内无生产、生活给水管道，室外消防用水取自储水池且建筑体积不大于5 000 m³ 的其他建筑。

一、二级耐火等级的单层、多层丁、戊类厂房（仓库）内，可燃物较少，即使着火，发展蔓延较慢，不易造成较大面积的火灾，一般可以依靠灭火器、消防软管卷盘等灭火器材或外部消防救援进行灭火。但由于丁、戊类厂房的范围较大，有些丁类厂房内也可能有较多可燃物，如淬火槽；丁、戊类仓库内也可能有较多可燃物，如有较多的可燃包装材料，木箱包装机器、纸箱包装灯泡等，这些场所需要设置室内消火栓系统。

人员密集的公共建筑、建筑高度大于100 m 的建筑和建筑面积大于200 m² 的商业服务网点，应设置消防软管卷盘或轻便消防水龙。老年人照料设施内应设置与室内供水系统直接连接的消防软管卷盘,消防软管卷盘的设置间距不应大于 30 m。

高层住宅建筑的户内宜配置轻便消防水龙。

轻便消防水龙是在自来水或消防供水管路上使用的,由专用接口、水带及喷枪组成的一种小型轻便的喷水灭火器具。可以直接引自自来水水管,也可以引自消防管网,每户住宅建筑的生活给水管道上建议预留接驳 DN15 的消防软管或轻便水龙的接口,方便家庭救援。

消防软管卷盘是由阀门、输入管路、卷盘、软管和喷枪等组成,并能在迅速展开软管的过程中喷射灭火器的灭火器具。消防软管卷盘可以输送水、干粉、泡沫等灭火剂,输送管道为软管,直接从消火栓入口部位引水,是室内消火栓灭火设施的有效补充。

常见的消火栓(DN65),当栓口水压大于 0.5 MPa,水枪反作用力将超过 220 N,非专业消防员将无法操控,设置轻便消防水龙和消防软管卷盘的目的,就是为了方便普通人员的操控,补救初起火灾。

室内消火栓的配置应符合下列要求。

(1)应采用 DN65 室内消火栓,并可与消防软管卷盘或轻便水龙设置在同一箱体内;

(2)应配置 DN65 有内衬里的消防水带,长度不宜超过 25 m;消防软管卷盘应配置内径不小于 φ19 的消防软管,其长度宜为 30 m;轻便水龙应配置 DN25 有内衬里的消防水带,长度宜为 30 m;

(3)宜配置当量喷嘴直径 16 mm 或 19 mm 的消防水枪,但当消火栓设计流量为 2.5 L/s 时宜配置当量喷嘴直径 11 mm 或 13 mm 的消防水枪,消防软管卷盘和轻便水龙应配置当量喷嘴直径 6 mm 的消防水枪(图 6-7-2)。

(4)消火栓箱应设置门锁或箱门关紧装置,设置门锁的消火栓箱,除箱门安装玻璃以及能被击碎的材料外,均应设置箱门紧急开启的手动机构,应保证在没有钥匙的情况下开启灵活、可靠。箱门的开启角度不应小于 120°(图 6-7-3)。箱门开启拉力不应大于 50 N。

建筑室内消火栓的设置位置应满足火灾扑救要求,并应符合下列规定。

(1)室内消火栓应设置在楼梯间及其休息平台和前室、走道等明显易于取用,以及便于火灾扑救的位置;

(2)住宅的室内消火栓宜设置在楼梯间及其休息平台;

图 6-7-2　室内消火栓箱中未配置水枪、水带等配件，
消火栓管道未采取防冻保温措施

6-7-3　室内消火栓箱门开启角度达不到 120°

（3）汽车库内消火栓的设置不应影响汽车的通行和车位的设置，并应确保消火栓的开启；

（4）同一楼梯间及其附近不同层设置的消火栓，其平面位置宜相同；

（5）冷库的室内消火栓应设置在常温穿堂或楼梯间内。

室内 DN65 消火栓的设置位置应根据消防队员火灾扑救工艺确定，一般消防队员在接到火警后 10 min 后到达现场，从大量的统计数据看，此时大部分火灾还被封闭在火灾发生的房间内，这也是为什么消防队员第一出动就能扑救 95% 以上的火灾的原因。如果此时火灾已经蔓延扩散，消防队赶到时，火灾已经蔓延，此时能自己疏散的人员已经疏散,不能疏散的要等待消防队救援,消防队达到后首先救人,其次是进行火灾扑救。此时消防队的火灾扑灭工艺是在一个相对较安全的地点设立水枪阵,向火灾发生地喷水灭火,为了便于补给和消防队员的轮换及安全,消火栓应首先设置在楼梯间或其休息平台。其次消火栓可以设置在走道等便于消防队员接近的地点。

3. 管网系统流量及压力

（1）室内消火栓宜按直线距离计算其布置间距,并应符合下列规定。

① 消火栓按 2 支消防水枪的 2 股充实水柱布置的建筑物,消火栓的布置间距不应大于 30 m;② 消火栓按 1 支消防水枪的 1 股充实水柱布置的建筑物,消火栓的布置间距不应大于 50 m。

消防水枪的有效射程通常用充实水柱表述,充实水柱是消防水枪喷水时,从水枪喷嘴起至射流 90% 的水柱水量穿过直径 380 mm 圆孔处的一段射流长度。

（2）室内消火栓栓口压力和消防水枪充实水柱,应符合下列规定。

① 消火栓栓口动压力不应大于 0.5 MPa,当大于 0.7 MPa 时必须设置减压装置;② 高层建筑、厂房、库房和室内净空高度超过 8 m 的民用建筑等场所,消火栓栓口动压不应小于 0.35 MPa,且消防水枪充实水柱应按 13 m 计算,其他场所,消火栓栓口动压不应小于 0.25 MPa,且消防水枪充实水柱应按 10 m 计算。

（3）消火栓系统面临的压力问题,通常有以下三个方面。

1）最不利点消火栓静水压力:

① 一类高层公共建筑,不应低于 0.1 MPa,但当建筑高度超过 100 m 时,不应低于 0.15 MPa;② 高层住宅、二类高层公共建筑、多层公共建筑,不应低于 0.07 MPa,多层住宅不宜低于 0.07 MPa;③ 工业建筑不应低于 0.1 MPa,当建筑体积小于 20 000 m³ 时,不宜低于 0.07 MPa。

2）消火栓正常工作压力:

① 高层建筑、厂房、库房和室内净空高度超过 8 m 的民用建筑等场所,消火栓栓口动压不应小于 0.35 MPa,且消防水枪充实水柱应按 13 m 计算;② 城市交通隧道室内消火栓系统,管道内的消防供水压力应保证用水量达到最大时,最低压力不应小于 0.30 MPa;③ 其他场所,消火栓栓口动压不应小于 0.25 MPa,且消防水枪充实水柱应按 10 m 计算。

3）消火栓减压措施和减压分区:

消防给水系统中,过高的工作压力导致消火栓等灭火设施难以操控,消防用水量加大,还可能超过局部管网设备的承压极限。需要进行合理的减压分区,在局部位置结合使用减压消火栓或减压稳压型消火栓等减压装置，以保证安全，达到最佳的使用效果。

消火栓栓口动压压力不应大于 0.5 MPa，大于 0.5 MPa 时应设置减压装置；大于 0.7 MPa 时，必须设置减压装置；减压装置有减压孔板、减压阀、减压消火栓、减压稳压消火栓、减压水枪等，我们常用的减压装置有减压阀、减压消火栓和减压稳压消火栓。为了提高系统的可靠性，实际应用中，通常是结合减压分区处理，需要对消防给水系统进行合理的减压分区，尽量使用普通型消火栓，在局部位置结合使用减压消火栓或减压稳压型消火栓，以保证安全，达到最佳的使用效果。

（4）消火栓的减压分区形式有以下几种。

① 消防水泵并联分区；② 消防水泵串联分区（直接串联，转输水箱串联）；③ 减压水箱减压分区；④ 减压阀减压分区。

实际应用中，很少有单一的分区模式，一般都会结合减压消火栓和减压稳压消火栓处理。

（5）根据规范要求，出现下列情况之一时，消防给水系统应采用分区供水。

① 系统工作压力大于 2.4 MPa；② 消火栓栓口处静压压力大于 1 MPa。其中，当系统工作压力大于 2.4 MPa 时，应采用消防水泵串联或减压水箱分区供水的减压方式。

（5）常见问题。

系统最不利点动压、静压、充实水柱等不符合规范要求。

4. 系统功能

（1）室内消火栓系统的直接自动启动方式。

① 由高位消防水箱出水管上的流量开关直接自动启动；② 由消防水泵出水干管上设置的压力开关直接自动启动。

对于仅设置高位消防水箱的临时高压给水系统：

消防水箱的最低有效水位应能保持系统最不利点的最低工作压力，当消火栓开启时，必须有保证直接自动启动消防水泵的措施，在方式一中，当消火栓的水枪开启后，流量开关动作报警，经延时后，可以直接自动启动消防水泵，同时向火灾报警系统发出报警信号。在方式二中，当消火栓的水枪开启后，屋顶水箱水位降低，消防水泵的出水干管上的水压降低，达到压力开关的设定值时，可以直接自动启动消防水泵，同时向火灾自动报警系统发出报警信号。需要说明的是，在方式二中，消火栓开启口的流量有限，假定一个消火栓的流量为 5 L/S，则开启用一个消火栓后,高位消防水箱的有效水位下降到一半所需要的时间为30 min,这个时间已经远远超出初期火灾的时间范围,自喷系统一个洒水喷头的流量比消火栓流量更小,会需要更多的时间,因此这种方式并不能满足设计要求。由此可知,无论是从报警精度和报警时间来说,在水泵出水干管位置设置压力开关的方式,很难直接自动启动消防水泵。

对于设置稳压泵的临时高压给水系统:

系统准工作状态时,在漏水量较大的情况下,稳压泵的稳压流量可能引发流量开关的误动作,因为实际中很难判断管网漏水量的多少,实际漏水量可能是变化的,无法准确地设定流量开关报警值,因此方式一很难有效启动。

当稳压泵设置在屋顶水箱附近时,当消火栓打开以后,稳压泵流量不足以维持,管网压力持续下降,当压力开关位置的压力值下降到报警压力值,压力开关发出启动信号,直接自动启动消火栓泵。

当稳压泵设置在消防水泵房时,当消火栓打开以后,稳压泵流量不足以维持,管网压力持续下降,当压力开关位置的压力值降至报警压力值,压力开关发出启动信号,直接启动消火栓泵。

(2)室内消火栓系统的报警联动启动方式。

对于室内消火栓系统,主要是通过消火栓按钮(图 6-7-4),实现消防水泵的报警联动控制,当建筑物内有火灾自动报警系统时,消火栓按钮应联动控制消防水泵启动,不宜作为直接启动消防水泵的开关;消火栓按钮与该消火栓按钮所在报警区域内任一火灾探测器或任一手动火灾报警按钮报警的信号作为消火栓泵启动的联动触发信号,由消防联动控制器联动控制消火栓泵的启动。当建筑物

图 6-7-4　室内消火栓箱中设置消火栓按钮

内无火灾自动报警系统时,消火栓按钮应作为直接启动消防水泵的开关,通过导线引至消防水泵控制柜,直接启动消防水泵。

（3）室内消火栓系统的联锁启动功能要求。

高位水箱出口的流量开关动作信号、消防水泵出水干管上的压力开关动作信号,均须直接联锁启动消防水泵。各联锁部件的连接线路,以及联锁部件至消防水泵控制柜的线路,应采用专用线路直接连接,所有联锁启动信号,不应受消防报警联动控制系统处于自动或手动状态的影响。

第七章 自动喷水灭火系统

第一节　设置要求

自动喷水灭火系统根据所使用的喷头的形式,分为闭式系统和开式系统。根据用途和配置情况,分为湿式系统、干式系统、预作用系统、防护冷却系统、自动喷水-泡沫联用系统、雨淋系统、水幕系统等,其中应用最多的是湿式系统。

除本规范另有规定和不宜用水保护或灭火的场所外,下列厂房或生产部位应设置自动灭火系统,并宜采用自动喷水灭火系统。

（1）不小于 50 000 纱锭的棉纺厂的开包、清花车间,不小于 5 000 锭的麻纺厂的分级、梳麻车间,火柴厂的烤梗、筛选部位;

（2）占地面积大于 1 500 m² 或总建筑面积大于 3 000 m² 的单、多层制鞋、制衣、玩具及电子等类似生产的厂房;

（3）占地面积大于 1 500 m² 的木器厂房;

（4）泡沫塑料厂的预发、成型、切片、压花部位;

（5）高层乙、丙类厂房;

（6）建筑面积大于 500 m² 的地下或半地下丙类厂房。

除本规范另有规定和不宜用水保护或灭火的仓库外,下列仓库应设置自动灭火系统,并宜采用自动喷水灭火系统:

（1）每座占地面积大于 1 000 m² 的棉、毛、丝、麻、化纤、毛皮及其制品的仓库;注:单层占地面积不大于 2 000 m² 的棉花库房,可不设置自动喷水灭火系统。

（2）每座占地面积大于 600 m² 的火柴仓库;

（3）邮政建筑内建筑面积大于 500 m² 的空邮袋库;

（4）可燃、难燃物品的高架仓库和高层仓库;

（5）设计温度高于 0 ℃的高架冷库,设计温度高于 0 ℃且每个防火分区建筑面积大于 1 500 m² 的非高架冷库；

（6）总建筑面积大于 500 m² 的可燃物品地下仓库；

（7）每座占地面积大于 1 500 m² 或总建筑面积大于 3 000 m² 的其他单层或多层丙类物品仓库。

除本规范另有规定和不宜用水保护或灭火的场所外，下列高层民用建筑或场所应设置自动灭火系统，并宜采用自动喷水灭火系统。

（1）一类高层公共建筑（除游泳池、溜冰场外）及其地下、半地下室；

（2）二类高层公共建筑及其地下、半地下室的公共活动用房、走道、办公室和旅馆的客房、可燃物品库房、自动扶梯底部；

（3）高层民用建筑内的歌舞娱乐放映游艺场所；

（4）建筑高度大于 100 m 的住宅建筑。

除本规范另有规定和不适用水保护或灭火的场所外，下列单、多层民用建筑或场所应设置自动灭火系统，并宜采用自动喷水灭火系统。

（1）特等、甲等剧场，超过 1 500 个座位的其他等级的剧场，超过 2 000 个座位的会堂或礼堂，超过 3 000 个座位的体育馆，超过 5 000 人的体育场的室内人员休息室与器材间等；

（2）任一层建筑面积大于 1 500 m² 或总建筑面积大于 3 000 m² 的展览、商店、餐饮和旅馆建筑以及医院中同样建筑规模的病房楼、门诊楼和手术部；

（3）设置送回风道（管）的集中空气调节系统且总建筑面积大于 3 000 m² 的办公建筑等；

（4）藏书量超过 50 万册的图书馆；

（5）大、中型幼儿园，老年人照料设施；

（6）总建筑面积大于 500 m² 的地下或半地下商店；

（7）设置在地下或半地下或地上四层及以上楼层的歌舞娱乐放映游艺场所（除游泳场所外），设置在首层、二层和三层且任一层建筑面积大于 300 m² 的地上歌舞娱乐放映游艺场所（除游泳场外）。

第二节　报警阀组

自动喷水灭火系统应设报警阀组，分为湿式报警阀、干式报警阀、雨淋报警阀和预作用装置。报警阀组在自动喷水灭火系统中有下列作用。

（1）湿式与干式报警阀：接通或关断报警水流，喷头动作后报警水流将驱动水力警铃和压力开关报警；防止水倒流。

（2）雨淋报警阀：接通或关断向配水管道的供水。

湿式报警阀是一种只允许水流入湿式灭火系统的单向阀，在规定压力、流量下驱动配套部件报警。由阀体、延迟器、水力警铃、压力开关、排水阀、过滤器、泄水孔、供水侧压力表、系统侧压力表等组成。阀体被座圈和阀瓣分成上、下两腔，上腔（系统侧）与系统管网相通，下腔（供水侧）与水源相通。阀体上设有补偿器，当系统侧管网有微小渗漏或水源压力有波动时，可以通过补偿器平衡阀体的上下腔压力，避免误报警。

干式报警阀是一种在出口侧充以压缩气体，当气压低于一定值时，能使水自动流入喷水系统并进行报警的单向阀。报警阀的阀体被阀瓣分成上、下两腔，上腔（系统侧）连接充有压缩气体的系统侧管网，下腔（供水侧）连接水源。报警阀的阀瓣扣在气密封座和水密封座上，其中气密封座的直径大于水密封座的直径，两个密封座被中间室隔离，中间室连通报警水道，通过滴水阀与大气相通。干式报警阀的系统侧，通常会在底座加注水封，用来密封阀瓣组件和防止动作部件粘结。干式报警阀设有防复位锁止机构，防止阀瓣组件在动作以后重新回到其关闭位置上。

预作用装置由预作用报警阀组、控制盘、气压维持装置和空气供给装置组成，其中的预作用报警阀组，由预作用报警阀及其管路辅件组成。常见的预作用报警阀属于组合阀，类似雨淋阀和单向阀的叠加，通常情况下，单向阀底座需要加注水封，用来密封阀瓣组件和防止动作部件粘结。空气供给装置通常采用空气压缩机，气源采用压缩空气或氮气。控制盘是预作用装置的控制主机，具有自动、手动启动预作用装置功能，同时控制空气供给装置和气压维持装置，具备故障报警和高、低气压报警功能，并能向控制中心反馈相关信号。由此可知，预作用装置是一个相对独立的体系，监测控制管网压力，具备报警。联动、自动、手动等功能。消防报警联动系统通过预作用控制盘实现预作用装置的控制和信号反馈。

报警阀组安装的位置应符合设计要求；当设计无要求时，报警阀组应安装在便于操作的明显位置，距室内地面高度宜为 1.2 m；两侧与墙的距离不应小于 0.5 m；正面与墙的距离不应小于 1.2 m；报警阀组凸出部位之间的距离不应小于 0.5 m。安装报警阀组的室内地面应有排水设施（图 7-2-1、图 7-2-2），排水能力应满足报警阀调试、验收和利用试水阀门泄空系统管道的要求。

图 7-2-1　报警阀组设置部位无排水设施

图 7-2-2　报警阀组设置部位设置排水设施

第三节　管网设计

（1）水流指示器是将水流信号转换成电信号的一种报警装置,功能是及时报告发生火灾的部位。水流指示器安装在每个防火分区或每个楼层的主干管出口位置,当洒水喷头动作时,水流推动水流指示器的叶片,叶片联动微动开关,输出开关报警信号,指示防火分区或楼层的报警位置。为防止水流波动引起误动作,水流指示器可以增加延迟功能,延迟时间可以调节(延迟时间应为 2～90 s)。

除报警阀组控制的洒水喷头只保护不超过防火分区面积的同层场所外,每个防火分区、每个楼层均应设水流指示器。

仓库内顶板下洒水喷头与货架内置洒水喷头应分别设置水流指示器。

当一个楼层有多个防火分区时,每个防火分区均需设置水流指示器;当一个楼层只有一个或不到一个防火分区时,每个楼层设置一个水流指示器。通常情况下,在大型公共建筑中,裙楼和地下室的每层均分隔有多个防火分区,每个防火分区均需设置水流指示器。

当水流指示器入口前设置控制阀时,应采用信号阀。

水流指示器的安装应在管道试压和冲洗合格后进行,为方便检修,通常在水流指示器入口前设置阀门,该阀门应采用信号阀,且与水流指示器之间的距离不宜小于 300 mm。阀门关闭时,应将关闭信号传送控制中心。

(2)末端试水装置:为检验自动喷水灭火系统的可靠性,测试系统能否在开放一致喷头的最不利条件下正常启动并可靠报警,要求在每个报警阀组控制的最不利点洒水喷头处设置末端试水装置。

末端试水装置应由试水阀、压力表以及试水接头组成。试水接头出水口的流量系数,应等同于同楼层或防火分区内的最小流量系数洒水喷头。末端试水装置的出水,应采取孔口出流的方式排入排水管道,排水立管宜设伸顶通气管,且管径不应小于 75 mm。

注:从孔口流出的水流进入大气,不受阻挡,是一种自由出流的方式。孔口出流的阻力系数最小,在相同压力下可以得到最大的出流量。

末端试水装置分手动式和电动式(电动式可通过电动方式控制末端试水装置的开启和关闭,一般带有信号反馈装置,方便远程操控),由试水阀、压力表、试水喷嘴及保护罩等组成。主要用于检测自动喷水灭火系统的末端压力,并可以检验系统启动、报警及联动功能。

试水喷嘴出水口的流量系数,应等同于同楼层或防火分区内的最小流量吸水洒水喷头,也就是说,末端试水装置开启以后,等同于同楼层或所在防火分区内最小流量系数的喷头启动,以此测试水流指示器、报警阀、压力开关、水力警铃的动作是否正常,配水管道是否畅通,以及最不利点处的喷头工作压力等。

末端试水装置和试水阀应有标识,距地面的高度宜为 1.5 m,并应采取不被他用的措施。

(3)末端试水装置测试时的启动控制流程:当末端试水装置开启时,水流指示器报警,指示报警区域的位置。湿式报警阀启动,经过延迟器延时后,启动水力警铃和压力开关,压力开关直接联锁消防水泵的启动,自放水开始至水泵启动的时间不应超过 5 min。

（4）常见问题。

① 自动喷水灭火系统末端试水装置位置不明确,设置不符合要求;② 排水方式不符合规范要求;③ 末端试水装置安装不符合规范要求,未采用孔口出流方式(图 7-3-1)。

图 7-3-1　末端试水装置安装方式不符合规范要求

第四节　喷头布置

洒水喷头是在热的作用下,在预定的温度范围内自行启动,或根据火灾信号由控制设备启动,并按设计的洒水形状和流量洒水的一种喷水装置。根据安装位置和水的分布分类,洒水喷头可分为通用型喷头、直立型喷头、下垂型喷头、边墙型喷头。其中,直立型喷头、下垂型喷头、边墙型喷头是洒水喷头的常见形式。

（1）直立型洒水喷头是直立安装,水流向上冲向溅水盘的喷头,对于没有吊顶的场所,比如地下室和车库等,通常会采用直立型喷头。

（2）下垂型洒水喷头是下垂安装,水流向下冲向溅水盘的喷头。主要安装在吊顶下。

（3）边墙型洒水喷头靠墙安装,适宜于布管较难、顶板为水平面的场所。边墙型洒水喷头与室内最不利点处火源的距离远、喷头受热条件较差,因此并不提倡使用。自动喷水防护冷却系统可采用边墙型洒水喷头。

（4）隐蔽式洒水喷头具有美观性的优点,但其也存在巨大的安全隐患,主要表现在:① 发生火灾时喷头的装饰盖板不能及时脱落;② 装饰盖板脱落后滑竿无法下落,导致喷头溅水盘无法滑落到吊顶平面下部,喷头无法形成有效的布水;③ 喷头装饰盖板被油漆、涂料喷涂等。

确需采用时,应仅适用于轻危险级和中危险级Ⅰ级场所,且仅适应于湿式系统。

(5) 洒水喷头的型号规格由类型特征代号(型号)、性能代号、公称口径和公称动作温度等部分组成。常见的洒水喷头的性能代号如下:

通用型喷头:ZSTP

直立型喷头:ZSTP

下垂型喷头:ZSTX

直立边墙型喷头:ZSTBZ

下垂边墙型喷头:ZSTBX

通用边墙型喷头:ZSTBP

水平边墙型喷头:ZSTBS

齐平式喷头:ZSTDQ

嵌入式喷头:ZSTDR

隐蔽式喷头:ZSTDY

干式喷头:ZSTG

(6) 湿式系统的洒水喷头选型应符合下列规定。

① 不做吊顶的场所,当配水支管布置在梁下时,应采用直立型洒水喷头;② 吊顶下布置的洒水喷头,应采用下垂型洒水喷头或吊顶型洒水喷头;③ 顶板为水平面的轻危险级、中危险级Ⅰ级住宅建筑、宿舍、旅馆建筑客房、医疗建筑病房和办公室,可采用边墙型洒水喷头;④ 易受碰撞的部位,应采用带保护罩的洒水喷头或吊顶型洒水喷头;⑤ 顶板为水平面,且无梁、通风管道等障碍物影响喷头洒水的场所,可采用扩大覆盖面积洒水喷头;⑥ 住宅建筑和宿舍、公寓等非住宅类居住建筑宜采用家用喷头;⑦ 不宜选用隐蔽式洒水喷头,确需采用时,应仅适用于轻危险级和中危险级Ⅰ级场所。

干式系统、预作用系统应采用直立型洒水喷头或干式下垂型洒水喷头。

(7) 水幕系统的喷头选型应符合下列规定。

① 防火分隔水幕应采用开式洒水喷头或水幕喷头;② 防护冷却水幕应采用水幕喷头。

(8) 下列场所宜采用快速响应洒水喷头。当采用快速响应洒水喷头时,系统应为湿式系统。

① 公共娱乐场所、中庭环廊;② 医院、疗养院的病房及治疗区域,老年、少

儿、残疾人的集体活动场所;③ 超出消防水泵接合器供水高度的楼层;④ 地下商业场所。

（9）除吊顶型洒水喷头及吊顶下设置的洒水喷头外,直立型、下垂型标准覆盖面积洒水喷头和扩大覆盖面积洒水喷头溅水盘与顶板的距离应为75～150 mm,并应符合下列规定。

① 当在梁或其他障碍物底面下方的平面上布置洒水喷头时,溅水盘与顶板的距离不应大于 300 mm,同时溅水盘与梁等障碍物底面的垂直距离应为25～100 mm。②当在梁间布置洒水喷头时,洒水喷头与梁的距离应符合本规范第 1 条的规定。确有困难时,溅水盘与顶板的距离不应大于 550 mm。梁间布置的洒水喷头,溅水盘与顶板距离达到 550 mm 仍不能符合本规范第 1 条的规定时,应在梁底面的下方增设洒水喷头。③密肋梁板下方的洒水喷头,溅水盘与密肋梁板底面的垂直距离应为 25～100 mm（图 7-4-1）。

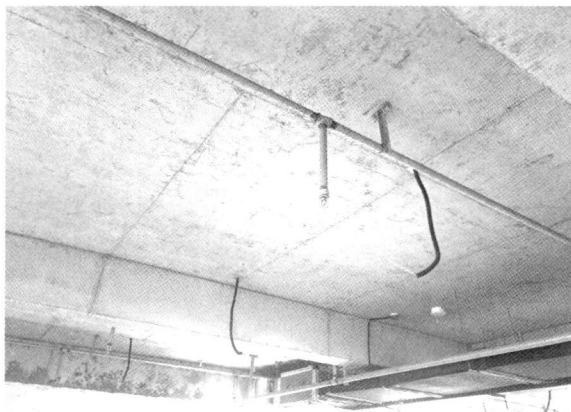

图 7-4-1　不做吊顶的场所喷淋系统未设置直立型喷头

（10）通透性吊顶的洒水喷头的设置要求。

在商场等公共建筑中,往往装设网格状、条栅状等通透性吊顶,顶板下喷头的洒水分布将受到影响。装设网格、栅板类通透性吊顶的场所,当通透面积占吊顶总面积的比例不大于 70% 时,喷头应设置在吊顶下方。

（11）设置在汽车库、修车库内的自动喷水灭火系统,其设计除应符合现行国家标准《自动喷水灭火系统设计规范》有关规定外,喷头布置还应符合下列规定:

1）应设置在汽车库停车位的上方或侧上方,对于机械式汽车库,尚应按停

车的载车板分层布置,且应在喷头的上方设置集热板;

2）错层式、斜楼板式汽车库的车道、坡道上方均应设置喷头（图7-4-2）。

图7-4-2　地库汽车坡道处未设置洒水喷头

（12）挡水板的设置要求。

挡水板应为正方形或圆形金属板,其平面面积不宜小于0.12 m²,周围弯边的下沿宜与洒水喷头的溅水盘平齐。除下列情况和相关规范另有规定外,其他场所或部位不应采用挡水板。

① 设置货架内置洒水喷头的仓库,当货架内置洒水喷头上方有孔洞、缝隙时,可在洒水喷头的上方设置挡水板;② 宽度大于本规范第7.2.3条规定的障碍物,增设的洒水喷头上方有孔洞、缝隙时,可在洒水喷头的上方设置挡水板。

洒水喷头动作所需的热量主要来自热对流,需要热的烟气流经喷头才能实现。调研中发现,有的商场、超市等采用增设挡水板的方式使喷头悬空布置,喷头与顶板的距离过大,这种布置方式使得喷头的动作大大滞后,不应采用挡水板作为辅助喷头启动的方式。因此,在2017版《自动喷水灭火系统设计规范》中,严格限制了挡水板的用途（图7-4-3）。

（13）管材及管件:根据规范要求,消防配水管道可采用内外壁热镀锌钢管、涂覆钢管、铜管、不锈钢管和氯化聚氯乙烯（PVC-C）管。2017版《自动喷水灭火系统设计规范》,新增了氯化聚氯乙烯（PVC-C）管材及管件的应用。氯化聚氯乙烯（PVC-C）管具有重量轻,连接方式快速、可靠以及表面光滑、摩擦阻力小等优点。

图 7-4-3　挡水板使用用途错误

自动喷水灭火系统采用氯化聚氯乙烯（PVC-C）管材及管件时，设置场所的火灾危险等级应为轻危险级或中危险级Ⅰ级，系统应为湿式系统，并采用快速响应洒水喷头。

氯化聚氯乙烯（PVC-C）管材及管件应符合下列要求：

① 应符合现行国家标准《自动喷水灭火系统》第19部分：塑料管道及管件GB/T 5135.19的规定；② 应用于公称直径不超过DN80的配水管及配水支管，且不应穿越防火分区；③ 当设置在有吊顶场所时，吊顶内应无其他可燃物，吊顶材料应为不燃或难燃装修材料。

吊顶内无可燃物的标准，可以参照以下条件：

① 闷顶内敷设的配电线路采用不燃材料套管或封闭式金属线槽保护；② 风管保温材料等采用不燃材料制作；③ 无其他可燃物。

当设置在无吊顶场所时，该场所应为轻危险级场所，顶板应为水平、光滑顶板，且喷头溅水盘与顶板的距离不应大于100 mm。

2017版《自动喷水灭火系统设计规范》，还新增了消防洒水软管的应用。消防洒水软管是自动喷水灭火系统中连接洒水喷头与配水管道的挠性金属软管及洒水喷头调整固定装置，用于连接喷头与配水支管或短立管之间的管道，具有安装快速、简易以及具有防震防错位功能等优点，可方便调整喷头的高度和布置间距，以及防止由于建筑物等受到强大振动或冲击时使消防系统管道开裂或造成消防系统的崩溃等。目前，消防洒水软管在我国的应用较多，主要用于办公楼以及洁净室无尘车间等。

洒水喷头与配水管道采用消防洒水软管连接时，应符合下列规定：

① 消防洒水软管仅适用于轻危险级或中危险级Ⅰ级场所,且系统应为湿式系统;② 消防洒水软管应设置在吊顶内;③ 消防洒水软管的长度不应超过 1.8 m。

（14）消防验收常见问题。

① 喷头布置:距离顶板、梁、边墙距离不符合规范要求(图 7-4-4、图 7-4-5);② 大于 1.2 m 的排架、管廊下、自动扶梯底部、楼梯及电梯前室等位置易漏设喷头(图 7-4-6);③ 部分地下设备机房漏设喷头(图 7-4-7);④ 装修吊顶遮挡喷头(图 7-4-8);⑤ 部分高温区域(厨房明火作业区域、换热站等)喷头未按设计要求选用 93° 喷头;⑥ 地下车库出入口处未设置防火卷帘,坡道位置未增设喷淋系统不符合规范要求(图 7-4-9)。

图 7-4-4　喷头布置距离梁、边墙距离不符合规范要求

图 7-4-5　喷头安装位置距离顶板距离不符合规范要求

图 7-4-6　大于 1.2 m 风管下方增设洒水喷头,满足规范要求

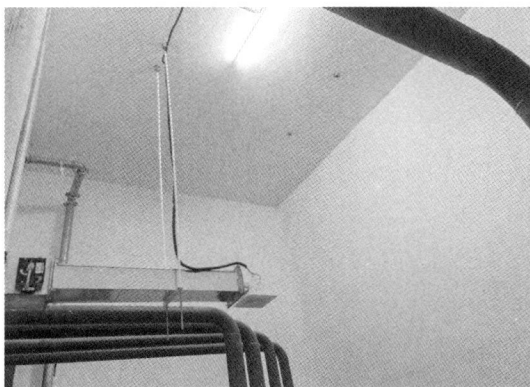

图 7-4-7　换热站未按设计要求设置喷头

图 7-4-8　装修吊顶将全部喷头遮挡

图 7-4-9　车库出入口未设置防火卷帘时,坡道位置未增设喷淋系统,不符合规范要求

第五节　系统功能

1. 湿式系统

自动喷水灭火系统湿式系统的报警联动控制,主要包括信号反馈、报警联动(手动、自动)和直接联锁启动(消防水泵)三大部分。

(1)信号反馈:消防控制室应能显示水流指示器、压力开关、信号阀、水泵、消防水池及水箱水位以及电源和备用动力等是否处于正常状态的反馈信号。

(2)报警联动:包括自动控制和手动控制,当消防报警联动控制主机处于自动状态时,如果报警阀压力开关的动作信号与该报警阀防护区域内任一火灾探测器或手动报警按钮的报警信号同时报警,消防控制室应能自动启动消防水泵。消防水泵控制柜的启动、停止按钮,应采用专用线路直接连接至设置在消防控制室内的消防联动控制器手动控制盘,可以在消防控制室直接手动控制消防水泵的启动、停止,且不管消防报警联动控制系统处于自动或手动状态,手动控制始终有效。

(3)直接联锁启动(图 7-5-1):由报警阀组压力开关直接自动启动消防水泵,由消防水泵出水干管上设置的压力开关直接自动启动消防水泵,由高位消防水箱出水管上的流量开关直接自动启动消防水泵。

各联锁部件的连接线路,以及联锁部件至消防水泵控制柜的线路,应采用专用线路直接连接。所有联锁启动信号,不应受消防报警联动控制系统处于自动或手动状态的影响。

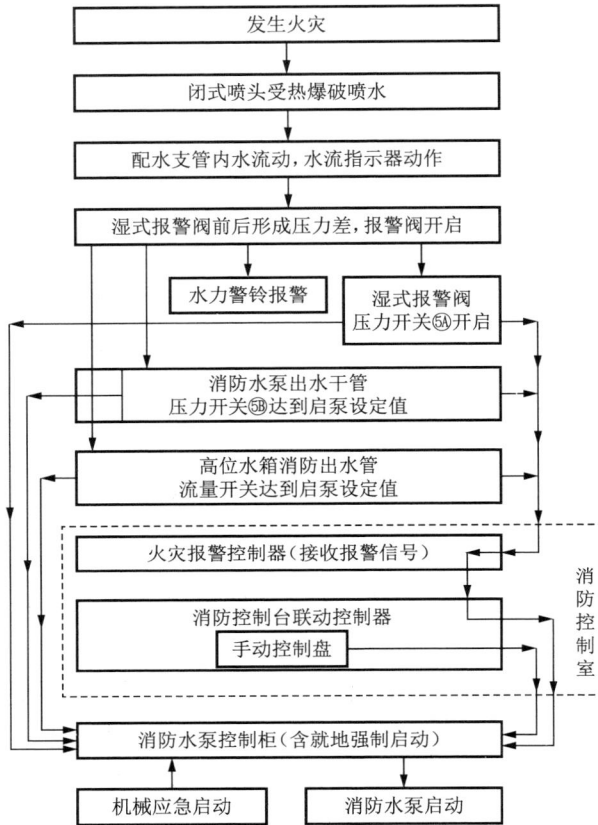

图 7-5-1

2. 干式系统

自动喷水灭火系统干式系统的报警联动控制，主要包括信号反馈、报警联动（手动、自动）和直接联锁启动（消防水泵）三大部分。

（1）信号反馈：消防控制室应能显示水流指示器、压力开关、信号阀、水泵、消防水池及水箱水位、有压气体管道气压、电动阀以及电源和备用动力等是否处于正常状态的反馈信号。

（2）报警联动：包括自动控制和手动控制，当消防报警联动控制主机处于自动状态时，如果报警阀压力开关的动作信号与该报警阀防护区域内任一火灾探测器或手动报警按钮的报警信号同时报警，消防控制室应能自动启动消防水泵。消防水泵控制柜的启动、停止按钮，应采用专用线路直接连接至设置在消防控制室内的消防联动控制器手动控制盘，可以在消防控制室直接手动控制消防水泵的启动、停止。且不管消防报警联动控制系统处于自动或手动状态,手动控制始终有效。

(3)直接联锁启动(图7-5-2):由报警阀组压力开关启动电动阀进而自动启动消防水泵,由消防水泵出水干管上设置的压力开关直接自动启动消防水泵,由高位消防水箱出水管上的流量开关直接自动启动消防水泵。

各联锁部件的连接线路,以及联锁部件至消防水泵控制柜的线路,应采用专用线路直接连接。所有联锁启动信号,不应受消防报警联动控制系统处于自动或手动状态的影响。

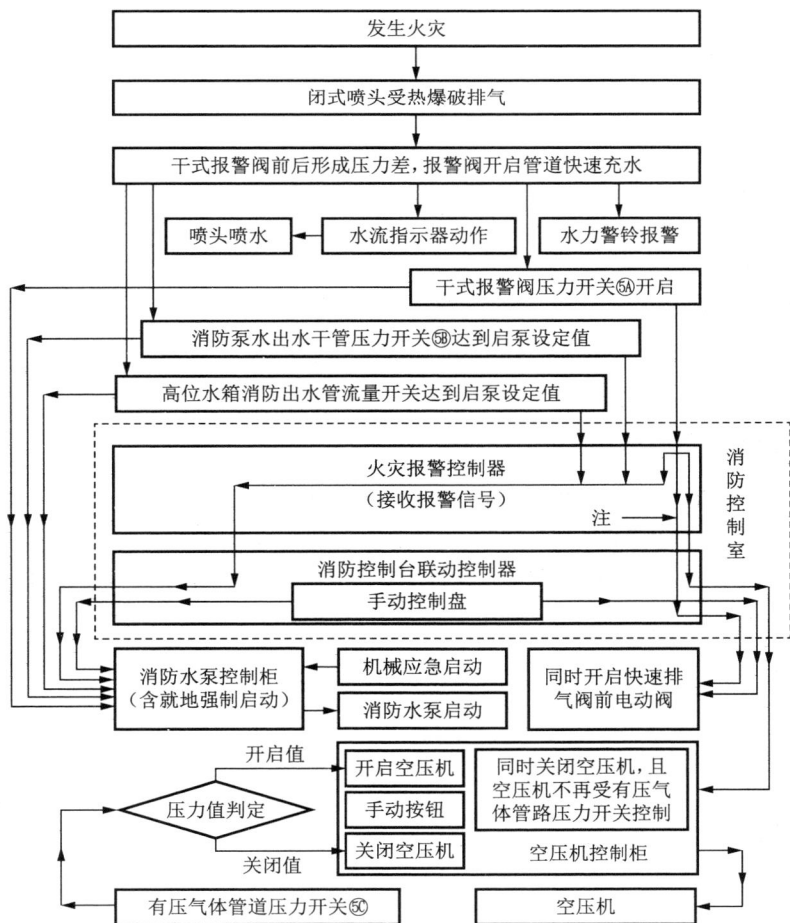

图 7-5-2

注:消防水泵启动同时发出联动信号

3. 预作用系统

自动喷水灭火系统的预作用系统，主要包括单联锁和双联锁两种控制方式，两种方式的报警联动控制有较大区别。

（1）单联锁系统：由火灾自动报警系统直接控制，处于准工作状态时，严禁误喷的场所宜采用单联锁系统。在单联锁系统中，通常由同一报警区域内两只及以上独立的感烟火灾探测器或一只感烟火灾探测器与一只手动火灾报警按钮的报警信号，作为预作用系统的启动条件，由火灾报警控制器发出联动指令。

（2）双联锁系统（图7-5-3）：由火灾自动报警系统和充气管道上设置的压力开关控制。处于准工作状态是严禁管道充水的场所和用于替代干式系统的场所，宜采用双联锁系统。双联锁系统是由火灾自动报警系统和充气管道上设置的压力开关控制的预作用系统，系统侧管网充满压缩气体。火灾发生时，火灾探测器报警，火灾报警控制器向预作用控制盘发出启动指令，联动条件和单联锁系统相同。达到预定温度后，洒水喷头动作，系统侧管网压力降低，达到设定值后，充气管道上的压力开关发出报警信号。预作用控制盘在接到火灾报警控制器的启动指令和压力开关的报警信号以后，开启预作用报警阀、电动阀，启动消防水泵，系统侧管道充水灭火。在双联锁系统中，由火灾自动报警系统和充气管道上设置的压力开关控制系统启动，消除了火灾报警系统的误报风险，相对于单联锁系统，安全性更高。

4. 自动跟踪定位射流灭火系统

（1）主要组成：由自动跟踪定位射流灭火装置组成的灭火系统。是以水或泡沫混合液为喷射介质的室内或室外固定射流灭火系统，利用红外线、数字图像或其他火灾探测组件，对火、温度等进行早期火灾探测，自动跟踪定位，通过自动控制方式来实现灭火。通常应用在高大空间场所，因此也称大空间智能型主动喷水灭火系统。

自动跟踪定位射流灭火系统由火灾探测系统、带探测组件和自动控制部分的灭火装置以及消防供液部分组成，消防供液部分包括供水管路和消防水泵等配套供水设施。在以泡沫混合液为喷射介质的自动跟踪定位射流灭火系统中，还会有泡沫比例混合装置或泡沫液罐等配套设施。

（2）工作原理：在保护区域，通常设置有红外（紫外）火焰探测器（或线型光束感烟火灾探测器）等大空间火灾探测器，形成一级预警系统。火灾发生时，探测报警装置发出报警信号，控制主机（接到信号以后）向自动跟踪定位射流灭火装置发出垂直扇形面的扫描探测指令（实际原理：装置水平转动时，通过水平红

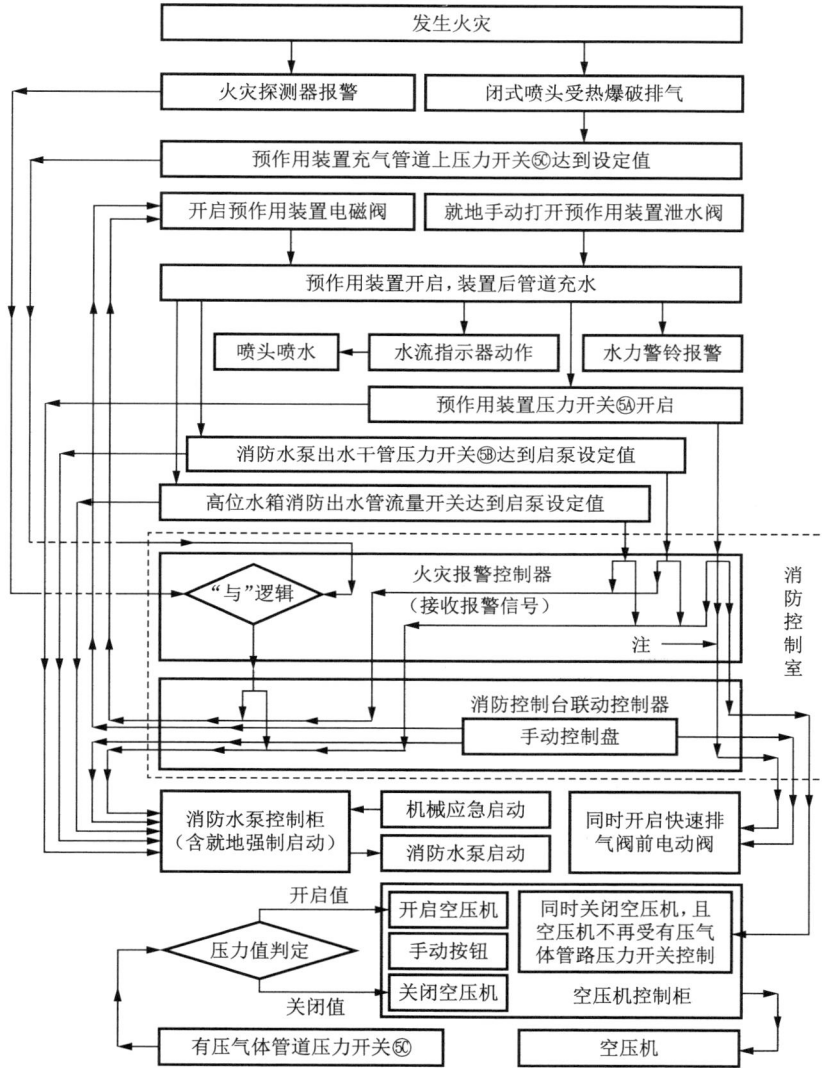

图 7-5-3

注:消防水泵启动同时发出联动信号

外定位器的扇状垂直窄缝,接收火焰发出的红外或紫外信号,以此确定火灾的水平坐标),实现火灾的水平定位,然后,再启动垂直扫描定位探测装置,驱动炮口俯仰回转,这时的探测扫描信号可以为水平扇形面,以此确定着火点位置。着火点位置确定以后,反馈信号至控制主机,控制主机发出联动指令,开启电动阀,同时启动消防水泵，自动跟踪定位射流装置喷水灭火。

根据本规范要求难以设置自动喷水灭火系统的展览厅、观众厅等人员密集的场所和丙类生产车间、库房等高大空间场所，应设置其他自动灭火系统，并宜采用固定消防炮等灭火系统。

对于以可燃固体燃烧物为主的高大空间，采用自动喷水灭火系统、气体灭火系统、泡沫灭火系统等都不合适，此类场所可以采用固定消防炮或自动跟踪定位射流等类型的灭火系统进行保护。

5. 厨房设备自动灭火装置

厨房设备自动灭火装置是针对灶台操作部位及其排烟道的灭火装置，主要由灭火剂贮存瓶组、驱动气体瓶组、水流联动阀、单向阀、控制装置、燃气联动阀、管路、喷嘴、感温器等组成。

厨房油锅起火时，达到一定温度，易熔合金片熔断，钢丝绳释放，火灾信号反馈装置动作，向报警主机输出火警信号，报警主机发出声光报警，关闭燃气联动阀（切断燃气），同时联动关闭空调、通风等相关设施，经过延时后（0～30 s 可调），启动驱动气体瓶组的电磁驱动装置，高压氮气经解压后，进入灭火剂瓶组，推动灭火剂，通过管路、喷嘴、喷洒灭火。在喷洒灭火剂的同时，水流联动阀开启，在灭火剂喷洒结束后，喷洒管路压力降低，冷却水进入喷洒管路，喷水降温，防止复燃。需要说明的是，对于这些部位以外的其他厨房区域，仍应根据规范要求，设置其他灭火设施，比如设置了自动灭火系统的建筑，即使设置了厨房设备自动灭火装置，仍应根据规范要求设置自动喷水灭火系统，通常采用 93 ℃的闭式洒水喷头。

餐厅建筑面积大于 1 000 m^2 的餐馆或食堂，其烹饪操作间的排油烟罩及烹饪部位应设置自动灭火装置，并应在燃气或燃油管道上设置与自动灭火装置联动的自动切断装置。

食品工业加工场所内有明火作业或高温食用油的食品加工部位宜设置自动灭火装置。

据统计，厨房火灾是常见的建筑火灾之一。厨房火灾主要发生在灶台操作部位及其排烟道。从试验情况看，厨房的炉灶或排烟道部位一旦着火，发展迅速且常规灭火设施扑救易发生复燃；烟道内的火扑救又比较困难。根据国外近 40 年的应用历史，在该部位采用自动灭火装置灭火，效果理想。该条规定的餐馆根据国家现行标准《饮食建筑设计规范》JGJ64 的规定确定，餐厅为餐馆、食堂中的就餐部分，"建筑面积大于 1 000 m^2"为餐厅总的营业面积。

第八章　自动跟踪定位射流灭火系统

第一节　定义及分类

1. 定义

以水为射流介质,利用探测装置对初期火灾进行自动探测、跟踪、定位,并运用自动控制方式来实现射流灭火的固定灭火系统,包括灭火装置、探测装置、控制装置、水流指示器、模拟末端试水装置以及管网、供水设施等主要组件。自动跟踪定位射流灭火系统可分为自动消防炮灭火系统、喷射型自动射流灭火系统和喷洒型自动射流灭火系统(图 8-1-1)。

灭火装置的型号组成:

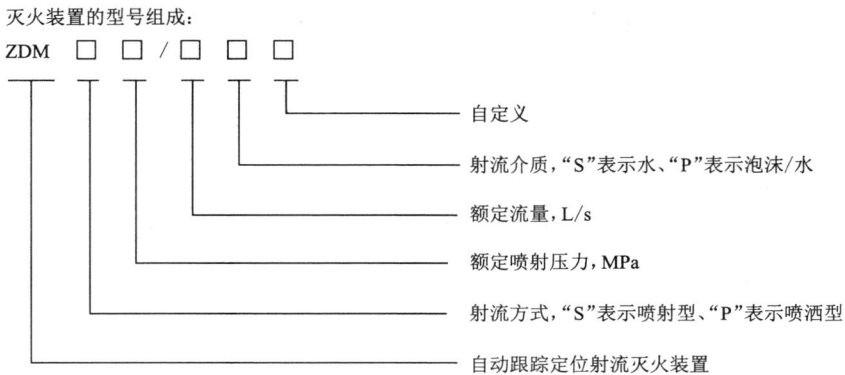

图 8-1-1　自动跟踪定位射流灭火装置的代号释义

2. 灭火装置

以射流方式喷射水介质进行灭火的设备,包括自动消防炮、喷射型自动射流灭火装置、喷洒型自动射流灭火装置(图 8-1-2、图 8-1-3)。

图 8-1-2　常见的自动跟踪定位射流灭火装置

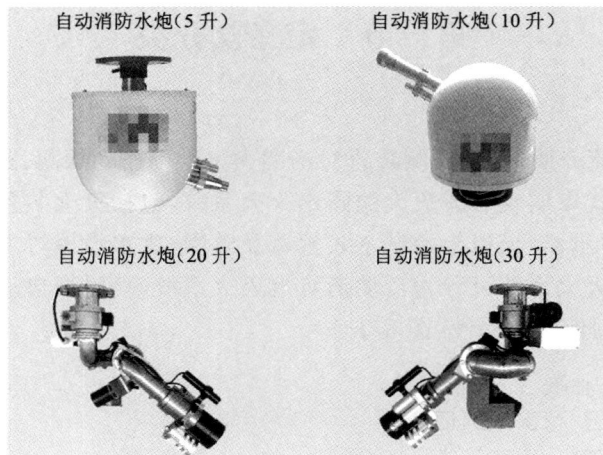

图 8-1-3　常见的自动跟踪定位射流灭火装置

3. 探测装置

探测装置是具有自动探测、定位火源，并向控制装置传送火源信号等功能的设备，可选用多种火灾探测器，如感温、光敏、图像、复合式等火灾探测器作为探测装置的主要构成部件。目前国内多个自动跟踪定位射流灭火系统厂家的产品，选用的火灾探测器主要类型为图像型和光敏型。探测装置探测到火源后，再利用图像中心点匹配法或多级扫描辐射最高强度阈值判定法，进行火源的跟踪定位（图 8-1-4）。

4. 控制装置

系统的控制和信息处理组件，具有接收并及时处理火灾探测信号，发出控制和报警信息，驱动灭火装置定点灭火，接收反馈信号，同时完成相应的显示、记

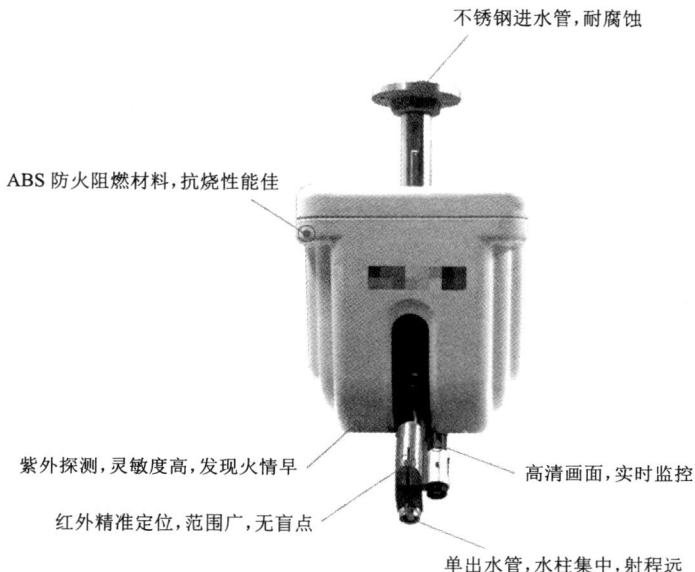

不锈钢进水管,耐腐蚀

ABS 防火阻燃材料,抗烧性能佳

紫外探测,灵敏度高,发现火情早

红外精准定位,范围广,无盲点

高清画面,实时监控

单出水管,水柱集中,射程远

图 8-1-4　自动跟踪定位射流灭火装置各部分功能详图

录,并向火灾报警控制器或消防联动控制器传送信号等功能的装置(图 8-1-5、图 8-1-6)。

自动跟踪定位射流灭火系统主要由灭火装置、电磁阀、检修阀(图 8-1-7、图 8-1-8)、手动报警按钮、声光报警器、手动控制器、现场区城控制箱、末端试水装置和管路等组成。自动跟踪定位射流灭火系统是将计算机技术、红外传感技术、信号处理技术、通信技术、机械传动技术和视频通信技术有机地结合在一起的消

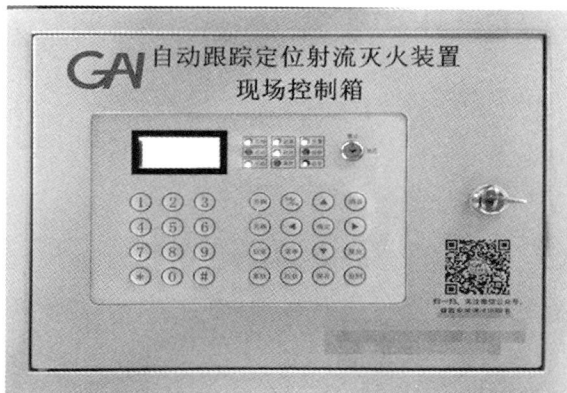

图 8-1-5　自动跟踪定位射流灭火装置现场控制箱

167

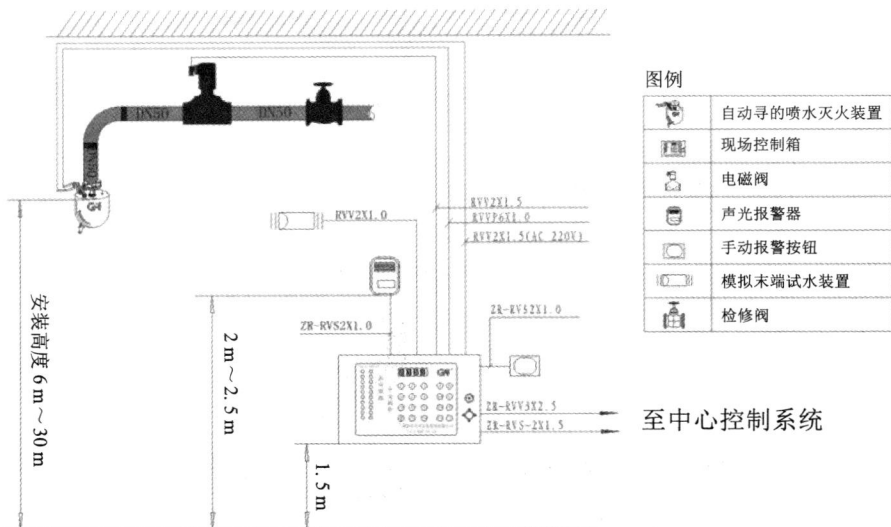

图 8-1-6　自动跟踪定位射流灭火装置电气系统图

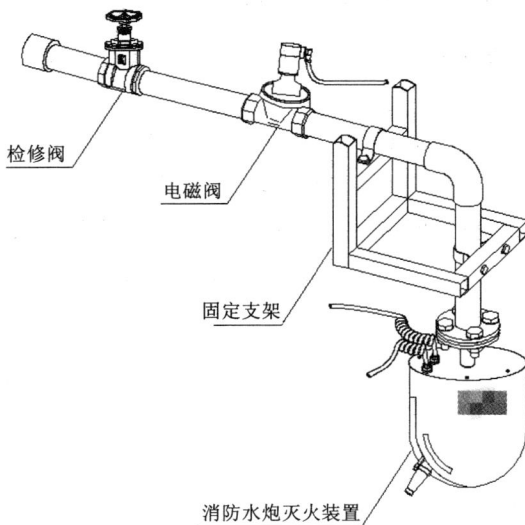

图 8-1-7　自动跟踪定位射流灭火装置安装示意图

防产品。在监控领域内一旦发生意外火情,系统能以可燃物质在燃烧时所释放出的大量的辐射线为目标,采用特种对此火灾射线敏感的器件来感知它的发生与存在。它可以在被保护的三维空间范围内,全方位地进行巡回扫描,精确定位,并驱动灭火装置把喷口迅速准确地瞄准火源,继而自动开阀、启泵,把灭火剂及

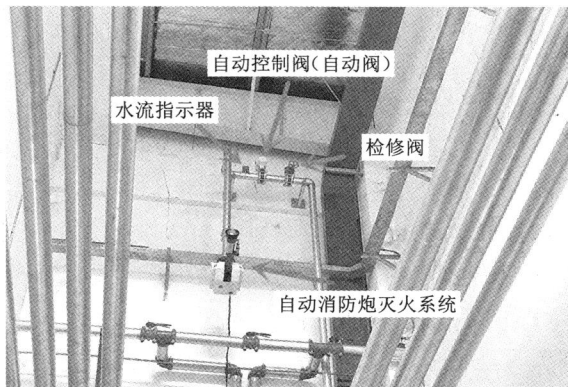

图 8-1-8 自动跟踪定位射流灭火装置现场安装图

时喷向着火点,瞬时间即可把刚刚初燃的火源扑灭,确保把火灾的苗头扼灭在初萌状态,使之不能成灾,真正地做到防患于未然。

该系列装置能在火灾初期 30 s 内,完成对火源的探测并准确定位,发出报警信号到消防控制中心,自动打开电磁网,启动消防水泵,水流经灭火装置喷向火源,能迅速将火扑灭。产品具有重复启闭功能,对保护区域始终处于全天候、全方位监视状态。该装置既可自动扑灭火灾,又可人工操作灭火装置进行灭火。

第二节 适用场所及选型要求

自动跟踪定位射流灭火系统可用于扑救民用建筑和丙类生产车间、丙类库房中,火灾类别为 A 类的下列场所:

（1）净空高度大于 12 m 的高大空间场所;

（2）净空高度大于 8 m 且不大于 12 m,难以设置自动喷水灭火系统的高大空间场所。

自动喷水灭火系统在一定的高度范围内具有相当的灭火优势,该系统简单、可靠、经济。对于净高不大于 12 m 的高大空间场所,设计应优先选用自动喷水灭火系统。但是有些典型场所难以设置自动喷水灭火系统,比如:火灾部位较明确,需要特定保护的、建筑顶棚采用膜结构或玻璃等采光材料的部位,闭式洒水喷头无法有效感知温度和无法有效喷水灭火的部位,曲面吊顶及喷头固定困难、喷水有遮挡的部位。对于净高大于 12 m 的高大空间场所,高大空间场所有门厅、展厅、中庭、室内步行街、旅客候机(车、船)大厅、售票大厅、宴会厅、阅览室、演讲厅、观众厅、看台等部位,涉及的建筑类型有会展中心、展览馆、交易会等展览建筑,大型商场、超级市场、购物中心、百货大楼、室内商业街等商业建筑,办公楼、写字楼、商务大厦等行政办公建筑,医院、疗养院、康复中心等医院康复建筑,酒店、宾馆等建筑,机场、火车站、汽车站、码头等客运站场的旅客候机（车、船）楼,图书馆、文化中心、博物馆、美术馆、艺术馆、市民中心等文化建筑,歌剧院、舞剧院、音乐厅、电影院、礼堂、纪念堂、剧团的排演场等演艺排演建筑,体育比赛场馆、训练场馆等体育建筑,生产、储存火灾类别为 A 类物品的工业建筑等),则自动跟踪定位射流系统具有一定的应用优势。

自动跟踪定位射流灭火系统不应用于下列场所:

（1）经常有明火作业;

（2）不适宜用水保护;

（3）存在明显遮挡;

（4）火灾水平蔓延速度快;

（5）高架仓库的货架区域;

（6）火灾危险等级为现行国家标准《自动喷水灭火系统设计规范》GB 50084 规定的严重危险级。

自动跟踪定位射流灭火系统的探测装置对明火具有很强的探测能力,在正常情况下,经常有明火作业的场所不适合采用该系统,以免产生误报警和误喷;当场所中存在较多遇水发生爆炸或加速燃烧的物品、遇水发生剧烈化学反应或产生有毒有害物质的物品、洒水将导致误溅或沸溢等时,也不适合采用该系统;对于存在明显遮挡的场所,系统的探测功能和射流灭火功能受到影响,系统将无法发挥作用;对于火灾水平蔓延速度快的情况,系统的火灾定位功能会受到影响,系统可能无法及时启动灭火装置,也不适合使用;火灾危险等级为严重危险级的场所,火灾荷载较大,燃烧迅速,自动跟踪定位射流灭火系统的发挥受到限制,不能尽快消除火灾。

自动跟踪定位射流灭火系统的选型宜符合下列规定:

（1）轻危险级场所宜选用喷射型自动射流灭火系统或喷洒型自动射流灭火系统;

（2）中危险级场所宜选用喷射型自动射流灭火系统、喷洒型自动射流灭火系统或自动消防炮灭火系统;

（3）丙类库房宜选用自动消防炮灭火系统（图 8-2-1、图 8-2-2）;

（4）同一保护区内宜采用同一种系统类型。当确有必要时,可采用两种类型系统组合设置。

图 8-2-1 消防水炮

图 8-2-2 消防水炮现场安装

　　喷射型自动射流灭火系统和喷洒型自动射流灭火系统的灭火装置的流量相对较小,推荐在轻危险级场所、中危险级场所选用。自动消防炮灭火系统的流量相对较大、灭火能力更强,可在中危险级场所、丙类库房中选用。对于类似于候车厅、展厅等空间较大的中危险级场所,由于喷射型自动射流灭火装置的流量和保护半径相对较小,为了满足探测及射流覆盖所有保护区域,所需灭火装置的数量必然较大,这样可能会导致布置喷射型自动射流灭火装置有困难或不经济,这时可优先选用自动消防炮灭火系统。因设置场所建筑布局和结构的特殊性,同一保护区采用同一种系统类型,在灭火保护设计上(设计布置、保护效果等方面)确有必要时,也可以采用两种类型系统进行组合。例如,某高大空间建筑在其主体建筑空间采用自动消防炮灭火系统,而与主体建筑空间相邻且相通的边跨建筑空间,可根据实际情况合理采用喷射型或喷洒型自动射流灭火系统。

第三节 系统组成

自动跟踪定位射流灭火系统应由灭火装置、探测装置、控制装置、水流指示器、模拟末端试水装置等组件,以及管道与阀门、供水设施等组成(图 8-3-1、图 8-3-2)。

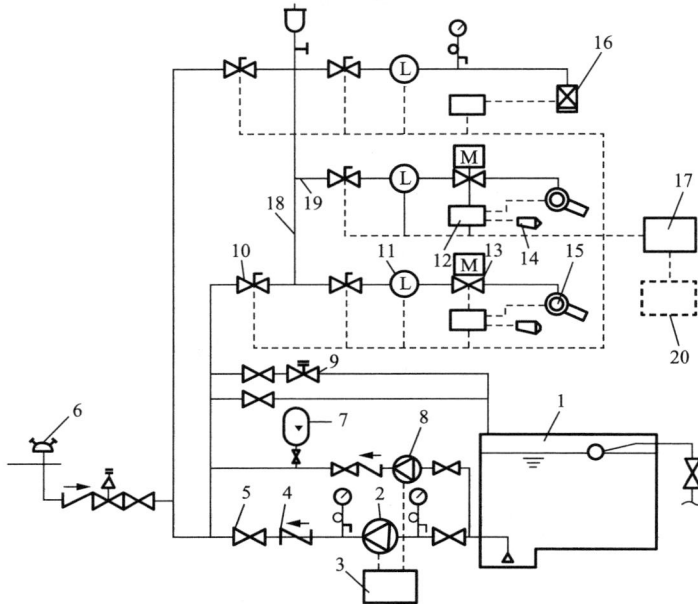

1—消防水池;2—消防水泵;3—消防水泵/稳压泵控制柜;4—止回阀;5—手动阀;
6—水泵接合器;7—气压罐;8—稳压泵;9—泄压阀;10—检修阀(信号阀);
11—水流指示器;12—控制模块箱;13—自动控制阀(电磁阀或电动阀);14—探测装置;
15—自动消防炮/喷射型自动射流灭火装置;16—模拟末端试水装置;
17—控制装置(控制主机、现场控制箱等);18—供水管网;19—供水支管;
20—联动控制器(或自动报警系统主机)

图 8-3-1　自动消防炮灭火系统/喷射型自动射流灭火系统基本组成示意图

灭火装置应满足相应使用环境和介质的防腐蚀要求,并应符合下列规定:

(1)自动消防炮和喷射型自动射流灭火装置的俯仰和水平回转角度应满足使用要求;

(2)自动消防炮应具有直流-喷雾的转换功能。

自动消防炮和喷射型自动射流灭火装置的俯仰和水平回转角,是为了满足使用的功能要求(表 8-3-1～8-3-3)。自动消防炮的工作压力一般在 0.6 MPa

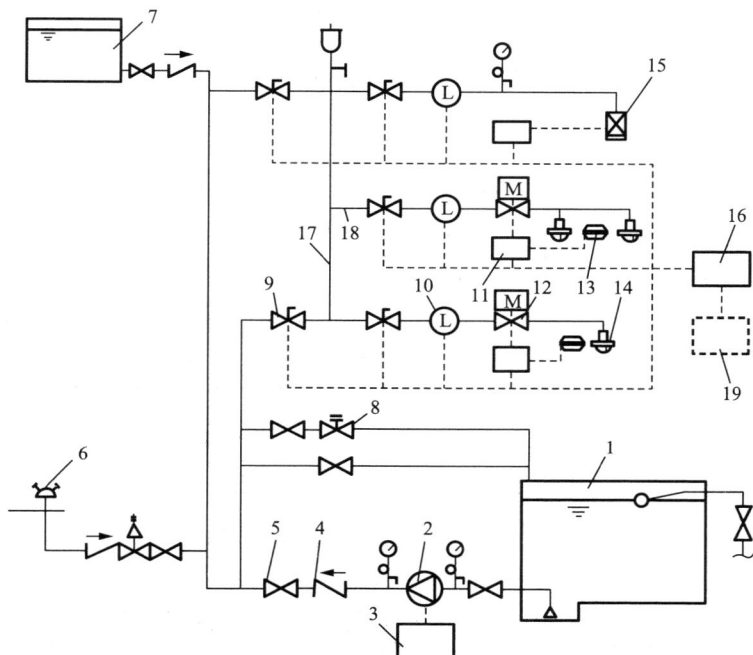

1—消防水池;2—消防水泵;3—消防水泵控制柜;4—止回阀;5—手动阀;
6—水泵接合器;7—高位消防水箱;8—泄压阀;9—检修阀(信号阀);
10—水流指示器;11—控制模块箱;12—自动控制阀(电磁阀或电动阀);13—探测装置;
14—喷洒型自动射流灭火装置;15—模拟末端试水装置;
16—控制装置(控制主机、现场控制箱等);17—供水管网;18—供水支管;
19—联动控制器(或自动报警系统主机)

图 8-3-2 喷洒型自动射流灭火系统基本组成示意图

以上,近距离的柱状水流会对人和财产造成一定的威胁,所以在人员密集和存有贵重物品的场所,通常使用具有柱状、雾状射流自动转换功能的消防炮。有技术较先进的自动消防炮能喷射柱状、开花和雾状水流,在 15 m 距离内,喷射雾状水流,在 15～30 m 距离区间,喷射开花水流,在距离较远时喷射柱状水流。实验表明,消防炮喷射雾状水流或开花水流不仅大大降低了喷射水柱的冲击力,有利于保护人身和财物的安全,同时增加了水流落地时的覆盖面积,有利于火灾的扑救。

探测装置的设计应符合下列规定:

(1)应采用复合探测方式,并应能有效探测和判定保护区域内的火源;

(2)监控半径应与对应灭火装置的保护半径或保护范围相匹配;

(3)探测装置的布置应保证保护区域内无探测盲区;

表 8-3-1　自动消防炮的性能参数要求

额定流量（L/s）	额定工作压力上限（MPa）	额定工作压力时的最大保护半径（m）	定位时间（s）	最小安装高度（m）	最大安装高度（m）
20		42			
30	1.0	50	≤ 60	8	35
40		52			
50		55			

表 8-3-2　喷射型自动射流灭火装置的性能参数要求

额定流量（L/s）	额定工作压力上限（MPa）	额定工作压力时的最大保护半径（m）	定位时间（s）	最小安装高度（m）	最大安装高度（m）
5	0.8	20	≤ 30	8	25
10		28			25

表 8-3-2　喷洒型自动射流灭火装置的性能参数要求

额定流量（L/s）	额定工作压力上限（MPa）	额定工作压力时的最大保护半径（m）	定位时间（s）	最小安装高度（m）	最大安装高度（m）
5	0.6	6	≤ 30	8	25
10		7			25

（4）探测装置应满足相应使用环境的防尘、防水、抗现场干扰等要求。

探测装置应采用复合探测方式，如感烟和图像复合、红外和紫外复合、红外和图像复合、红外双波段或红外多波段复合等，使火灾探测更加可靠，防止系统误报、误喷发生。探测装置应能有效探测和判定保护区域内的火源，包含了两个方面的要求：一是探测装置在设计布置上，其探测范围应能覆盖到整个保护场所，并不应有遮挡或阻碍；二是探测装置本身的性能应符合火灾探测功能要求。

控制主机和现场控制箱应具有下列功能：

（1）应控制自动消防炮或喷射型自动射流灭火装置的水平、俯仰回转动作、射流状态转换；

（2）应控制自动控制阀的开启和关闭；

（3）应远程启动消防水泵，但不应自动和远程停止消防水泵；

（4）控制主机在自动控制状态下，应按设定程序控制灭火装置动作；

（5）控制主机应具有消防水泵、灭火装置、自动控制阀、信号阀和水流指示器等的状态显示功能；

（6）现场控制箱应具有消防水泵、自动控制阀等的状态显示功能；

（7）自检功能；

（8）声、光报警功能；

（9）故障报警功能；

（10）消声复位功能；

（11）报警信息显示、记忆和打印功能；

（12）火灾现场视频实时监控和记录功能。

自动跟踪定位射流灭火系统的控制主机除了发现火灾时快速发出多种形式的报警信息外，还应具有与火灾自动报警系统和其他联动控制设备通信的功能，以达到信息共享，提高灭火救灾效率。设置自动跟踪定位射流灭火系统的场所，其所在的建筑内通常还设有火灾自动报警系统和其他各种消防联动控制设备，自动跟踪定位射流灭火系统兼有火灾报警和灭火功能，可作为火灾自动报警系统的一个子系统，同时将火灾报警信号及其他相关信号送至建筑内的火灾自动报警系统控制器，并通过火灾自动报警系统联动控制相关区域的消防设备。这样避免了自动跟踪定位射流灭火系统成为一个完全独立的系统，同时降低了系统的复杂性，也降低了工程造价。

水流指示器应符合下列规定：

（1）每台自动消防炮及喷射型自动射流灭火装置、每组喷洒型自动射流灭火装置的供水支管上应设置水流指示器，且应安装在手动控制阀的出口之后；

（2）水流指示器的公称压力不应小于系统工作压力的 1.2 倍；

（3）水流指示器应安装在便于检修的位置，当安装在吊顶内时，吊顶应预留检修孔；

（4）水流指示器的公称直径应与供水支管的管径相同。

模拟末端试水装置应由探测部件、压力表、自动控制阀、手动试水阀、试水接头及排水管组成，并应符合下列规定：

（1）探测部件应与系统所采用的型号规格一致；

（2）自动控制阀和手动试水阀的公称直径应与灭火装置前供水支管的管径相同；

（3）试水接头的流量系数（K 值）应与灭火装置相同。

模拟末端试水装置的出水，应采取孔口出流的方式排入排水管道，排水立管宜设伸顶通气管,管径应经计算确定,且不应小于 75 mm。模拟末端试水装置应设置明显的标识,试水阀距地面的高度宜为 1.5 m,并应采取不被他用的措施。

　　为了便于测试系统自动探测火灾、自动启动功能、联动功能是否正常,检验供水管网是否通畅、供水压力和流量是否正常,要求在每个保护区的管网最不利点处设置模拟末端试水装置。

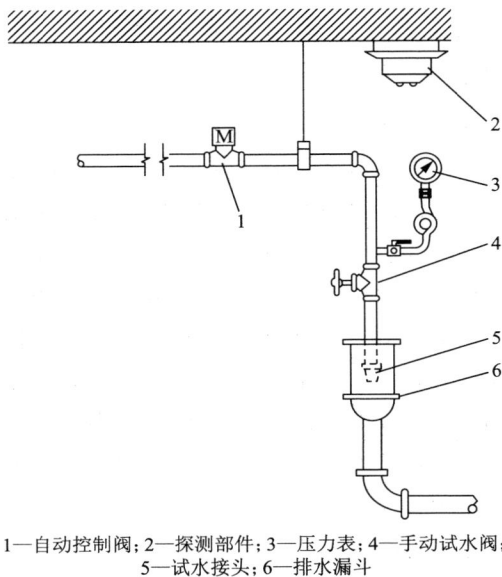

1—自动控制阀;2—探测部件;3—压力表;4—手动试水阀;
5—试水接头;6—排水漏斗

图 8-3-3　模拟末端试水装置组成示意图

第四节　供水方式

　　自动消防炮灭火系统的保护场所通常比较重要,并且由于消防炮的工作压力较高,相比其他水灭火系统的设计供水压力通常也更高,因此自动消防炮灭火系统应设置独立的消防水泵和供水管网,喷射型自动射流灭火系统和喷洒型自动射流灭火系统宜设置独立的消防水泵和供水管网。在有条件的情况下,喷射型自动射流灭火系统和喷洒型自动射流灭火系统的消防水泵和供水管网应尽可能单独设置。如果受到客观条件限制,自动跟踪定位射流灭火系统需要与自动喷水灭火系统合并设置消防供水时,两个系统可以合用消防水泵和部分供水管道,但其供水管道应在自动喷水灭火系统的报警阀前分开,且符合下列规定:

　　(1)两个系统同时工作时,系统设计水量、水压及一次灭火用水量应满足两个系统同时使用的要求；

（2）两个系统不同时工作时，系统设计水量、水压及一次灭火用水量应满足较大一个系统使用的要求；

（3）两个系统应能正常运行，互不影响。

消防水泵应按一用一备或两用一备的比例设置备用泵，备用泵的工作能力不应小于其中工作能力最大的一台工作泵，按二级负荷供电的建筑，宜采用柴油机泵作为备用泵。消防水泵和稳压泵应采用自灌式吸水方式，每台消防水泵宜设独立的吸水管从消防水池吸水，当每台消防水泵单独从消防水池吸水有困难时，可采取单独从吸水总管上吸水。吸水总管伸入消防水池的引水管不应少于2根，当其中1根关闭时，其余的引水管应能通过全部的用水量。每组消防水泵应有不少于2根出水管与系统供水管道连接，当其中1根出水管关闭时，其余的出水管应能通过系统的全部用水量。采用临时高压给水系统的自动跟踪定位射流灭火系统，宜设高位消防水箱。

自动跟踪定位射流灭火系统可与消火栓系统或自动喷水灭火系统合用高位消防水箱。当设置带气压稳压装置的高位消防水箱时，气压稳压装置的设置应符合下列规定：

（1）供水压力应保证系统最不利点灭火装置的设计工作压力；

（2）稳压泵流量宜为1～5 L/s，并小于一个最小流量灭火装置工作时的流量；

（3）稳压泵应设备用泵；

（4）气压稳压装置的气压罐宜采用隔膜式气压罐，其调节水容积应根据稳压泵启动次数不大于每小时15次计算确定，且不宜小于150 L。

第五节　操作与控制

系统应具有自动控制、消防控制室手动控制和现场手动控制三种控制方式（图8-5-1、图8-5-2）。消防控制室手动控制和现场手动控制相对于自动控制应具有优先权。（系统应具有自动控制和手动控制功能，以保证系统操作与控制的可靠性，由于人手动控制探测装置更为可靠，手动控制相对于自动控制应具有优先权，消防控制室手动控制和现场手动控制具有同等优先权。）

自动消防炮灭火系统和喷射型自动射流灭火系统在自动控制状态下，当探测到火源后，应至少有2台灭火装置对火源扫描定位，并应至少有1台且最多2台灭火装置自动开启射流，且其射流应能到达火源进行灭火；喷洒型自动射流灭

```
                          ┌──────────┐
                          │   开始    │
                          └────┬─────┘
                               │
                    ┌──────────┴──────────┐
                    │ 探测装置对保护现场的  │
                    │  火灾信号进行检测     │
                    └──────────┬──────────┘
                               │
                         ┌─────┴─────┐   未发生
                         │ 火灾发生?  ├─────────
                         └─────┬─────┘
                           发生 │       ┌──────────────┐
                               ├───────│ 模拟末端试水装置动作 │
                    ┌──────────┴──────────┐
                    │ 控制装置启动火灾区域对应的灭火 │
                    │ 装置(自动消防炮、喷射型自动射 │
                    │   流灭火装置)进行扫描         │
                    └──────────┬──────────┘
                               │
                 否      ┌─────┴─────┐
            ┌───────────│ 定位到火源? │
            │           └─────┬─────┘
      ┌─────┴─────┐       是 │
   否 │ 扫描时间到? │   ┌──────┴──────┐
      └─────┬─────┘   │ 灭火装置停止扫描, │
          是 │         │  完成火源定位    │
      ┌─────┴─────┐   └──────┬──────┘    ┌──────────────┐
      │  停止扫描   │         │           │ 人工发现火灾、手动控制 │
      └───────────┘   ┌──────┴──────┐    └──────────────┘
                      │   控制装置    │    ┌──────────────┐
                      └──────┬──────┘    │  火灾自动报警系统  │
                             │           └──────────────┘
                      ┌──────┴──────┐    ┌──────────────┐
                      │ 启动火灾部位视频 │  │   其他联动控制    │
                      │ 监控记录,直到确 │  └──────────────┘
                      │  认火灾停止     │
                      └─────────────┘
         ┌─────────┬─────────┬─────────┐
    ┌────┴────┐┌───┴────┐┌───┴────┐
    │ 启动报警  ││ 启动消防泵 ││ 打开自动 │
    │  装置    ││  供水    ││ 控制阀  │
    └─────────┘└────────┘└────────┘
         ┌──────────────────────────┐
         │ 完成火源定位并测定火源在有效射程范围 │
         │ 内的灭火装置(不大于2台)射流灭火   │
    ┌────┴──────┐└──────────────────┘
    │ 水流指示器动作 │
    └───────────┘   ┌─────────────┐   否
                    │  火灾扑灭?    ├──────
                    └──────┬──────┘
                        是 │    ┌──────────────┐
                           │    │  手动强制停止    │
                    ┌──────┴──┐┌──┴───┐┌──────┐
                    │ 延时关闭  ││ 停止消防泵 ││ 关闭警报 │
                    │ 自动控制阀 ││       ││ 装置   │
                    └─────────┘└──────┘└──────┘
```

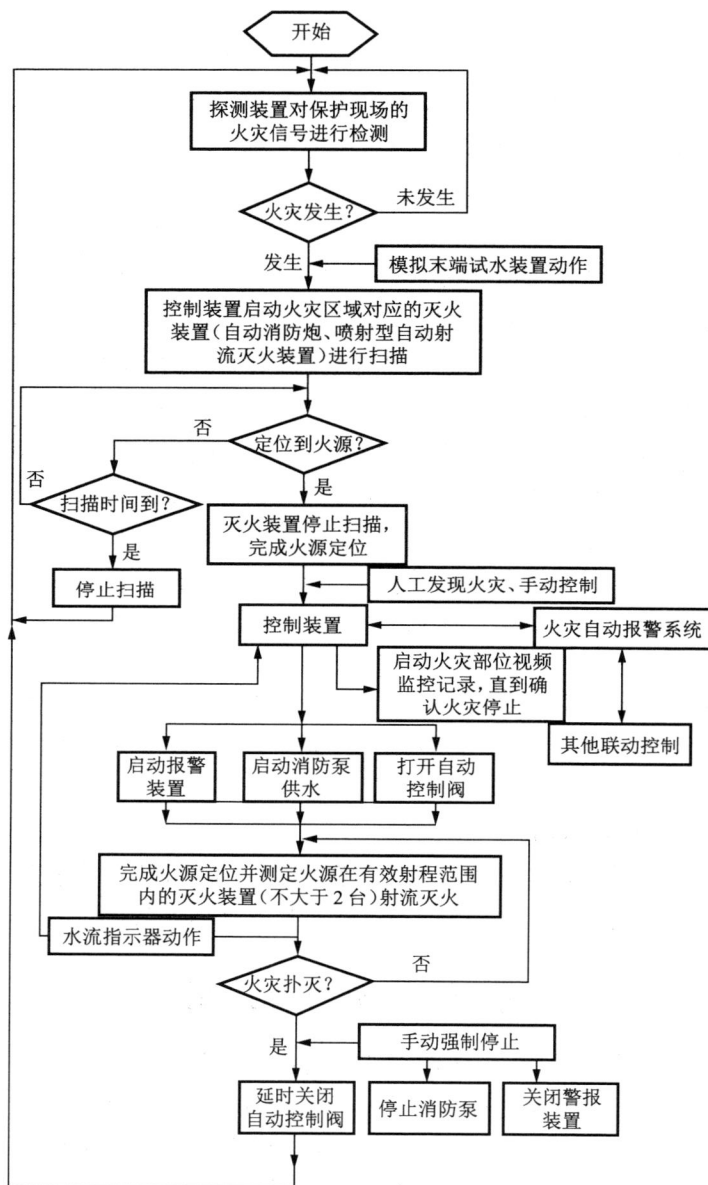

图 8-5-1　自动消防炮灭火系统/喷射型自动射流灭火系统操作与控制流程

火系统在自动控制状态下,当探测到火源后,发现火源的探测装置对应的灭火装置应自动开启射流,且其中应至少有一组灭火装置的射流能到达火源进行灭火。

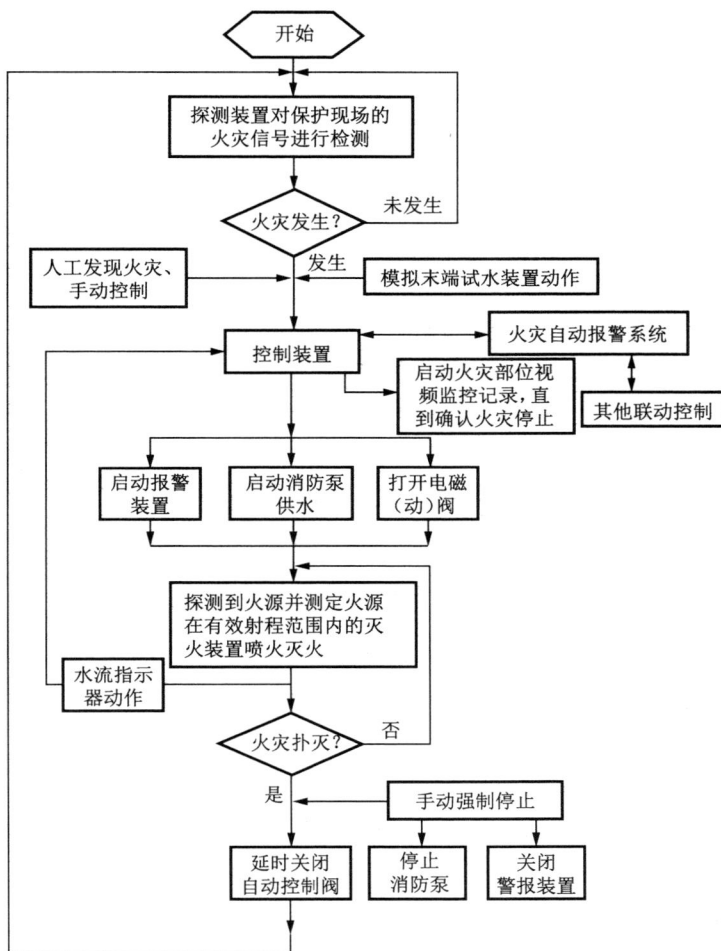

图 8-5-2　喷洒型自动射流灭火系统操作与控制流程

对于自动消防炮灭火系统和喷射型自动射流灭火系统,当被保护区域内发生火灾时,应有至少2台灭火装置同时启动扫描、定位火源,以便实施射流灭火。系统在自动状态下,启动扫描、定位的灭火装置可以是多台,但启动射流的灭火装置应该最多为2台。系统在自动状态下,可能出现以下三种情况:

(1)有2台及以上的灭火装置同时扫描、定位到火源,能够射流到火源的2台灭火装置同时开启灭火。此时,其他灭火装置即使定位到了火源,不论其射流是否能够到达火源,也不应开启射流。

(2)有2台及以上的灭火装置开始扫描,由于灭火装置与火源的相对距离、角度不同,其中 1 台先定位到火源,实施射流灭火,另外 1 台后定位到火源,再参与射流灭火,投入射流灭火的灭火装置是 2 台。此时,不应再开启第 3 台灭火装置。

（3）有 2 台及以上的灭火装置开始扫描,其中 1 台先定位到火源,实施射流灭火,在其他灭火装置还没有定位到火源之前,火灾已经被扑灭,那么其他的灭火装置不会发生射流动作。这种情况下,实际启动的灭火装置数量为 1 台。以上三种情况均为系统的正常工作状态。

系统在自动控制状态下,控制主机在接到火警信号、确认火灾发生后,应能自动启动消防水泵、打开自动控制阀、启动系统射流灭火,并应同时启动声、光警报器和其他联动设备。系统自动启动后应能连续射流灭火,当系统探测不到火源时,对于自动消防炮灭火系统和喷射型自动射流灭火系统应连续射流不小于 5 min 后停止喷射,对于喷洒型自动射流灭火系统应连续喷射不小于 10 min 后停止喷射。系统停止射流后再次探测到火源时,应能再次启动射流灭火。系统在手动控制状态下,应人工确认火灾后手动启动系统射流灭火。

系统在射流灭火过程中,由于射流、水汽、烟雾等对火源的遮挡,对火灾是否扑灭无法做出准确判断。根据目前工程中的实际做法,自动跟踪定位射流灭火系统的自动灭火程序一般设定为灭火装置射流灭火一定时间后停止喷射,探测装置继续探测火灾是否被扑灭。若火灾未被扑灭,则系统重新再次启动灭火。大量的实验结果证明,自动消防炮灭火系统和喷射型自动射流灭火系统扑灭 1A 灭火级别在 3 min 以内,喷洒型自动射流灭火系统扑灭 1A 灭火级别在 6 min 以内。本条规定,系统启动射流灭火后,应连续喷射至少 5 min（自动消防炮灭火系统和喷射型自动射流灭火系统）或 10 min（喷洒型自动射流灭火系统）,以提高一次性成功灭火的可靠性。但是,如果火灾未能在设定时间内被扑灭,这时系统却停止喷射,会导致火灾再次扩大或蔓延。因此,本条对系统自动控制程序做了进一步要求,即若系统持续探测到火灾,则不应停止喷射。只有在探测不到火灾时,才设定连续喷射一定时间后,自动停止,并持续探测火灾情况。

第九章 气体灭火系统

　　气体灭火系统是传统的四大固定式灭火系统（水、气体、泡沫、干粉）之一，以一种或多种气体作为灭火介质，具有灭火效率高、速度快、电绝缘性好、对保护对象无污损等特点。气体灭火系统是根据灭火介质而命名的，按使用的灭火剂进行分类，目前可分为三大类：以七氟丙烷为代表的卤代烃灭火系统、以 IG541 为代表的惰性气体灭火系统、二氧化碳灭火系统（《气体灭火系统设计规范》（GB 50370—2005）把气溶胶灭火系统列入了气体灭火范畴，实际上，气溶胶不应该属于真正意义上的气体灭火系统，应该属于烟雾灭火系统）。

　　按照系统的结构特点分类，气体灭火分为无管网灭火系统和有管网灭火系统。

　　（1）无管网气体灭火系统又称为预制灭火系统，主要包括柜式无管网灭火系统和悬挂式无管网灭火系统。无管网气体灭火系统是按一定的应用条件，将灭火剂储存装置和喷放组件等预先设计组装成套且具有联动控制功能的灭火系统。无管网气体灭火系统安装方便，不需要专用的气瓶间，灭火装置直接摆放或悬挂在防护区。目前只有七氟丙烷适合采用预制灭火系统（无管网灭火系统）。

　　一个防护区设置的预制灭火系统，其装置数量不宜超过 10 台。

　　同一防护区内的预制灭火系统装置多于 1 台时，必须能同时启动，其动作响应时差不得大于 2 s。

　　采用预制灭火系统时，一个防护区的面积不宜大于 500 m²，且容积不宜大于 1 600 m³。

　　（2）有管网气体灭火系统是指按一定的应用条件进行设计计算，将灭火剂从储存装置经由干管、支管。输送至喷放组件实施喷放的灭火系统。有管网灭火系统的灭火剂瓶组和驱动气体瓶组设置在专用的储瓶间，通过管网将灭火剂输送到防护区，通过喷嘴将灭火剂喷散雾化，相对于无管网灭火系统，具有更好的安全性和可靠性。七氟丙烷、IG541、二氧化碳都可以设计为有管网灭火系统。

有管网灭火系统又可分为单元独立系统和组合分配系统。单元独立系统是指一套气体灭火剂储存装置对应一个防护区的灭火系统。组合分配系统是指用一套气体灭火剂储存装置，通过管网的选择分配，保护两个或两个以上防护区的灭火系统。组合分配系统的灭火剂储存量，应按储存量最大的防护区来确定，组合分配系统的每个防护区都安装有选择阀，选择阀平时关闭；当某个防护区需要灭火，则打开对应防护具的选择阀，向指定防护区释放灭火剂。

两个或两个以上的防护区采用组合分配系统时，一个组合分配系统所保护的防护区不应超过 8 个。

灭火系统的灭火剂储存量，应为防护区的灭火设计用量、储存容器内的灭火剂剩余量和管网内的灭火剂剩余量之和。

灭火系统的储存装置 72 小时内不能重新充装恢复工作的，应按系统原储存量的 100% 设置备用量。

同一防护区，当设计两套或三套管网时，集流管可分别设置，系统启动装置必须共用。各管网上喷头流量均应按同一灭火设计浓度、同一喷放时间进行设计。

采用管网灭火系统时，一个防护区的面积不宜大于 800 m²，且容积不宜大于 3 600 m³。

第一节　防护区设置

气体灭火防护区是指满足全淹没灭火系统要求的有限封闭空间。七氟丙烷、IG541、二氧化碳都是全淹没灭火系统，全淹没灭火系统是指：当火灾发生时，在规定的时间内，向防护区喷房设计规定用量的灭火剂，并使其均匀地充满整个防护区。

（1）防护区设置的基本要求。

① 防护区围护结构及门窗的耐火极限均不宜低于 0.5 h；吊顶的耐火极限不宜低于 0.25 h。② 当防护区的相邻区域设有水喷淋或其他灭火系统时，其隔墙或外墙上的门窗的耐火极限可低于 0.5 h，但不应低于 0.25 h。当吊顶层与工作层划为同一防护区时，吊顶的耐火极限不做要求。③ 防护区围护结构承受内压的允许压强，不宜低于 1 200 Pa。气体灭火系统喷放时，防护区开口均自动关闭，防护区内压强增加，必须能承受一定的压强。④ 防护区宜以单个封闭空间划分；同一区间的吊顶层和地板下需同时保护时，可合为一个防护区。不宜以两个或

两个以上封闭空间划分防护区,即使它们所采用灭火设计浓度相同,甚至有部分联通,也不宜那样去做。这是因为在极短的灭火剂喷放时间里,两个及两个以上空间难于实现灭火剂浓度的均匀分布,会延误灭火时间,或造成灭火失败。⑤ 防护区应设置泄压口,七氟丙烷灭火系统的泄压口应位于防护区净高的 2/3 以上。七氟丙烷和二氧化碳灭火系统的泄压口应位于防护区净高的 2/3 以上,规范没有对 IG541 的泄压口高度做出要求,但因为 IG541 较空气相对较重,也应该设置在防护区的上部。⑥ 防护区设置的泄压口,宜设在外墙上(防护区不存在外墙的,可考虑设在与走廊相隔的内墙上)。泄压口面积按相应气体灭火系统设计规定计算。二氧化碳的防护区,当防护区设有防爆泄压孔时,可不单独设置泄压口。⑦ 喷放灭火剂前,防护区内除泄压口外的开口应能自行关闭。对防护区的封闭要求是全淹没灭火的必要技术条件,因此不允许除泄压口之外的开口存在,防护区开口包括门、窗、防火阀等都必须自动关闭。气体灭火系统喷放时,防护区内压强增加,达到一定值时泄压口自动打开泄压,以防止对防护区结构的破坏。⑧ 灭火后的防护区应通风换气,地下防护区和无窗或设固定窗扇的地上防护区,应设置机械排风装置,排风口宜设在防护区的下部并应直通室外。通信机房、电子计算机房等场所的通风换气次数应不少于每小时 5 次。目前的气体灭火剂都比空气重,因此排风口宜设在防护区的下部,排风口应该直通室外,有必要时必须增加排风管。通信机房、电子计算机房等场所经常有人员出入,且设备重要,因此通风换气次数应不少于每小时 5 次。⑨ 防护区应有保证人员在 30 s 内疏散完毕的通道和出口。气体灭火系统采用自动控制启动方式时,有不大于 30 s 的可控延迟喷射,因此防护区的设置必须保证人员在 30 s 内疏散完毕。防护区内的疏散通道及出口,应设应急照明与疏散指示标志。防护区内应设火灾声报警器,必要时,可增设闪光报警器。防护区的入口处应设火灾声、光报警器和灭火剂喷放指示灯,以及防护区采用的相应气体灭火系统的永久性标志牌。灭火剂喷放指示灯信号,应保持到防护区通风换气后,以手动方式解除。⑩ 防护区的门应向疏散方向开启,并能自行关闭;用于疏散的门必须能从防护区内打开。

第二节　储存装置间

　　有管网气体灭火系统的储存装置宜设在专用储瓶间内,储瓶间应有直接通向室外或疏散走道的出口。

　　储瓶间的门应向外开启,储瓶间内应设应急照明;储瓶间应有良好的通风条件,地下储瓶间应设机械排风装置,排风口应设在下部,可通过排风管排出室外

（排风管不能与通风循环系统相连）。

第三节 灭火剂储存装置

储存装置应符合下列规定。

① 管网系统的储存装置应由储存容器、容器阀和集流管等组成；七氟丙烷和IG541预制灭火系统的储存装置，应由储存容器、容器阀等组成；热气溶胶预制灭火系统的储存装置应由发生剂罐、引发器和保护箱（壳）体等组成。② 容器阀和集流管之间应采用挠性连接。储存容器和集流管应采用支架固定。③ 储存装置上应设耐久的固定铭牌，并应标明每个容器的编号、容积、皮重、灭火剂名称、充装量、充装日期和充压压力等。④ 管网灭火系统的储存装置宜设在专用储瓶间内。储瓶间宜靠近防护区，并应符合建筑物耐火等级不低于二级的有关规定及有关压力容器存放的规定，且应有直接通向室外或疏散走道的出口。储瓶间和设置预制灭火系统的防护区的环境温度应为 $-10\,℃\sim50\,℃$。⑤ 储存装置的布置，应便于操作、维修及避免阳光照射。操作面距墙面或两操作面之间的距离，不宜小于 1 m，且不应小于储存容器外径的 1.5 倍。⑥ 在储存容器或容器阀上，应设安全泄压装置和压力表。组合分配系统的集流管，应设安全泄压装置。

第四节 驱动装置

我们常见的气体灭火系统按加压贮存方式可分为：自压式气体灭火系统、内贮压式气体灭火系统、外贮压式气体灭火系统。

（1）自压式气体灭火系统是指灭火剂瓶组中的灭火剂依靠自身压力进行输送的灭火系统。使用温度高于临界温度的灭火剂，这类灭火剂在使用温度范围内永远不可能液化，都是采用高压贮存，可以依靠自身压力完成灭火剂输送。使用温度低于临界温度，但饱和蒸气压较高的灭火剂，可以依靠自身压力完成灭火剂输送。

（2）内贮压式气体灭火系统是指灭火剂在贮瓶内用惰性气体进行加压贮存，系统动作时灭火剂依靠加压气体进行输送的灭火系统。在使用温度范围内，这类灭火剂的饱和蒸气压较低，自身压力无法完成灭火剂输送，必须依靠惰性气体（氮气）增压，并依靠惰性气体（氮气）完成灭火剂输送。

（3）外贮压式气体灭火系统是指驱动气体与灭火剂分别储存的灭火系统。在某些内贮压式气体灭火系统中，为了取得更远的输送距离，可以采用外贮压的方式。在外贮压式的七氟丙烷系统中,高压氮气贮存在动力瓶组中;七氟丙烷灭火剂贮存在灭火剂瓶组中,当系统启动时,动力瓶组中德高压氮气经减压阀释放至灭火剂瓶组,推动七氟丙烷灭火剂释放至防护区。

第五节　管网设计

气体灭火系统应由专用的气体灭火控制器控制,气体灭火控制器用于联动控制气体灭火系统,主要有两种形式。

（1）带火灾探测报警功能的气体灭火控制器:这种控制器可以介入火灾探测器和各类联动控制模块,具备火灾自动报警和气体灭火控制功能,可以组成一个独立的系统。发生火灾时,气体灭火控制器接收火灾探测器或手动报警按钮的火警信号,发出联动控制指令,实现气体灭火控制功能。

（2）不带火灾探测器报警功能的气体灭火控制器:这种控制器只有单一的气体灭火控制功能,必须与火灾报警控制器配合使用。火灾探测器介入火灾报警控制器,发生火灾时,火灾报警控制器接收火灾探测器或手动报警按钮的火警信号,向气体灭火控制器发出指令,再由气体灭火控制器联动控制相关部件,实现气体灭火控制功能。

第六节　系统功能

管网气体灭火系统有自动控制、手动控制和机械应急操作三种启动方式。预制气体灭火系统的灭火装置设置在防护区内,火灾时人员必须撤离,因此,预制气体灭火系统只有自动控制和手动控制两种启动方式。

火灾发生时,感烟火灾探测器报警,报警主机发出火警信号,同时启动防护区内部的声光报警器,火灾温度不断升高,感温火灾探测器报警,主机确认火警信号,启动灭火流程,关闭空调通风等相关设施,启动室外的声光报警器,倒计时结束后（0～30 s）,开启启动瓶组的电磁驱动器,驱动气体推开（对应）防护区的选择阀的锁止机构,开启灭火瓶组的容器阀,高压氮气推送灭火剂,通过集流管和集散管,推开选择阀,进入管网,喷房灭火。灭火剂进入管网后,信号反馈装置反馈动作信号,启动防护区外部的放气指示灯,警告人员不得进入。灭火剂喷放后,防护区压力升高,达到一定值（1 100 Pa）时,防护区泄压装置自动开启。

第十章 泡沫－水喷淋灭火系统

泡沫－水喷淋系统,也称为自动喷水－泡沫联用系统,通常的工作次序是先喷泡沫灭火,然后喷水冷却,具备灭火、冷却双功效。泡沫－水喷淋系统是在自动喷水灭火系统的基础上发展起来的,通常是在报警阀组的部位增加泡沫比例混合装置,其他结构部件与自动喷水灭火系统相同。

泡沫－水喷淋系统是由喷头、报警阀组、水流报警装置(水流指示器或压力开关)等组件,以及管道、泡沫液与水供给设施组成,并能在发生火灾时按预定时间与供给强度向防护区依次喷洒泡沫与水的自动灭火系统。

需要说明的是,泡沫－水喷淋装置属于强制性认证产品,设计施工时,应采用成套认证的装置,不能采用报警阀组和泡沫比例混合装置的临时组合。

1. 防护区设置

高倍数泡沫灭火系统的全淹没系统,主要是针对防护区进行保护,防护区可以是封闭区域,也可以是被围挡的区域,没有明确的耐火极限、耐压强度要求,也没有最大防护区面积、体积规定。

2. 泡沫储罐

泡沫液储罐宜采用耐腐蚀材料制作,且与泡沫液直接接触的内壁或衬里不应对泡沫液的性能产生不利影响。

常压泡沫液储罐应符合下列规定。

(1)储罐内应留有泡沫液热膨胀空间和泡沫液沉降损失部分所占空间;

(2)储罐出液口的设置应保障泡沫液泵进口为正压,且应设置在沉降层之上;

(3)储罐上应设置出液口、液位计、进料孔、排渣孔、人孔、取样口、呼吸阀或通气管。

泡沫液储罐上应有标明泡沫液种类、型号、出厂与灌装日期及储量的标志。不同种类、不同牌号的泡沫液不得混存。

3. 泡沫比例混合发生装置

（1）泡沫产生装置，是泡沫灭火系统的终端设备，将泡沫混合液与空气混合，产生泡沫并投放至被保护区域。吸气型泡沫产生装置是利用文丘里管原理，将空气吸入泡沫混合液中并混合产生泡沫，然后将泡沫以特定模式喷出的装置。

（2）泡沫比例混合装置，是将泡沫液与水按特定混合比进行混合，配置成一定浓度的泡沫溶液（泡沫混合液）。泡沫比例混合装置的形式很多，主要包括压力式比例混合装置、平衡式比例混合装置、计量注入式比例混合装置、环泵式比例混合器、管线式比例混合器等。

全淹没高倍数泡沫灭火系统或局部应用高倍数、中倍数泡沫灭火系统，采用集中控制方式保护多个防护区时，应选用平衡式比例混合装置或囊式压力比例混合装置。

全淹没高倍数泡沫灭火系统或局部应用高倍数、中倍数泡沫灭火系统保护一个防护区时，宜选用平衡式比例混合装置或囊式压力比例混合装置。

（3）当采用平衡式比例混合装置时，应符合下列规定。

① 平衡阀的泡沫液进口压力应大于水进口压力，且其压差应满足产品的使用要求；② 比例混合器的泡沫液进口管道上应设置单向阀；③ 泡沫液管道上应设置冲洗及放空设施。

（4）当采用计量注入式比例混合装置时，应符合下列规定。

① 泡沫液注入点的泡沫液流压力应大于水流压力，且其压差应满足产品的使用要求；② 流量计进口前和出口后直管段的长度不应小于管径的 10 倍；③ 泡沫液进口管道上应设置单向阀；④ 泡沫液管道上应设置冲洗及放空设施。

（5）当采用压力式比例混合装置时，应符合下列规定。

① 泡沫液储罐的单罐容积不应大于 10 m^3；② 无囊式压力比例混合装置，当泡沫液储罐的单罐容积大于 5 m^3 且储罐内无分隔设施时，宜设置 1 台小容积压力式比例混合装置，其容积应大于 0.5 m^3，并应保证系统按最大设计流量连续提供 3 min 的泡沫混合液。

（6）当采用环泵式比例混合器时，应符合下列规定。

① 出口背压宜为零或负压，当进口压力为 0.7～0.9 MPa 时，其出口背压可为 0.02～0.03 MPa；② 吸液口不应高于泡沫液储罐最低液面 1 m；③ 比例混合器的出口背压大于零时，吸液管上应有防止水倒流入泡沫液储罐的措施；④ 应设

有不少于 1 个的备用量。

（7）当半固定式或移动式系统采用管线式比例混合器时,应符合下列规定。

① 比例混合器的水进口压力应为 0.6～1.2 MPa,且出口压力应满足泡沫产生装置的进口压力要求;② 比例混合器的压力损失可按水进口压力的 35%计算。

4. 控制阀门和管道

（1）泡沫灭火系统中所用的控制阀门应有明显的启闭标志。

（2）泡沫液管道应采用不锈钢管（图 10-1-1）。

图 10-1-1　泡沫液输液管未采用不锈钢管,不符合规范要求。

（3）在寒冷季节有冰冻的地区,泡沫灭火系统的湿式管道应采取防冻措施。

5. 系统功能

湿式-泡沫水喷淋系统是在湿式报警阀的出口管路上增加了泡沫比例混合器,在泡沫罐至比例混合器的泡沫液管路上增加了泡沫控制阀,准工作状态下,来自系统水源侧管网的压力水,经压力泄放阀,进入泡沫控制阀的控制腔,泡沫控制阀处于关闭状态。

火灾发生时,闭式喷头探测火灾,受热开启灭火,水流指示器发出报警信号,向控制中心报告起火区域,湿式报警阀启动,水流进入报警水道,推动水力警铃和压力开关动作,压力开关联锁消防水泵启动,同时向控制中心发出报警信号。同时报警水道的水流推动压力泄放阀,压力泄放阀关闭进水通道,同时开阀泄水,泡沫控制阀的控制腔压力降低,泡沫液推开泡沫控制阀,进入泡沫比例混合器,与压力水混合后,形成泡沫混合液,喷放泡沫灭火。

（1）报警联动控制。

① 信号反馈:消防控制室应能显示水流指示器、压力开关、信号阀、水泵、消防水池及水箱水位以及电源和备用动力等是否处于正常状态的反馈信号。② 报警联动:包括自动控制和手动控制,当消防报警联动控制主机处于自动状态时,如果报警阀压力开关的动作信号与该报警阀防护区域内任一火灾探测器或手动报警按钮的报警信号同时报警,消防控制室应能自动启动消防水泵。消防水泵控制柜的启动、停止按钮,应采用专用线路直接连接至设置在消防控制室内的消防联动控制器手动控制盘,可以在消防控制室直接手动控制消防水泵的启动、停止,且不管消防报警联动控制系统处于自动或手动状态,手动控制始终有效。③ 直接联锁启动:由报警阀组压力开关直接自动启动消防水泵,由消防水泵出水干管上设置的压力开关直接自动启动消防水泵,由高位消防水箱出水管上的流量开关直接自动启动消防水泵。各联锁部件的连接线路以及联锁部件至消防水泵控制柜的线路,应采用专用线路直接连接。所有联锁启动信号,不应受消防报警联动控制系统处于自动或手动状态的影响。

第十一章 建筑灭火器

1. 配置

（1）灭火器的选择应考虑下列因素。

① 灭火器配置场所的火灾种类；② 灭火器配置场所的危险等级；③ 灭火器的灭火效能和通用性；④ 灭火剂对保护物品的污损程度；⑤ 灭火器设置点的环境温度；⑥ 使用灭火器人员的体能。

在同一灭火器配置场所，宜选用相同类型和操作方法的灭火器（表 11-1-1）；当同一灭火器配置场所存在不同火灾种类时，应选用通用型灭火器。

表 11-1-1　不相容的灭火剂举例

灭火剂类型	不相容的灭火剂	
干粉与干粉	磷酸铵盐	碳酸氢钠、碳酸氢钾
干粉与泡沫	碳酸氢钠、碳酸氢钾	蛋白泡沫
泡沫与泡沫	蛋白泡沫、氟蛋白泡沫	水成膜泡沫

在发生火灾后，及时、有效地用灭火器扑灭初起火灾，取决于多种因素，而灭火器保护距离的远近，显然是其中的一个重要因素（表 11-1-2、11-1-3）。它实际上关系到人们是否能及时取用灭火器，进而是否能够迅速扑灭初起小火，或者是否会使火势失控成灾等一系列问题。

表 11-1-2　A 类火灾场所的灭火器最大保护距离（m）

危险等级	灭火器型式	
	手提式灭火器	推车式灭火器
严重危险级	15	30
中危险级	20	40
轻危险级	25	50

表 11-1-3　B、C 类火灾场所的灭火器最大保护距离(m)

危险等级	灭火器型式	
	手提式灭火器	推车式灭火器
严重危险级	9	18
中危险级	12	24
轻危险级	15	30

（2）火器配置设计的计算单元应按下列规定划分。

① 当一个楼层或一个水平防火分区内各场所的危险等级和火灾种类相同时，可将其作为一个计算单元。② 当一个楼层或一个水平防火分区内各场所的危险等级和火灾种类不相同时，应将其分别作为不同的计算单元。③ 同一计算单元不得跨越防火分区和楼层。

由于防火分区之间的防火墙、防火门或防火卷帘可能会直接阻碍灭火人员携带灭火器走动和通过，并影响灭火器的保护距离；而楼梯则会增加灭火人员携带灭火器上下楼层赶往着火点的反应时间，也有可能因之而失去灭火器扑救初起火灾的最佳时机，故规定建筑灭火器配置设计的计算单元不应跨越防火分区和楼层，只能局限在一个楼层或一个水平防火分区之内。

2. 布置

灭火器的安装设置应便于取用，且不得影响安全疏散。

灭火器的安装设置应稳固，灭火器的铭牌应朝外，灭火器的器头宜向上。

灭火器设置点的环境温度不得超出灭火器的使用温度范围。

灭火器设置点的环境温度要与灭火器的使用温度范围相适应，是为了防止在超出使用温度范围上限时，灭火器驱动气体压力过高而可能导致灭火器爆裂，也防止在低于使用温度范围下限时，灭火器驱动气体压力偏低，影响灭火器的灭火效果。

灭火器箱的箱门开启应方便灵活，其箱门开启后不得阻挡人员安全疏散。除不影响灭火器取用和人员疏散的场合外，开门型灭火器箱的箱门开启角度不应小于 175°，翻盖型灭火器箱的翻盖开启角度不应小于 100°。

灭火器的进场检查应符合下列要求。

（1）灭火器应符合市场准入的规定，并应有出厂合格证和相关证书；

（2）灭火器的铭牌、生产日期和维修日期等标志应齐全；

（3）灭火器的类型、规格、灭火级别和数量应符合配置设计要求；

（4）灭火器筒体应无明显缺陷和机械损伤；

（5）灭火器的保险装置应完好；

（6）灭火器压力指示器的指针应在绿区范围内；

（7）推车式灭火器的行驶机构应完好。

一个计算单元内配置的灭火器数量不得少于2具。

发生火灾时，若能同时使用两具灭火器共同灭火，则对迅速、有效地扑灭初起火灾非常有利。同时，两具灭火器还可起到相互备用的作用，即使其中一具失效，另一具仍可正常使用。

每个设置点的灭火器数量不宜多于5具。

每个灭火器设置点的灭火器配置数量不宜多于5具，这主要是从消防实战考虑，就是说在失火后可能会有许多人同时参加紧急灭火行动。如果同时到达同一个灭火器设置点来取用灭火器的人员太多，而且许多人都手提1具灭火器到同一个着火点去灭火，则会互相干扰，使得现场非常杂乱，影响灭火，容易贻误战机。而且为放置数量过多的灭火器而设计的灭火器箱、挂钩、托架的尺寸则会过大，所占用的空间亦相对较大，对正常办公、生产、生活均不利。

当住宅楼每层的公共部位建筑面积超过 $100 \ m^2$ 时，应配置1具1A的手提式灭火器；每增加 $100 \ m^2$ 时，增配1具1A的手提式灭火器。

住宅楼的公共部位应当配置灭火器。当住宅楼每层的公共部位的建筑面积超过 $100 \ m^2$ 时，需要配置1具1A的手提式灭火器；这是最低的要求：即目前可按照每 $100 \ m^2$ 配置1具1A手提式灭火器的基准执行。

第十二章 防排烟系统

第一节　防烟和排烟设施的设置场所

（1）建筑的下列场所或部位应设置防烟设施：① 防烟楼梯间及其前室；② 消防电梯间前室或合用前室；③ 避难走道的前室、避难层(间)。建筑高度不大于 50 m 的公共建筑、厂房、仓库和建筑高度不大于 100 m 的住宅建筑，当其防烟楼梯间的前室或合用前室符合下列条件之一时，楼梯间可不设置防烟系统：① 前室或合用前室采用敞开的阳台、凹廊；② 前室或合用前室具有不同朝向的可开启外窗，且可开启外窗的面积满足自然排烟口的面积要求。

（2）厂房或仓库的下列场所或部位应设置排烟设施：① 人员或可燃物较多的丙类生产场所，丙类厂房内建筑面积大于 300 m² 且经常有人停留或可燃物较多的地上房间；② 建筑面积大于 5 000 m² 的丁类生产车间；③ 占地面积大于 1 000 m² 的丙类仓库；④ 高度大于 32 m 的高层厂房(仓库)内长度大于 20 m 的疏散走道，其他厂房(仓库)内长度大于 40 m 的疏散走道。

（3）民用建筑的下列场所或部位应设置排烟设施：① 设置在一、二、三层且房间建筑面积大于 100 m² 的歌舞娱乐放映游艺场所，设置在四层及以上楼层、地下或半地下的歌舞娱乐放映游艺场所；② 中庭；③ 公共建筑内建筑面积大于 100 m² 且经常有人停留的地上房间；④ 公共建筑内建筑面积大于 300 m² 且可燃物较多的地上房间；⑤ 建筑内长度大于 20 m 的疏散走道。

（4）地下或半地下建筑(室)、地上建筑内的无窗房间，当总建筑面积大于 200 m² 或一个房间建筑面积大于 50 m²，且经常有人停留或可燃物较多时，应设置排烟设施。

第二节　防烟系统

1. 系统设置

建筑防烟系统的设计应根据建筑高度、使用性质等因素,采用自然通风系统或机械加压送风系统。建筑高度大于 50 m 的公共建筑、工业建筑和建筑高度大于 100 m 的住宅建筑,其防烟楼梯间、独立前室、共用前室、合用前室及消防电梯前室应采用机械加压送风系统。建筑高度小于或等于 50 m 的公共建筑、工业建筑和建筑高度小于或等于 100 m 的住宅建筑,其防烟楼梯间、独立前室、共用前室、合用前室(除共用前室与消防电梯前室合用外)及消防电梯前室应采用自然通风系统;当不能设置自然通风系统时,应采用机械加压送风系统。

防烟系统的选择,应符合下列规定:

（1）当独立前室或合用前室满足下列条件之一时,楼梯间可不设置防烟系统:① 采用全敞开的阳台或凹廊;② 设有两个及以上不同朝向的可开启外窗,且独立前室两个外窗面积分别不小于 2 m²,合用前室两个外窗面积分别不小于 3 m²。

（2）当独立前室、共用前室及合用前室的机械加压送风口设置在前室的顶部或正对前室入口的墙面时,楼梯间可采用自然通风系统;当机械加压送风口未设置在前室的顶部或正对前室入口的墙面时,楼梯间应采用机械加压送风系统。

（3）当防烟楼梯间在裙房高度以上部分采用自然通风时,不具备自然通风条件的裙房的独立前室、共用前室及合用前室应采用机械加压送风系统,且独立前室、共用前室及合用前室送风口的设置方式应符合相关规定。建筑地下部分的防烟楼梯间前室及消防电梯前室,当无自然通风条件或自然通风不符合要求时,应采用机械加压送风系统。

防烟楼梯间及其前室的机械加压送风系统的设置应符合下列规定:

（1）建筑高度小于或等于 50 m 的公共建筑、工业建筑和建筑高度小于或等于 100 m 的住宅建筑,当采用独立前室且其仅有一个门与走道或房间相通时,可仅在楼梯间设置机械加压送风系统;当独立前室有多个门时,楼梯间、独立前室应分别独立设置机械加压送风系统。

（2）当采用合用前室时,楼梯间、合用前室应分别独立设置机械加压送风系统。

（3）当采用剪刀楼梯时,其两个楼梯间及其前室的机械加压送风系统应分别独立设置。

封闭楼梯间应采用自然通风系统,不能满足自然通风条件的封闭楼梯间,应设置机械加压送风系统。当地下、半地下建筑(室)的封闭楼梯间不与地上楼梯间共用且地下仅为一层时,可不设置机械加压送风系统,但首层应设置有效面积不小于 $1.2 m^2$ 的可开启外窗或直通室外的疏散门。设置机械加压送风系统的场所,楼梯间应设置常开风口,前室应设置常闭风口;火灾时其联动开启方式应符合规定。避难层的防烟系统可根据建筑构造、设备布置等因素选择自然通风系统或机械加压送风系统。避难走道应在其前室及避难走道分别设置机械加压送风系统,但下列情况可仅在前室设置机械加压送风系统:① 避难走道一端设置安全出口,且总长度小于 30 m;② 避难走道两端设置安全出口,且总长度小于 60 m。

2. 自然通风设施

采用自然通风方式的封闭楼梯间、防烟楼梯间,应在最高部位设置面积不小于 $1 m^2$ 的可开启外窗或开口;当建筑高度大于 10 m 时,尚应在楼梯间的外墙上每 5 层内设置总面积不小于 $2 m^2$ 的可开启外窗或开口,且布置间隔不大于 3 层。前室采用自然通风方式时,独立前室、消防电梯前室可开启外窗或开口的面积不应小于 $2 m^2$,共用前室、合用前室不应小于 $3 m^2$。采用自然通风方式的避难层(间)应设有不同朝向的可开启外窗,其有效面积不应小于该避难层(间)地面面积的 2%,且每个朝向的面积不应小于 $2 m^2$。可开启外窗应方便直接开启,设置在高处不便于直接开启的可开启外窗应在距地面高度为 $1.3 \sim 1.5 m$ 的位置设置手动开启装置。

消防验收常见问题:自然通风的楼梯间和前室,可开启外窗的有效面积不足。依据《建筑防烟排烟系统技术标准》第 3.2 条之规定,采用自然通风方式的封闭楼梯间、防烟楼梯间,应在最高部位设置面积不小于 $1 m^2$ 的可开启外窗或开口;当建筑高度大于 10 m 时,尚应在楼梯间的外墙上每 5 层内设置总面积不小于 $2 m^2$ 的可开启外窗或开口,且布置间隔不大于 3 层,前室采用自然通风方式时,独立前室、消防电梯前室可开启外窗或开口的面积不应小于 $2 m^2$,共用前室、合用前室不应小于 $3 m^2$。可平开窗、推拉窗、悬窗的有效面积参照本规范第 4.3.5 条的有关规定执行,固定窗或固定扇无法计入有效面积,在外窗的深化设计时要引起重视,以免造成大范围返工。

3. 机械加压送风设施

建筑高度大于 100 m 的建筑,其机械加压送风系统应竖向分段独立设置,且每段高度不应超过100 m。采用机械加压送风系统的防烟楼梯间及其前室应分别设置送风井（管）道，送风口（阀）和送风机。建筑高度小于或等于50 m的建筑，当楼梯间设置加压送风井（管）道确有困难时，楼梯间可采用直灌式加压送风系统，并应符合下列规定：

（1）建筑高度大于32 m的高层建筑，应采用楼梯间两点部位送风的方式，送风口之间距离不宜小于建筑高度的1/2；

（2）送风量应按计算值或相关规定的送风量增加20%；

（3）加压送风口不宜设在影响人员疏散的部位。

设置机械加压送风系统的楼梯间的地上部分与地下部分，其机械加压送风系统应分别独立设置。当受建筑条件限制，且地下部分为汽车库或设备用房时，可共用机械加压送风系统，并应符合下列规定：

（1）应按相关规定分别计算地上、地下部分的加压送风量，相加后作为共用加压送风系统风量；

（2）应采取有效措施分别满足地上、地下部分的送风量的要求。

机械加压送风风机宜采用轴流风机或中、低压离心风机，其设置应符合下列规定：

（1）送风机的进风口应直通室外，且应采取防止烟气被吸入的措施。

（2）送风机的进风口宜设在机械加压送风系统的下部。

（3）送风机的进风口不应与排烟风机的出风口设在同一面上。当确有困难时，送风机的进风口与排烟风机的出风口应分开布置，且竖向布置时，送风机的进风口应设置在排烟出口的下方，其两者边缘最小垂直距离不应小于6 m；水平布置时，两者边缘最小水平距离不应小于20 m。

（4）送风机宜设置在系统的下部，且应采取保证各层送风量均匀性的措施。

（5）送风机应设置在专用机房内，送风机房并应符合现行国家标准《建筑设计防火规范》GB 50016的规定。

（6）当送风机出风管或进风管上安装单向风阀或电动风阀时，应采取火灾时自动开启阀门的措施。

加压送风口的设置应符合下列规定：

（1）除直灌式加压送风方式外，楼梯间宜每隔2或3层设一个常开式百叶送风口；

（2）前室应每层设一个常闭式加压送风口，并应设手动开启装置；

（3）送风口的风速不宜大于7 m/s；

（4）送风口不宜设置在被门挡住的部位。

机械加压送风系统应采用管道送风，且不应采用土建风道。送风管道应采用不燃材料制作且内壁应光滑。当送风管道内壁为金属时，设计风速不应大于 20 m/s；当送风管道内壁为非金属时，设计风速不应大于 15 m/s；送风管道的厚度应符合现行国家标准《通风与空调工程施工质量验收规范》GB 50243—2016 的规定。机械加压送风管道的设置和耐火极限应符合下列规定：

（1）竖向设置的送风管道应独立设置在管道井内，当确有困难时，未设置在管道井内或与其他管道合用管道井的送风管道，其耐火极限不应低于 1 h；

（2）水平设置的送风管道，当设置在吊顶内时，其耐火极限不应低于 0.5 h；当未设置在吊顶内时，其耐火极限不应低于 1 h。

机械加压送风系统的管道井应采用耐火极限不低于 1 h 的隔墙与相邻部位分隔，当墙上必须设置检修门时应采用乙级防火门。采用机械加压送风的场所不应设置百叶窗，且不宜设置可开启外窗。设置机械加压送风系统的封闭楼梯间、防烟楼梯间，尚应在其顶部设置不小于 1 m² 的固定窗。靠外墙的防烟楼梯间，尚应在其外墙上每 5 层内设置总面积不小于 2 m² 的固定窗。设置机械加压送风系统的避难层（间），尚应在外墙设置可开启外窗，其有效面积不应小于该避难层（间）地面面积的 1%。有效面积的计算应符合规定。

消防验收常见问题：

（1）排烟风机出风口与送风机进风口位置、距离不符合规范要求。排烟风机出风口与加压风机的进风口垂直距离小于 6 m；排烟风机出风口低于加压风机的进风口排烟风机出风口与加压风机的进风口在同一面上时间距小于 20 m。依据《建筑防烟排烟系统技术标准》GB 51251—2017 第 3.3.5 条规定机械加压送风风机宜采用轴流风机或中、低压离心风机，其设置应符合下列规定：送风机的进风口不应与排烟风机的出风口设在同一面上。当确有困难时，送风机的进风口与排烟风机的出风口应分开布置，且竖向布置时，送风机的进风口应设置在排烟出口的下方，其两者边缘最小垂直距离不应小于 6 m；水平布置时，两者边缘最小水平距离不应小于 20 m。

（2）机械加压送风系统常开、常闭风口设置错误。依据《建筑防烟排烟系统技术标准》GB 51251—2017 设置机械加压送风系统的场所，楼梯间应设置常开风口，前室应设置常闭风口。

（3）建筑物的下列位置未采取防烟措施：① 防烟楼梯间及其前室；② 消防电梯前室或合用前室；③ 避难走道的前室、避难层（间）。《建筑设计防火规范》

GB 50016—2014 的 2018 版第 8.5.1 条的规定：上述部位应采取自然通风或机械加压方式防烟。

（4）建筑物的下列位置：① 防烟楼梯间及其前室；② 消防电梯前室或合用前室；③ 避难走道的前室、避难层（间）。采用自然通风方式防烟时，可开启外窗的面积未满足规范要求。《建筑防烟排烟系统技术标准》GB 51251—2017 第 3.2.2 条规定：前室采用自然通风方式时，独立前室、消防电梯前室可开启外窗或开口的面积不应小于 2.0 m²，共用前室、合用前室不应小于 3.0 m²。《建筑防烟排烟系统技术标准》（GB 51251—2017）3.2.3 条规定：采用自然通风方式的避难层（间）应设有不同朝向的可开启外窗，其有效面积不应小于该避难层（间）地面面积的 2%，且每个朝向的面积不应小于 2.0 m²。

（5）上述部位不能设置自然通风系统，应采用机械加压送风系统防烟：① 在独立前室或合用前室未满足"设有两个及以上不同朝向的可开启外窗，且独立前室两个外窗面积分别不小于 2.0 m²，合用前室两个外窗面积分别不小于 3.0 m²"条件时，楼梯间未设置防烟系统。② 当机械加压送风口未设置在独立前室、共用前室及合用前室的顶部或正对前室入口的墙面时，楼梯间未采用机械加压送风系统。其中净面积在《建筑防烟排烟系统技术标准》GB 51251—2017 第 3.1.3 条的规定：净面积指可以通风的有效面积。

（6）防烟楼梯间及前室设置机械加压送风系统，当采用合用前室时，楼梯间、合用前室未分别独立设置。《建筑防烟排烟系统技术标准》GB 51251—2017 第 3.1.5.2 条规定：当采用合用前室时，楼梯间、合用前室应分别独立设置机械加压送风系统。

（7）当地下、半地下建筑（室）的封闭楼梯间不与地上楼梯间共用且地下仅为一层时，可不设置机械加压送风系统，但首层未设置有效面积不小于 1.2 m² 的可开启外窗或直通室外的疏散门。《建筑防烟排烟系统技术标准》GB 51251—2017 第 3.1.6 条规定：当地下、半地下建筑（室）的封闭楼梯间不与地上楼梯间共用且地下仅为一层时，可不设置机械加压送风系统，但首层应设置有效面积不小于 1.2 m² 的可开启外窗或直通室外的疏散门。

（8）采用自然通风方式的封闭楼梯间、防烟楼梯间，未在最高部位设置面积不小于 1.0 m² 的可开启外窗或开口；设置机械加压送风系统的封闭楼梯间、防烟楼梯间，未在其顶部设置面积不小于 1.0 m² 的固定窗。《建筑防烟排烟系统技术标准》GB 51251—2017 第 3.2.1 条规定：采用自然通风方式的封闭楼梯间、防烟楼梯间，应在最高部位设置面积不小于 1.0 m² 的可开启外窗或开口。《建筑防烟排烟系统技术标准》GB 51251—2017 第 3.3.11 条规定:设置机械加压送风系统的封闭楼梯间、防烟楼梯间,尚应在其顶部设置不小于 1 m² 的固定窗。靠外墙的防烟楼梯间,尚应在其外墙上每 5 层内设置总面积不小于 2 m² 的固定窗。

(9)设置机械加压送风系统的楼梯间的地上部分与地下部分,其机械加压送风系统未分别独立设置。《建筑防烟排烟系统技术标准》(GB 51251—2017)3.3.4 条规定:设置机械加压送风系统的楼梯间的地上部分与地下部分,其机械加压送风系统应分别独立设置。

(10)机械加压送风风机进风口未直通室外,未采取防止烟气被吸入措施。《建筑防烟排烟系统技术标准》GB 51251—2017 第 3.3.5.3 条的规定:送风机的进风口不应与排烟风机的出风口设在同一面上。送风机的进风口应设置在排烟出口的下方,其两者边缘最小垂直距离不应小于 6 m;水平布置时,两者边缘最小水平距离不应小于 20 m。

(11)前室加压送风口未设置常闭式加压送风口及手动开启机构。《建筑防烟排烟系统技术标准》GB 51251—2017 第 3.3.6.2 条规定:前室应每层设一个常闭式加压送风口,并应设手动开启装置。

(12)前室加压送风口风速不满足设计要求。《建筑防烟排烟系统技术标准》GB 51251—2017 第 3.3.6.3 条规定:送风口风速不宜大于 7 m/s;3.4.6 条规定:门洞断面风速不应小于 1.0 m/s。

第三节 排烟系统

1. 系统设置

建筑排烟系统的设计应根据建筑的使用性质、平面布局等因素,优先采用自然排烟系统。同一个防烟分区应采用同一种排烟方式。

建筑的中庭、与中庭相连通的回廊及周围场所的排烟系统的设计应符合下列规定。

(1)中庭应设置排烟设施。

(2)周围场所应按现行国家标准《建筑设计防火规范》GB 50016—2014 中的规定设置排烟设施。

(3)回廊排烟设施的设置应符合下列规定:① 当周围场所各房间均设置排烟设施时,回廊可不设,但商店建筑的回廊应设置排烟设施;② 当周围场所任一房间未设置排烟设施时,回廊应设置排烟设施。

（4）当中庭与周围场所未采用防火隔墙、防火玻璃隔墙、防火卷帘时，中庭与周围场所之间应设置挡烟垂壁。

（5）中庭及其周围场所和回廊的排烟设计计算应符合规定。

（6）中庭及其周围场所和回廊应根据建筑构造及规定，选择设置自然排烟系统或机械排烟系统。

下列地上建筑或部位，当设置机械排烟系统时，尚应按要求在外墙或屋顶设置固定窗。

（1）任一层建筑面积大于 2 500 m² 的丙类厂房（仓库）。

（2）任一层建筑面积大于 3 000 m² 的商店建筑、展览建筑及类似功能的公共建筑。

（3）总建筑面积大于 1 000 m² 的歌舞、娱乐、放映、游艺场所。

（4）商店建筑、展览建筑及类似功能的公共建筑中长度大于 60 m 的走道。

（5）靠外墙或贯通至建筑屋顶的中庭。

2. 防烟分区

设置排烟系统的场所或部位应采用挡烟垂壁、结构梁及隔墙等划分防烟分区。防烟分区不应跨越防火分区。挡烟垂壁等挡烟分隔设施的深度不应小于相关规定的储烟仓厚度。对于有吊顶的空间，当吊顶开孔不均匀或开孔率小于或等于25%时，吊顶内空间高度不得计入储烟仓厚度。设置排烟设施的建筑内，敞开楼梯和自动扶梯穿越楼板的开口部应设置挡烟垂壁等设施。公共建筑、工业建筑防烟分区的最大允许面积及其长边最大允许长度应符合规定，当工业建筑采用自然排烟系统时，其防烟分区的长边长度尚不应大于建筑内空间净高的8倍。

3. 自然排烟设施

采用自然排烟系统的场所应设置自然排烟窗（口）。防烟分区内自然排烟窗（口）的面积、数量、位置应按规定经计算确定，且防烟分区内任一点与最近的自然排烟窗（口）之间的水平距离不应大于30 m。当工业建筑采用自然排烟方式时，其水平距离尚不应大于建筑内空间净高的2.8倍；当公共建筑空间净高大于或等于6 m，且具有自然对流条件时，其水平距离不应大于37.5 m。

自然排烟窗（口）应设置在排烟区域的顶部或外墙，并应符合下列规定。

（1）当设置在外墙上时，自然排烟窗（口）应在储烟仓以内，但走道、室内空间净高不大于3 m的区域的自然排烟窗（口）可设置在室内净高度的1/2以上；

（2）自然排烟窗（口）的开启形式应有利于火灾烟气的排出；

（3）当房间面积不大于200 m²时，自然排烟窗（口）的开启方向可不限；

（4）自然排烟窗（口）宜分散均匀布置，且每组的长度不宜大于3 m；

（5）设置在防火墙两侧的自然排烟窗（口）之间最近边缘的水平距离不应小于2 m。

厂房、仓库的自然排烟窗（口）设置尚应符合下列规定。

（1）当设置在外墙时，自然排烟窗（口）应沿建筑物的两条对边均匀设置。

（2）当设置在屋顶时，自然排烟窗（口）应在屋面均匀设置且宜采用自动控制方式开启；当屋面斜度小于或等于12°时，每200 m²的建筑面积应设置相应的自然排烟窗（口）；当屋面斜度大于12°时，每400 m²的建筑面积应设置相应的自然排烟窗（口）。

自然排烟窗（口）开启的有效面积尚应符合下列规定。

（1）当采用开窗角大于70°的悬窗时，其面积应按窗的面积计算；当开窗角小于或等于70°时，其面积应按窗最大开启时的水平投影面积计算。

（2）当采用开窗角大于70°的平开窗时，其面积应按窗的面积计算；当开窗角小于或等于70°时，其面积应按窗最大开启时的竖向投影面积计算。

（3）当采用推拉窗时，其面积应按开启的最大窗口面积计算。

（4）当采用百叶窗时，其面积应按窗的有效开口面积计算。

（5）当平推窗设置在顶部时，其面积可按窗的1/2周长与平推距离乘积计算，且不应大于窗面积。

（6）当平推窗设置在外墙时，其面积可按窗的1/4周长与平推距离乘积计算，且不应大于窗面积。

自然排烟窗（口）应设置手动开启装置，设置在高位不便于直接开启的自然排烟窗（口），应设置距地面高度1.3～1.5 m的手动开启装置。净空高度大于9 m的中庭、建筑面积大于2 000 m²的营业厅、展览厅、多功能厅等场所，尚应设置集中手动开启装置和自动开启设施。除洁净厂房外，设置自然排烟系统的任一层建筑面积大于2 500 m²的制鞋、制衣、玩具、塑料、木器加工储存等丙类工业建筑，除自然排烟所需排烟窗（口）外，尚宜在屋面上增设可熔性采光带（窗），其面积应符合下列规定。

（1）未设置自动喷水灭火系统的，或采用钢结构屋顶，或采用预应力钢筋混凝土屋面板的建筑，不应小于楼地面面积的10%；

（2）其他建筑不应小于楼地面面积的5%。

注：可熔性采光带（窗）的有效面积应按其实际面积计算。

消防验收常见问题。

（1）自然排烟窗设置高度及开启有效面积等不符合规范要求。依据《建筑防烟排烟系统技术标准》（GB 51251—2017）的规定自然排烟窗（口）应设置在排烟区域的顶部或外墙，并应符合下列规定：① 当设置在外墙上时，自然排烟窗（口）应在储烟仓以内，但走道、室内空间净高不大于 3 m 的区域的自然排烟窗（口）可设置在室内净高度的 1/2 以上；② 自然排烟窗（口）的开启形式应有利于火灾烟气的排出；③ 当房间面积不大于 200 m² 时，自然排烟窗（口）的开启方向可不限。

（2）设置在高位不便于直接开启的排烟窗未设置手动开启装置。依据《建筑防烟排烟系统技术标准》（GB 51251—2017）的规定，自然排烟窗（口）应设置手动开启装置，设置在高位不便于直接开启的自然排烟窗（口），应设置距地面高度 1.3～1.5 m 的手动开启装置。净空高度大于 9 m 的中庭、建筑面积大于 2 000 m² 的营业厅、展览厅、多功能厅等场所，尚应设置集中手动开启装置和自动开启设施。

4. 机械排烟设施

当建筑的机械排烟系统沿水平方向布置时，每个防火分区的机械排烟系统应独立设置。建筑高度超过 50 m 的公共建筑和建筑高度超过 100 m 的住宅，其排烟系统应竖向分段独立设置，且公共建筑每段高度不应超过 50 m，住宅建筑每段高度不应超过 100 m。排烟系统与通风、空气调节系统应分开设置；当确有困难时可以合用，但应符合排烟系统的要求，且当排烟口打开时，每个排烟合用系统的管道上需联动关闭的通风和空气调节系统的控制阀门不应超过 10 个。排烟风机宜设置在排烟系统的最高处，烟气出口宜朝上，并应高于加压送风机和补风机的进风口，两者垂直距离或水平距离应符合规定。排烟风机应设置在专用机房内，并应符合规定，且风机两侧应有 600 mm 以上的空间。对于排烟系统与通风空气调节系统共用的系统，其排烟风机与排风风机的合用机房应符合下列规定。

（1）机房内应设置自动喷水灭火系统；

（2）机房内不得设置用于机械加压送风的风机与管道；

（3）排烟风机与排烟管道的连接部件应能在 280 ℃时连续 30 min 保证其结构完整性。

排烟风机应满足 280 ℃时连续工作 30 min 的要求，排烟风机应与风机入口处的排烟防火阀连锁，当该阀关闭时，排烟风机应能停止运转。机械排烟系统应采用管道排烟,且不应采用土建风道。排烟管道应采用不燃材料制作且内壁应光滑。当排烟管道内壁为金属时,管道设计风速不应大于 20 m/s;当排烟管道内壁为非金属时,管道设计风速不应大于 15 m/s;排烟管道的厚度应按现行国家标准《通风与空调工程施工质量验收规范》GB 50243—2016 的有关规定执行。

排烟管道的设置和耐火极限应符合下列规定:

(1)排烟管道及其连接部件应能在 280 ℃时连续 30 min 保证其结构完整性。

(2)竖向设置的排烟管道应设置在独立的管道井内,排烟管道的耐火极限不应低于 0.5 h。

(3)水平设置的排烟管道应设置在吊顶内,其耐火极限不应低于 0.5 h;当确有困难时,可直接设置在室内,但管道的耐火极限不应小于 1 h。

(4)设置在走道部位吊顶内的排烟管道,以及穿越防火分区的排烟管道,其管道的耐火极限不应小于 1 h,但设备用房和汽车库的排烟管道耐火极限可不低于 0.5 h。

当吊顶内有可燃物时,吊顶内的排烟管道应采用不燃材料进行隔热,并应与可燃物保持不小于 150 mm 的距离。排烟管道下列部位应设置排烟防火阀。

(1)垂直风管与每层水平风管交接处的水平管段上;

(2)一个排烟系统负担多个防烟分区的排烟支管上;

(3)排烟风机入口处;

(4)穿越防火分区处。

设置排烟管道的管道井应采用耐火极限不小于 1 h 的隔墙与相邻区域分隔;当墙上必须设置检修门时,应采用乙级防火门。排烟口的设置应经计算确定,且防烟分区内任一点与最近的排烟口之间的水平距离不应大于 30 m。排烟口的设置尚应符合下列规定。

(1)排烟口宜设置在顶棚或靠近顶棚的墙面上。

(2)排烟口应设在储烟仓内,但走道、室内空间净高不大于 3 m 的区域,其排烟口可设置在其净空高度的 1/2 以上;当设置在侧墙时,吊顶与其最近边缘的距离不应大于 0.5 m。

(3)对于需要设置机械排烟系统的房间,当其建筑面积小于 50 m² 时,可通过走道排烟,排烟口可设置在疏散走道;排烟量应按规定计算。

(4)火灾时由火灾自动报警系统联动开启排烟区域的排烟阀或排烟口,应在现场设置手动开启装置。

(5)排烟口的设置宜使烟流方向与人员疏散方向相反,排烟口与附近安全出口相邻边缘之间的水平距离不应小于 1.5 m。

（6）每个排烟口的排烟量不应大于最大允许排烟量，最大允许排烟量应按相关规定计算确定。

（7）排烟口的风速不宜大于 10 m/s。

当排烟口设在吊顶内且通过吊顶上部空间进行排烟时，应符合下列规定：

（1）吊顶应采用不燃材料，且吊顶内不应有可燃物。

（2）封闭式吊顶上设置的烟气流入口的颈部烟气速度不宜大于 1.5 m/s。

（3）非封闭式吊顶的开孔率不应小于吊顶净面积的 25%，且孔洞应均匀布置。

按规定需要设置固定窗时，固定窗的布置应符合下列规定。

（1）非顶层区域的固定窗应布置在每层的外墙上。

（2）顶层区域的固定窗应布置在屋顶或顶层的外墙上，但未设置自动喷水灭火系统的以及采用钢结构屋顶或预应力钢筋混凝土屋面板的建筑应布置在屋顶。

固定窗的设置和有效面积应符合下列规定。

（1）设置在顶层区域的固定窗，其总面积不应小于楼地面面积的 2%。

（2）设置在靠外墙且不位于顶层区域的固定窗，单个固定窗的面积不应小于 1 m²，且间距不宜大于 20 m，其下沿距室内地面的高度不宜小于层高的 1/2。供消防救援人员进入的窗口面积不计入固定窗面积，但可组合布置。

（3）设置在中庭区域的固定窗，其总面积不应小于中庭楼地面面积的 5%。

（4）固定玻璃窗应按可破拆的玻璃面积计算，带有温控功能的可开启设施应按开启时的水平投影面积计算。

固定窗宜按每个防烟分区在屋顶或建筑外墙上均匀布置且不应跨越防火分区。除洁净厂房外，设置机械排烟系统的任一层建筑面积大于 2 000 m² 的制鞋、制衣、玩具、塑料、木器加工储存等丙类工业建筑，可采用可熔性采光带（窗）替代固定窗，其面积应符合下列规定。

（1）未设置自动喷水灭火系统的或采用钢结构屋顶或预应力钢筋混凝土屋面板的建筑，不应小于楼地面面积的 10%；

（2）其他建筑不应小于楼地面面积的 5%；可熔性采光带（窗）的有效面积应按其实际面积计算。

消防验收常见问题。

（1）机械排烟口未设置手动开启装置。依据《建筑防烟排烟系统技术标

准》(GB 51251—2017)的规定火灾时由火灾自动报警系统联动开启排烟区域的
排烟阀或排烟口,应在现场设置手动开启装置。

（2）排烟口位置不符合规范要求,距最远点水平距离大于 30 m 距安全出口位置
小于 1.5 m。依据《建筑防烟排烟系统技术标准》(GB 51251—2017)的规定,防
烟分区内自然排烟窗(口)的面积、数量、位置应按规定经计算确定,且防烟分区
内任一点与最近的自然排烟窗(口)之间的水平距离不应大于 30 m。排烟口的设
置宜使烟流方向与人员疏散方向相反,排烟口与附近安全出口相邻边缘之间的
水平距离不应小于 1.5 m。设置在顶部的排烟口、排烟阀未设置手动控制装置。

（3）挡烟垂壁挡烟分隔设施深度不够,排烟口未设在储烟仓内。主原因要是
设计人员对规范理解有误,认为只要储烟仓厚度不小于 500 mm 即可。排烟口设
置的位置如果不合理的话,可能严重影响排烟功效,造成烟气组织混乱,故要求
排烟口必须设置在储烟仓内,考虑到走道吊顶上方会有大量风道、水管、电缆桥
架等的存在,在吊顶上布置排烟口有困难时,可以将排烟口布置在紧贴走道吊顶
的侧墙上,但是走道内排烟口应设置在其净空高度的 1/2 以上,为了及时将积聚
在吊顶下的烟气排除,防止排烟口吸入过多的冷空气,还要求排烟口最近的边缘
与吊顶的距离不应大于 0.5 m。

（4）排烟防火阀设置不符合规范要求。风管穿越防火分区,防火分割处未设
置防火阀;防火阀安装距墙体超过 200 mm(图 12-3-1)。依据《建筑防烟排烟系
统技术标准》(GB 51251—2017)的规定排烟管道的下列部位应设置排烟防火阀:
① 垂直风管与每层水平风管交接处的水平管段上;② 一个排烟系统负担多个防
烟分区的排烟支管上;③ 排烟风机入口处;④ 穿越防火分区处。

图 12-3-1　防火分区隔墙两侧的排烟防火阀距墙端面距离不符合要求

（5）人防工程地下车库机械排烟系统排烟风机出风口未接入排风竖井，而是接入集气室（图12-3-2），通过集气室间接排入竖井，集气室与风机房之间（排烟通道内）设有防火门，排烟风机运行时因门缝密闭不严造成烟气倒灌进入风机房甚至车库，影响系统使用功能。《建筑防烟排烟系统技术标准》GB 51251 对排烟管道有严格规定：机械排烟系统应采用管道排烟，且不应采用土建风道。集气室和密闭通道均为混凝土结构小间，因此不满足管道排烟要求。机械补风系统亦有类似问题。

图 12-3-2　人防工程排烟系统通过混凝土集气室接入竖井不符合要求

（6）暖通专业图纸设计深度不够，防排烟系统划分及编号不清，缺少相关内容标注。依据《建筑工程设计文件编制深度规定》平面图。通风、空调、防排烟风道平面用双线绘出风道，复杂的平面应标出气流方向。标注风道尺寸（圆形风道注管径、矩形风道注宽×高）、主要风道定位尺寸、标高及风口尺寸，各种设备及风口安装的定位尺寸和编号，消声器、调节阀、防火阀等各种部件位置，标注风口设计风量（当区域内各风口设计风量相同时也可按区域标注设计风量）。风道平面应表示出防火分区，排烟风道平面还应表示出防烟分区。

（7）暖通专业设计人员未能将通风专业设计条件明确提供给建筑专业，使建筑专业设计人员选用的自然排烟窗在开启方式、开启角度和有效面积等方面不能满足规范要求。自然通风设施亦有类似问题。《建筑防烟排烟系统技术标准》GB 51251 对各种自然排烟和自然通风设施均有相应规定。

（8）部分场所漏设防排烟设施，如无自然通风长度超过 20 m 的内走道；超过 60 m 长度的走道；面积超过 100 m² 的区域等。《建筑设计防火规范》（GB

50016—2014)对需设置防排烟设施的场所做出了明确规定。

（9）设置排烟系统的场所或部位未设置挡烟垂壁（图 12-3-3），规范要求设置排烟系统的场所或部位应采用挡烟垂壁、结构梁及隔墙等划分防烟分区。防烟分区不应跨越防火分区。

图 12-3-3　设置排烟系统的部位未设置挡烟垂壁，不满足规范要求

（10）排烟口设置间距不符合要求（图 12-3-4）。排烟口的设置间距应经计算确定，且防烟分区内任一点与最近的排烟口之间的水平距离不应大于 30 m。

图 12-3-4　排烟口设置间距不符合要求

（11）排烟系统吸入口最低点之下烟气层厚度不符合要求（图 12-3-5）。机械排烟系统中，单个排烟口的最大允许排烟量按公式计算，或按《建筑防排烟系

统技术标准》附录 B 选取。两种方式均对吸入口最低点之下烟气层厚度有相关要求。

图 12-3-5　排烟系统吸入口最低点之下烟气层厚度不符合要求

（12）机械排烟系统排烟竖井封堵不符合要求（图 12-3-6）。设置排烟管道的管道井应采用耐火极限不小于 1.00 h 的隔墙与相邻区域分隔；当墙上必须设置检修门时，应采用乙级防火门。

图 12-3-6　机械排烟系统排烟竖井封堵不符合要求

（13）加压送风口的设置不符合规定（图 12-3-7），送风口不宜设置在被门挡住的部位。

图 12-3-7 送风口设置在被门挡住的部位,不符合要求

（14）自然排烟窗（口）开启的有效面积不符合规定（图 12-3-8）。当采用开窗角大于 70° 的悬窗时,其面积应按窗的面积计算;当开窗角小于或等于 70° 时,其面积应按窗最大开启时的水平投影面积计算。

图 12-3-8 自然排烟窗开启的有效面积不符合要求

（15）厂房或仓库的下列场所或部位未设置排烟设施:① 人员或可燃物较多的丙类生产场所,丙类厂房内建筑面积大于 300 m² 且经常有人停留或可燃物较多的地上房间;② 建筑面积大于 5 000 m² 的丁类生产车间;③ 占地面积大于 1 000 m² 的丙类仓库;④ 高度大于 32 m 的高层厂房（仓库）内长度大于 20 m 的疏散走道,其他厂房（仓库）内长度大于 40 m 的疏散走道。《建筑设计防火规范》（GB 50016—2014）2018 版第 8.5.2 条规定:工业建筑中应设置排烟设施的场所

或部位。

（16）民用建筑下列部位未采取排烟措施：① 设置在一、二、三层且房间建筑面积大于 100 m² 的歌舞娱乐放映游艺场所，设置在四层及以上楼层、地下或半地下的歌舞娱乐放映游艺场所；② 中庭（图 11-3-9）；③ 公共建筑内建筑面积大于 100 m² 且经常有人停留的地上房间；④ 公共建筑内建筑面积大于 300 m² 且可燃物较多的地上房间；⑤ 建筑内长度大于 20 m 的疏散走道。《建筑设计防火规范》（GB 50016—2014）2018 版第 8.5.3 条规定：民用建筑中应设置排烟设施的场所或部位。

图 12-3-9　设置在中庭顶部的机械排烟口

（17）地下或半地下建筑（室）、地上建筑内的无窗房间，当总建筑面积大于 200 m² 或一个房间建筑面积大于 50 m²，且经常有人停留或可燃物较多时，未设置排烟设施。《建筑设计防火规范》（GB 50016—2014）2018 版第 8.5.4 条规定：应设置排烟设施的场所。

（18）同一个防烟分区未采用同一种排烟方式。《建筑防烟排烟系统技术标准》（GB 51251—2017）4.1.2 条规定：同一个防烟分区应采用同一种排烟方式。

（19）采用自然排烟系统时，防烟分区内有与最近的自然排烟窗之间的水平距离超过 30 m 的部位，不符合规范要求。《建筑防烟排烟系统技术标准》（GB 51251—2017）4.3.2 条规定：防烟分区内自然排烟窗（口）的面积、数量、位置应按本标准第 4.6.3 条规定经计算确定，且防烟分区内任一点与最近的自然排烟窗（口）之间的水平距离不应大于 30 m。

（20）自然排烟窗未设置在排烟区域的顶部或外墙。如：当设置在外墙上时，自然排烟窗应在储烟仓以内,但走道、室内空间净高不大于 3 m 的区域的自然排烟窗可设置在室内净高度的 1/2 以上(图 11-3-10)。《建筑防烟排烟系统技术标准》(GB 51251—2017)4.3.3 条规定:当设置在外墙上时,自然排烟窗(口)应在储烟仓以内。

图 12-3-10 自然排烟窗未设置在室内净高的 1/2 以上

(21)自然排烟窗开启的有效面积不足。《建筑防烟排烟系统技术标准》(GB 51251—2017)4.3.5 条规定:可开启外窗(形式有上悬窗、中悬窗、下悬窗、平推窗、平开窗和推拉窗)必须设置在储烟仓内(图 12-3-11),其有效面积应计算确定。

图 12-3-11 排烟窗未设置在储烟仓内

（22）设置在高位的自然排烟窗，未设置便于手动开启的装置。《建筑防烟排烟系统技术标准》（GB 51251—2017）4.3.6 条规定：自然排烟窗（口）应设置手动开启装置，设置在高位不便于直接开启的自然排烟窗（口），应设置距地面高度 1.3 m～1.5 m 的手动开启装置（图 12-3-12）。

图 12-3-12　设置在中庭高处的自然排烟窗未设置手动开启装置

（23）排烟口的设置在防烟分区内有部位与最近的排烟口之间的水平距离超过 30 m，不符合规范要求。《建筑防烟排烟系统技术标准》（GB 51251—2017）4.4.12 条规定：防烟分区内任一点与最近的排烟口之间的水平距离不应大于 30 m。

（24）排烟口与附近安全出口距离小于 1.5 m，影响安全疏散。《建筑防烟排烟系统技术标准》（GB 51251—2017）4.4.12.5 条规定：排烟口的设置宜使烟流方向与人员疏散方向相反，排烟口与附近安全出口相邻边缘之间的水平距离不应小于 1.5 m。

（25）排烟口未设在储烟仓内（但走道、室内空间净高不大于 3 m 的区域，其排烟口可设置在其净空高度的 1/2 以上）；当设置在侧墙时，吊顶与其最近边缘的距离大于 0.5 m。《建筑防烟排烟系统技术标准》（GB 51251—2017）4.4.12.2 条规定：当排烟口设置在侧墙时，吊顶与其最近边缘的距离不应大于 0.5 m。

（26）补风口与排烟口在同一防烟分区时，补风口未设在储烟仓以下；室内补风口与排烟口水平距离小于 5 m（图 12-3-13），不符合规范要求。《建筑防烟排烟系统技术标准》（GB 51251—2017）4.5.4 条规定：当补风口与排烟口设置在同一防烟分区时，补风口应设在储烟仓下沿以下；补风口与排烟口水平距离不应少于 5 m。

图 12-3-13　室内补风口与排烟口水平距离小于 5 m,不符合规范要求

（27）其他问题。机械排烟系统的排烟量偏小,机械防烟系统的正压送风量偏小;地下室机械排烟系统的排烟口与排风口不能联动切换;通风、空调系统的风管穿越防火分区、穿越通风空调机房及重要的或火灾危险性大的房间隔墙和楼板处未设防火阀;厨房、浴室、厕所等垂直排风管道,未采取防火回流的措施,未在支管上设置防火阀;送风口设置位置偏高,排烟口设置位置偏低;排烟系统最小清晰高度不符合要求(图 12-3-14);排烟系统板式排烟口安装错误(图 12-3-15);排烟系统排烟口朝向室外空气动力阴影区;排烟管道采用共板法兰连接;排烟机与排烟管道连接的软接头采用普通帆布;防火阀、排烟防火阀未设置

图 12-3-14　排烟系统最小清晰高度不符合要求

独立支架和作防火处理;地下室的排烟系统设置未能与人防协调好,排出的烟被人防门挡回等,影响排烟效果等。

图 12-3-15 排烟系统板式排烟口安装不符合要求

5. 补风系统

除地上建筑的走道或建筑面积小于 $500\ m^2$ 的房间外,设置排烟系统的场所应设置补风系统。补风系统应直接从室外引入空气,且补风量不应小于排烟量的 50%。补风系统可采用疏散外门、手动或自动可开启外窗等自然进风方式以及机械送风方式。防火门、窗不得用作补风设施。风机应设置在专用机房内。补风口与排烟口设置在同一空间内相邻的防烟分区时,补风口位置不限;当补风口与排烟口设置在同一防烟分区时,补风口应设在储烟仓下沿以下;补风口与排烟口水平距离不应少于 $5\ m$。补风系统应与排烟系统联动开启或关闭。机械补风口的风速不宜大于 $10\ m/s$,人员密集场所补风口的风速不宜大于 $5\ m/s$;自然补风口的风速不宜大于 $3\ m/s$。补风管道耐火极限不应低于 $0.5\ h$,当补风管道跨越防火分区时,管道的耐火极限不应小于 $1.5\ h$。

第四节 系统控制

1. 防烟系统的系统控制应符合下列规定

机械加压送风系统应与火灾自动报警系统联动,其联动控制应符合现行国家标准《火灾自动报警系统设计规范》GB 50116—2013 的有关规定。加压送风机的启动应符合下列规定:① 现场手动启动;② 通过火灾自动报警系统自动启动;

③ 消防控制室手动启动;④ 系统中任一常闭加压送风口开启时,加压风机应能自动启动。当防火分区内火灾确认后,应能在 15 s 内联动开启常闭加压送风口和加压送风机,并应符合下列规定:① 应开启该防火分区楼梯间的全部加压送风机;② 应开启该防火分区内着火层及其相邻上下层前室及合用前室的常闭送风口,同时开启加压送风机。机械加压送风系统宜设有测压装置及风压调节措施。消防控制设备应显示防烟系统的送风机、阀门等设施启闭状态。

活动挡烟垂壁应具有火灾自动报警系统自动启动和现场手动启动功能,当火灾确认后,火灾自动报警系统应在 15 s 内联动相应防烟分区的全部活动挡烟垂壁,60 s 以内挡烟垂壁应开启到位。自动排烟窗可采用与火灾自动报警系统联动和温度释放装置联动的控制方式。当采用与火灾自动报警系统自动启动时,自动排烟窗应在 60 s 内或小于烟气充满储烟仓时间内开启完毕。带有温控功能自动排烟窗,其温控释放温度应大于环境温度 30 ℃ 且小于 100 ℃。消防控制设备应显示排烟系统的排烟风机、补风机、阀门等设施启闭状态。

消防验收常见问题:

(1)送风口、排烟口动作不能联动加压送风机、排烟风机正常启动。依据《建筑防烟排烟系统技术标准》(GB 51251—2017)第 5.1.2 条之规定,加压送风机的启动应符合下列规定:① 现场手动启动;② 通过火灾自动报警系统自动启动;③ 消防控制室手动启动;④ 系统中任一常闭加压送风口开启时,加压风机应能自动启动。第 5.2.2 条之规定,排烟风机、补风机的控制方式应符合下列规定:① 现场手动启动;② 火灾自动报警系统自动启动;③ 消防控制室手动启动;④ 系统中任一排烟阀或排烟口开启时,排烟风机、补风机自动启动;⑤ 排烟防火阀在 280 ℃ 时应自行关闭,并应连锁关闭排烟风机和补风机。

(2)机械排烟系统未按防烟分区控制。依据《建筑防烟排烟系统技术标准》(GB 51251—2017)第 5.2.4 条之规定,当火灾确认后,担负两个及以上防烟分区的排烟系统,应仅打开着火防烟分区的排烟阀或排烟口,其他防烟分区的排烟阀或排烟口应呈关闭状态。

(3)排烟风机与风机入口处的排烟防火阀未进行连锁控制,导致该阀关闭时不能连锁停风机。依据《建筑防烟排烟系统技术标准》GB 51251—2017 第 4.4.6 条排烟风机应满足 280 ℃ 时连续工作 30 min 的要求,排烟风机应与风机入口处的排烟防火阀连锁,当该阀关闭时,排烟风机应能停止运转。

(4)活动挡烟垂壁、自动排烟窗不能正常手动开启和复位。《建筑防烟排烟系统技术标准》(GB 51251—2017)7.2.3、7.2.4 条规定:手动操作挡烟垂壁按钮进行开启、复位试验，挡烟垂壁应灵敏、可靠地启动与到位后停止，下降高度应符合设计要求。手动操作排烟窗开关进行开启、关闭试验，排烟窗动作应灵敏、可靠。

（5）常闭送风口、排烟阀或排烟口、活动挡烟垂壁、排烟窗的手动驱动装置未固定安装在明显可见、距楼地面 1.3～1.5 m 之间便于操作的位置。《建筑防烟排烟系统技术标准》（GB 51251—2017）6.4.3、6.4.4、6.4.5 条规定：手动驱动装置应固定安装在明显可见、距楼地面 1.3～1.5 m 之间便于操作的位置，预埋套管不得有死弯及瘪陷，手动驱动装置操作应灵活。

（6）机械加压送风系统的联动测试，现场无法实现：当任何一个常闭送风口开启时，相应的送风机联动启动。《建筑防烟排烟系统技术标准》（GB 51251—2017）5.1.2 条规定：加压送风机的启动应符合下列规定：① 现场手动启动；② 通过火灾自动报警系统自动启动；③ 消防控制室手动启动；④ 系统中任一常闭加压送风口开启时，加压风机应能自动启动。机械排烟系统的联动测试，现场无法实现：当任何一个常闭排烟阀或排烟口开启时，相应的排烟风机联动启动。《建筑防烟排烟系统技术标准》（GB 51251—2017）5.2.2 条规定：排烟风机、补风机的控制方式应符合下列规定：① 现场手动启动；② 火灾自动报警系统自动启动；③ 消防控制室手动启动；④ 系统中任一排烟阀或排烟口开启时，排烟风机、补风机自动启动；⑤ 排烟防火阀在 280 ℃时应自行关闭，并应连锁关闭排烟风机和补风机。

（7）机械排烟系统风机启动后，测量排烟口处的风速，风速、风量达不到设计要求，偏差大于设计值的 10%。《建筑防烟排烟系统技术标准》（GB 51251—2017）8.2.6 条规定：开启任一防烟分区的全部排烟口，风机启动后测试排烟口处的风速，风速、风量应符合设计要求且偏差不大于设计值的 10%。

（8）有补风系统的场所，测量补风口风速，风速、风量不符合设计要求，偏差大于设计值的 10%。《建筑防烟排烟系统技术标准》（GB 51251—2017）8.2.6 条规定：设有补风系统的场所，应测试补风口风速，风速、风量应符合设计要求且偏差不大于设计值的 10%。

（9）消防控制设备未显示防烟系统的送风机、阀门等设施启闭状态。《建筑防烟排烟系统技术标准》（GB 51251—2017）5.2.7 条规定：消防控制设备应显示排烟系统的排烟风机、补风机、阀门等设施启闭状态。

第五节 系统施工

1. 防烟、排烟系统的分部、分项工程划分按规定执行。

防烟、排烟系统施工前应具备下列条件。

（1）经批准的施工图、设计说明书等设计文件应齐全；

（2）设计单位应向施工、建设、监理单位进行技术交底；

（3）系统主要材料、部件、设备的品种、型号规格符合设计要求，并能保证正常施工；

（4）施工现场及施工中的给水、供电、供气等条件满足连续施工作业要求；

（5）系统所需的预埋件、预留孔洞等施工前期条件符合设计要求。

防烟、排烟系统的施工现场应进行质量管理，并应按要求进行检查记录。防烟、排烟系统应按下列规定进行施工过程质量控制。

（1）施工前，应对设备、材料及配件进行现场检查，检验合格后经监理工程师签证方可安装使用；

（2）施工应按批准的施工图、设计说明书及其设计变更通知单等文件的要求进行；

（3）各工序应按施工技术标准进行质量控制，每道工序完成后，应进行检查，检查合格后方可进入下道工序；

（4）相关各专业工种之间交接时，应进行检验，并经监理工程师签证后方可进入下道工序；

（5）施工过程质量检查内容、数量、方法应符合本标准相关规定；

（6）施工过程质量检查应由监理工程师组织施工单位人员完成；

（7）系统安装完成后，施工单位应按相关专业调试规定进行调试；

（8）系统调试完成后，施工单位应向建设单位提交质量控制资料和各类施工过程质量检查记录。

防烟、排烟系统中的送风口、排风口、排烟防火阀、送风风机、排烟风机、固定窗等应设置明显永久标识。防烟、排烟系统施工过程质量检查记录应由施工单位质量检查员按规定填写，监理工程师进行检查，并做出检查结论。防烟、排烟系统工程质量控制资料应按要求填写。

2. 进场检验

风管应符合下列规定。

（1）风管的材料品种、规格、厚度等应符合设计要求和现行国家标准的规定。当采用金属风管且设计无要求时，钢板或镀锌钢板的厚度应符合规定。

（2）有耐火极限要求的风管的本体、框架与固定材料、密封垫料等必须为不燃材料，材料品种、规格、厚度及耐火极限等应符合设计要求和国家现行标准的规定。

防烟、排烟系统中各类阀（口）应符合下列规定。

（1）排烟防火阀、送风口、排烟阀或排烟口等必须符合有关消防产品标准的规定，其型号、规格、数量应符合设计要求，手动开启灵活、关闭可靠严密。

（2）防火阀、送风口和排烟阀或排烟口等的驱动装置，动作应可靠，在最大工作压力下工作正常。

（3）防烟、排烟系统柔性短管的制作材料必须为不燃材料。

风机应符合产品标准和有关消防产品标准的规定，其型号、规格、数量应符合设计要求，出口方向应正确。活动挡烟垂壁及其电动驱动装置和控制装置应符合有关消防产品标准的规定，其型号、规格、数量应符合设计要求，动作可靠。自动排烟窗的驱动装置和控制装置应符合设计要求，动作可靠。防烟、排烟系统工程进场检验记录应按规定填写。

3. 风管安装

金属风管的制作和连接应符合下列规定。

（1）风管采用法兰连接时，风管法兰材料规格应按相关要求选用，其螺栓孔的间距不得大于 150 mm，矩形风管法兰四角处应设有螺孔；

（2）板材应采用咬口连接或铆接，除镀锌钢板及含有复合保护层的钢板外，板厚大于 1.5 mm 的可采用焊接；

（3）风管应以板材连接的密封为主，可辅以密封胶嵌缝或其他方法密封，密封面宜设在风管的正压侧；

（4）无法连接风管的薄钢板法兰高度及连接应相关规定执行；

（5）排烟风管的隔热层应采用厚度不小于 40 mm 的不燃绝热材料，绝热材料的施工及风管加固、导流片的设置应按现行国家标准《通风与空调工程施工质量验收规范》GB 50243 的有关规定执行。

非金属风管的制作和连接应符合下列规定。

（1）非金属风管的材料品种、规格、性能与厚度等应符合设计和现行国家产品标准的规定；

（2）法兰的规格应分别符合本标准表 6.3.2 的规定，其螺栓孔的间距不得大

于 120 mm,矩形风管法兰的四角处应设有螺孔;

(3)采用套管连接时,套管厚度不得小于风管板材的厚度;

(4)无机玻璃钢风管的玻璃布必须无碱或中碱,层数应符合现行国家标准《通风与空调工程施工质量验收规范》GB 50243—2016 的规定,风管的表面不得出现泛卤或严重泛霜。

风管应按系统类别进行强度和严密性检验,其强度和严密性应符合设计要求或下列规定。

(1)风管强度应符合现行行业标准《通风管道技术规程》JGJ/T141 的规定。

(2)金属矩形风管的允许漏风量应符合规定。

(3)风管系统类别应按相关规定划分。

(4)金属圆形风管、非金属风管允许的气体漏风量应为金属矩形风管规定值的 50%。

(5)排烟风管应按中压系统风管的规定。检查产品合格证明文件和测试报告或进行测试。系统的强度和漏风量测试方法按现行行业标准《通风管道技术规程》JGJ/T 141—2017 的有关规定执行。

风管的安装应符合下列规定。

(1)风管的规格、安装位置、标高、走向应符合设计要求,且现场风管的安装不得缩小接口的有效截面。

(2)风管接口的连接应严密、牢固,垫片厚度不应小于 3 mm,不应凸入管内和法兰外;排烟风管法兰垫片应为不燃材料,薄钢板法兰风管应采用螺栓连接。

(3)风管吊、支架的安装应按现行国家标准《通风与空调工程施工质量验收规范》GB 50243 的有关规定执行。

(4)风管与风机的连接宜采用法兰连接,或采用不燃材料的柔性短管连接。当风机仅用于防烟、排烟时,不宜采用柔性连接。

(5)风管与风机连接若有转弯处宜加装导流叶片,保证气流顺畅。

(6)当风管穿越隔墙或楼板时,风管与隔墙之间的空隙应采用水泥砂浆等不燃材料严密填塞。

(7)吊顶内的排烟管道应采用不燃材料隔热,并应与可燃物保持不小于150 mm 的距离。

风管(道)系统安装完毕后,应按系统类别进行严密性检验,检验应以主、干管道为主,漏风量应符合设计规定。系统的严密性检验测试按现行国家标准《通风与空调工程施工质量验收规范》GB 50243—2016 的有关规定执行。

4. 部件安装

排烟防火阀的安装应符合下列规定。

（1）型号、规格及安装的方向、位置应符合设计要求；

（2）阀门应顺气流方向关闭，防火分区隔墙两侧的排烟防火阀距墙端面不应大于 200 mm；

（3）手动和电动装置应灵活、可靠，阀门关闭严密；

（4）应设独立的支、吊架，当风管采用不燃材料防火隔热时，阀门安装处应有明显标识。

送风口、排烟阀或排烟口的安装位置应符合标准和设计要求，并应固定牢靠，表面平整、不变形，调节灵活；排烟口距可燃物或可燃构件的距离不应小于 1.5 m。常闭送风口、排烟阀或排烟口的手动驱动装置应固定安装在明显可见、距楼地面 1.3～1.5 m 之间便于操作的位置，预埋套管不得有死弯及瘪陷，手动驱动装置操作应灵活。

挡烟垂壁的安装应符合下列规定。

（1）型号、规格、下垂的长度和安装位置应符合设计要求；

（2）活动挡烟垂壁与建筑结构（柱或墙）面的缝隙不应大于 60 mm，由两块或两块以上的挡烟垂帘组成的连续性挡烟垂壁，各块之间不应有缝隙，搭接宽度不应小于 100 mm；

（3）活动挡烟垂壁的手动操作按钮应固定安装在距楼地面 1.3～1.5 m 之间便于操作、明显可见处。

排烟窗的安装应符合下列规定。

（1）型号、规格和安装位置应符合设计要求；

（2）安装应牢固、可靠，符合有关门窗施工验收规范要求，并应开启、关闭灵活；

（3）手动开启机构或按钮应固定安装在距楼地面 1.3～1.5 m 之间，并应便于操作、明显可见；

（4）自动排烟窗驱动装置的安装应符合设计和产品技术文件要求，并应灵活、可靠。

5. 风机安装

风机的型号、规格应符合设计规定，其出口方向应正确，排烟风机的出口与加压送风机的进口之间的距离应符合规定。风机外壳至墙壁或其他设备的距离不应小于 600 mm。风机应设在混凝土或钢架基础上,且不应设置减振装置;若排烟系统与通风空调系统共用且需要设置减振装置时,不应使用橡胶减振装置。吊装风机的支、吊架应焊接牢固、安装可靠,其结构形式和外形尺寸应符合设计或设备技术文件要求。风机驱动装置的外露部位应装设防护罩;直通大气的进、出风口应装设防护网或采取其他安全设施,并应设防雨措施。

6. 消防验收常见问题

(1)风机驱动装置的外露部位未装设防护罩;直通大气的进、出风口未装设防护网,未设防雨措施。《建筑防烟排烟系统技术标准》(GB 51251—2017)6.5.5条规定:风机驱动装置的外露部位应装设防护罩;直通大气的进、出风口应装设防护网或采取其他安全设施,并应设防雨措施。

(2)风机未设置在混凝土或钢架基础上,或设置了减振装置。《建筑防烟排烟系统技术标准》(GB 51251—2017)6.5.3条规定:风机应设置在混凝土或钢架基础上,且不应设置减振装置;若排烟系统与通风空调系统共用且需要设置减振装置时,不应采用橡胶减振装置。

(3)排烟口安装间距太小,影响排烟风口排烟量。《建筑防烟排烟系统技术标准》(GB 51251—2017)4.6.14条规定:机械排烟系统中,单个排烟口的最大允许排烟量应计算确定。

(4)机械防烟、排烟系统中的风阀等部件未正确安装,影响系统功能。《建筑防烟排烟系统技术标准》(GB 51251—2017)6.4.1条规定:防火阀的安装应方向正确、灵活可靠、关闭严密,并设置明显标识。

(5)排烟管道下列部位漏设排烟防火阀:① 垂直风管与每层水平风管交接处的水平管段上;② 一个排烟系统负担多个防烟分区的排烟支管;③ 排烟风机入口处;④ 穿越防火分区处。《建筑防烟排烟系统技术标准》(GB 51251—2017)4.4.10条规定:排烟管道应设置排烟防火阀的部位。

(6)防火阀未设置独立支、吊架。《建筑防烟排烟系统技术标准》(GB 51251—2017)6.4.1.4条规定:排烟防火阀应设独立的支、吊架,当风管采用不燃材料防火隔热时,阀门安装处应有明显标识。

(7)当风管穿越隔墙或楼板时,风管与隔墙之间的空隙未采用水泥砂浆等不燃材料严密填塞。《建筑防烟排烟系统技术标准》(GB 51251—2017)6.3.4.6条规定:当风管穿越隔墙或楼板时,风管与隔墙之间的空隙应采用水泥砂浆等不燃材料严密填塞。

(8)防火分区隔墙两侧的排烟防火阀距墙大于 200 mm,不符合规范要求。

《建筑防烟排烟系统技术标准》（GB 51251—2017）6.4.1.2 条规定：排烟防火阀应顺气流方向关闭，防火分区隔墙两侧的排烟防火阀距墙端面不应大于 200 mm。

（9）防烟、排烟系统中的送风口、排风口、排烟防火阀、送风风机、排烟风机、固定窗等未设置明显永久标识。《建筑防烟排烟系统技术标准》（GB 51251—2017）6.1.5 条规定：防烟、排烟系统中的送风口、排风口、排烟防火阀、送风风机、排烟风机、固定窗等应设置明显永久标识。

（10）防烟分区的面积、最大边长不满足规范要求。《建筑防烟排烟系统技术标准》（GB 51251—2017）4.2.4 条规定。

（11）挡烟垂壁的材质不满足防火要求，下降高度不满足该防烟分区储烟仓高度要求。《建筑防烟排烟系统技术标准》（GB 51251—2017）4.2.2 的规定：挡烟垂壁等挡烟分隔设施的深度不应小于本标准第 4.6.2 条规定的储烟仓厚度。

（12）有排烟设施的建筑内，敞开楼梯和自动扶梯穿越楼板的开口部未设置挡烟垂壁等设施。《建筑防烟排烟系统技术标准》（GB 51251—2017）4.2.3 条规定：设置排烟设施的建筑内，敞开楼梯和自动扶梯穿越楼板的开口部应设置挡烟垂壁等设施。

第六节　系统调试

1. 系统调试

系统调试应在系统施工完成及与工程有关的火灾自动报警系统及联动控制设备调试合格后进行。系统调试所使用的测试仪器和仪表，性能应稳定可靠，其精度等级及最小分度值应能满足测定的要求，并应符合国家有关计量法规及检定规程的规定。系统调试应由施工单位负责、监理单位监督，设计单位与建设单位参与和配合。系统调试前，施工单位应编制调试方案，报送专业监理工程师审核批准；调试结束后，必须提供完整的调试资料和报告。系统调试应包括设备单机调试和系统联动调试，并按规定填写调试记录。

2. 单机调试

排烟防火阀的调试方法及要求应符合下列规定，并应按规定写记录。

（1）进行手动关闭、复位试验，阀门动作应灵敏、可靠，关闭应严密；

（2）模拟火灾，相应区域火灾报警后，同一防火分区内排烟管道上的其他阀门应联动关闭；

（3）阀门关闭后的状态信号应能反馈到消防控制室；

（4）阀门关闭后应能联动相应的风机停止。

常闭送风口、排烟阀或排烟口的调试方法及要求应符合下列规定。

（1）进行手动开启、复位试验，阀门动作应灵敏、可靠，远距离控制机构的脱扣钢丝连接不应松弛、脱落；

（2）模拟火灾，相应区域火灾报警后，同一防火分区的常闭送风口和同一防烟分区内的排烟阀或排烟口应联动开启；

（3）阀门开启后的状态信号应能反馈到消防控制室；

（4）阀门开启后应能联动相应的风机启动。

活动挡烟垂壁的调试方法及要求应符合下列规定：

（1）手动操作挡烟垂壁按钮进行开启、复位试验，挡烟垂壁应灵敏、可靠地启动与到位后停止，下降高度应符合设计要求；

（2）模拟火灾，相应区域火灾报警后，同一防烟分区内挡烟垂壁应在 60 s 以内联动下降到设计高度；

（3）挡烟垂壁下降到设计高度后应能将状态信号反馈到消防控制室。

自动排烟窗的调试方法及要求应符合下列规定。

（1）手动操作排烟窗开关进行开启、关闭试验，排烟窗动作应灵敏、可靠；

（2）模拟火灾，相应区域火灾报警后，同一防烟分区内排烟窗应能联动开启，完全开启时间应符合相关规定；

（3）与消防控制室联动的排烟窗完全开启后，状态信号应反馈到消防控制室。

送风机、排烟风机调试方法及要求应符合下列规定：

（1）手动开启风机，风机应正常运转 2 h，叶轮旋转方向应正确、运转平稳、无异常振动与声响；

（2）应核对风机的铭牌值，并应测定风机的风量、风压、电流和电压，其结果应与设计相符；

（3）应能在消防控制室手动控制风机的启动、停止，风机的启动、停止状态信号应能反馈到消防控制室；

（4）当风机进、出风管上安装单向风阀或电动风阀时，风阀的开启与关闭应与风机的启动、停止同步。

机械加压送风系统风速及余压的调试方法及要求应符合下列规定：

（1）应选取送风系统末端所对应的送风最不利的三个连续楼层模拟起火层及其上下层，封闭避难层（间）仅需选取本层，调试送风系统使上述楼层的楼梯

间、前室及封闭避难层(间)的风压值及疏散门的门洞断面风速值与设计值的偏差不大于10%;

(2)对楼梯间和前室的调试应单独分别进行,且互不影响;

(3)调试楼梯间和前室疏散门的门洞断面风速时,设计疏散门开启的楼层数量应符合规定。

机械排烟系统风速和风量的调试方法及要求应符合下列规定。

(1)应根据设计模式,开启排烟风机和相应的排烟阀或排烟口,调试排烟系统使排烟阀或排烟口处的风速值及排烟量值达到设计要求;

(2)开启排烟系统的同时,还应开启补风机和相应的补风口,调试补风系统使补风口处的风速值及补风量值达到设计要求;

(3)应测试每个风口风速,核算每个风口的风量及其防烟分区总风量。

3. 联动调试

机械加压送风系统的联动调试方法及要求应符合下列规定。

(1)当任何一个常闭送风口开启时,相应的送风机均应能联动启动;

(2)与火灾自动报警系统联动调试时,当火灾自动报警探测器发出火警信号后,应在15 s内启动与设计要求一致的送风口、送风机,且其联动启动方式应符合现行国家标准《火灾自动报警系统设计规范》GB 50116—2013的规定,其状态信号应反馈到消防控制室。

机械排烟系统的联动调试方法及要求应符合下列规定。

(1)当任何一个常闭排烟阀或排烟口开启时,排烟风机均应能联动启动。

(2)应与火灾自动报警系统联动调试。当火灾自动报警系统发出火警信号后,机械排烟系统应启动有关部位的排烟阀或排烟口、排烟风机;启动的排烟阀或排烟口、排烟风机应与设计和标准要求一致,其状态信号应反馈到消防控制室。

(3)有补风要求的机械排烟场所,当火灾确认后,补风系统应启动。

(4)排烟系统与通风、空调系统合用,当火灾自动报警系统发出火警信号后,由通风、空调系统转换为排烟系统的时间应符合规定。

自动排烟窗的联动调试方法及要求应符合下列规定。

(1)自动排烟窗应在火灾自动报警系统发出火警信号后联动开启到符合要求的位置;

(2)动作状态信号应反馈到消防控制室。

活动挡烟垂壁的联动调试方法及要求应符合下列规定:

（1）活动挡烟垂壁应在火灾报警后联动下降到设计高度；

（2）动作状态信号应反馈到消防控制室。

第七节　通风和空气调节系统防火

通风和空气调节系统,横向宜按防火分区设置,竖向不宜超过 5 层。当管道设置防止回流设施或防火阀时,管道布置可不受此限制。竖向风管应设置在管井内。厂房内有爆炸危险场所的排风管道,严禁穿过防火墙和有爆炸危险的房间隔墙。甲、乙、丙类厂房内的送、排风管道宜分层设置。当水平或竖向送风管在进入生产车间处设置防火阀时,各层的水平或竖向送风管可合用一个送风系统。空气中含有易燃、易爆危险物质的房间,其送、排风系统应采用防爆型的通风设备。当送风机布置在单独分隔的通风机房内且送风干管上设置防止回流设施时,可采用普通型的通风设备。

含有燃烧和爆炸危险粉尘的空气,在进入排风机前应采用不产生火花的除尘器进行处理。对于遇水可能形成爆炸的粉尘,严禁采用湿式除尘器。处理有爆炸危险粉尘的除尘器、排风机的设置应与其他普通型的风机、除尘器分开设置,并宜按单一粉尘分组布置。净化有爆炸危险粉尘的干式除尘器和过滤器宜布置在厂房外的独立建筑内,建筑外墙与所属厂房的防火间距不应小于 10 m。具备连续清灰功能,或具有定期清灰功能且风量不大于 15 000 m^3/h、集尘斗的储尘量小于 60 kg 的干式除尘器和过滤器,可布置在厂房内的单独房间内,但应采用耐火极限不低于 3 h 的防火隔墙和 1.5 h 的楼板与其他部位分隔。净化或输送有爆炸危险粉尘和碎屑的除尘器、过滤器或管道,均应设置泄压装置。净化有爆炸危险粉尘的干式除尘器和过滤器应布置在系统的负压段上。

排除有燃烧或爆炸危险气体、蒸气和粉尘的排风系统,应符合下列规定。

（1）排风系统应设置导除静电的接地装置。

（2）排风设备不应布置在地下或半地下建筑（室）内。

（3）排风管应采用金属管道,并应直接通向室外安全地点,不应暗设。

排除和输送温度超过 80 ℃的空气或其他气体以及易燃碎屑的管道,与可燃或难燃物体之间的间隙不应小于 150 mm,或采用厚度不小于 50 mm 的不燃材料隔热;当管道上下布置时,表面温度较高者应布置在上面。

通风、空气调节系统的风管在下列部位应设置公称动作温度为 70 ℃的防火阀。

（1）穿越防火分区处；

（2）穿越通风、空气调节机房的房间隔墙和楼板处；

（3）穿越重要或火灾危险性大的场所的房间隔墙和楼板处；

（4）穿越防火分隔处的变形缝两侧；

（5）竖向风管与每层水平风管交接处的水平管段上。当建筑内每个防火分区的通风、空气调节系统均独立设置时，水平风管与竖向总管的交接处可不设置防火阀。

公共建筑的浴室、卫生间和厨房的竖向排风管，应采取防止回流措施并宜在支管上设置公称动作温度为 70 ℃ 的防火阀。公共建筑内厨房的排油烟管道宜按防火分区设置，且在与竖向排风管连接的支管处应设置公称动作温度为 150 ℃ 的防火阀。

防火阀的设置应符合下列规定。

（1）防火阀宜靠近防火分隔处设置；

（2）防火阀暗装时，应在安装部位设置方便维护的检修口；

（3）在防火阀两侧各 2 m 范围内的风管及其绝热材料应采用不燃材料；

（4）防火阀应符合现行国家标准《建筑通风和排烟系统用防火阀门》GB 15930 的规定。

除下列情况外，通风、空气调节系统的风管应采用不燃材料。

（1）接触腐蚀性介质的风管和柔性接头可采用难燃材料；

（2）体育馆、展览馆、候机（车、船）建筑（厅）等大空间建筑，单、多层办公建筑和丙、丁、戊类厂房内通风、空气调节系统的风管，当不跨越防火分区且在穿越房间隔墙处设置防火阀时，可采用难燃材料。

设备和风管的绝热材料、用于加湿器的加湿材料、消声材料及其粘结剂，宜采用不燃材料，确有困难时，可采用难燃材料。风管内设置电加热器时，电加热器的开关应与风机的启停联锁控制。电加热器前后各 0.8 m 范围内的风管和穿过有高温、火源等容易起火房间的风管，均应采用不燃材料。

燃油或燃气锅炉房应设置自然通风或机械通风设施。燃气锅炉房应选用防爆型的事故排风机。当采取机械通风时，机械通风设施应设置导除静电的接地装置，通风量应符合下列规定。

（1）燃油锅炉房的正常通风量应按换气次数不少于 3 次/h 确定，事故排风量应按换气次数不少于 6 次/h 确定；

（2）燃气锅炉房的正常通风量应按换气次数不少于 6 次/h 确定，事故排风量应按换气次数不少于 12 次/h 确定。

消防验收常见问题

（1）建筑物内使用天然气等可燃气体的房间或挥发粉尘存在爆炸危险的场所，未采取防爆措施。

（2）爆炸危险场所的防爆泄压面积不满足规范要求。《锅炉房设计标准》（GB 50041—2020）第 15.1.2 条规定：锅炉房的外墙、楼地面或屋面应有相应的防爆措施，并应有相当于锅炉间占地面积 10％的泄压面积，泄压方向不得朝向人员聚集的场所、房间和人行通道，泄压处也不得与这些地方相邻。地下锅炉房采用竖井泄爆方式时，竖井的净横断面积应满足泄压面积的要求。

（3）爆炸危险场所内的电气设备未采用防爆设备，或标注铭牌与设计不一致。《建筑设计防火规范》（GB 50016—2014）2018 版第 9.3.16 条规定：燃气锅炉房应选用防爆型的事故排风机。机械通风设施应设置导除静电的接地装置。

（4）爆炸危险场所内的防静电、防积聚、防流散措施与设计图纸不一致。《建筑设计防火规范》（GB 50016—2014）2018 版第 5.4.15 条规定：储油间的油箱应密闭且应设置通向室外的通气管，通气管应设置带阻火器的呼吸阀，油箱的下部应设置防止油品流散的设施。

第十三章 火灾自动报警系统

第一节　火灾自动报警系统的设置场所

1. **下列建筑或场所应设置火灾自动报警系统**

（1）任一层建筑面积大于 1 500 m² 或总建筑面积大于 3 000 m² 的制鞋、制衣、玩具、电子等类似用途的厂房；

（2）每座占地面积大于 1 000 m² 的棉、毛、丝、麻、化纤及其制品的仓库，占地面积大于 500 m² 或总建筑面积大于 1 000 m² 的卷烟仓库；

（3）任一层建筑面积大于 1 500 m² 或总建筑面积大于 3 000 m² 的商店、展览、财贸金融、客运和货运等类似用途的建筑，总建筑面积大于 500 m² 的地下或半地下商店；

（4）图书或文物的珍藏库，每座藏书超过 50 万册的图书馆，重要的档案馆；

（5）地市级及以上广播电视建筑、邮政建筑、电信建筑，城市或区域性电力、交通和防灾等指挥调度建筑；

（6）特等、甲等剧场，座位数超过 1 500 个的其他等级的剧场或电影院，座位数超过 2 000 个的会堂或礼堂，座位数超过 3 000 个的体育馆；

（7）大、中型幼儿园的儿童用房等场所，老年人照料设施，任一层建筑面积大于 1 500 m² 或总建筑面积大于 3 000 m² 的疗养院的病房楼、旅馆建筑和其他儿童活动场所，不少于 200 床位的医院门诊楼、病房楼和手术部等；

（8）歌舞娱乐放映游艺场所；

（9）净高大于 2.6 m 且可燃物较多的技术夹层，净高大于 0.8 m 且有可燃物的闷顶或吊顶内；

（10）电子信息系统的主机房及其控制室、记录介质库，特殊贵重或火灾危险性大的机器、仪表、仪器设备室、贵重物品库房；

（11）二类高层公共建筑内建筑面积大于 50 m² 的可燃物品库房和建筑面积大于 500 m² 的营业厅；

（12）其他一类高层公共建筑；

（13）设置机械排烟、防烟系统，雨淋或预作用自动喷水灭火系统，固定消防水炮灭火系统、气体灭火系统等需与火灾自动报警系统联锁动作的场所或部位。老年人照料设施中的老年人用房及其公共走道，均应设置火灾探测器和声警报装置或消防广播。

2. 建筑高度大于 100 m 的住宅建筑，应设置火灾自动报警系统

建筑高度大于 54 m 但不大于 100 m 的住宅建筑，其公共部位应设置火灾自动报警系统，套内宜设置火灾探测器。建筑高度不大于 54 m 的高层住宅建筑，其公共部位宜设置火灾自动报警系统。当设置需联动控制的消防设施时，公共部位应设置火灾自动报警系统。高层住宅建筑的公共部位应设置具有语音功能的火灾声警报装置或应急广播。

3. 建筑内可能散发可燃气体、可燃蒸气的场所应设置可燃气体报警装置

第二节　基本规定

1. 系统要求

火灾自动报警系统可用于人员居住和经常有人滞留的场所、存放重要物资或燃烧后产生严重污染需要及时报警的场所。火灾自动报警系统应设有自动和手动两种触发装置。火灾自动报警系统设备应选择符合国家有关标准和有关市场准入制度的产品。系统中各类设备之间的接口和通信协议的兼容性应符合现行国家标准《火灾自动报警系统组件兼容性要求》GB 22134—2008 的有关规定。任一台火灾报警控制器所连接的火灾探测器、手动火灾报警按钮和模块等设备总数和地址总数，均不应超过 3 200 点，其中每一总线回路连接设备的总数不宜超过 200 点，且应留有不少于额定容量 10% 的余量；任一台消防联动控制器地址总数或火灾报警控制器（联动型）所控制的各类模块总数不应超过 1 600 点，每一联动总线回路连接设备的总数不宜超过 100 点，且应留有不少于额定容量 10% 的余量。系统总线上应设置总线短路隔离器，每只总线短路隔离器保护的火灾探测器、手动火灾报警按钮和模块等消防设备的总数不应超过 32 点；总线穿越防火分区时，应在穿越处设置总线短路隔离器。高度超过 100 m 的建筑中，除消防控制室内设置的控制器外，每台控制器直接控制的火灾探测器、手动报警按钮

和模块等设备不应跨越避难层。水泵控制柜、风机控制柜等消防电气控制装置不应采用变频启动方式。

2. 系统形式

火灾自动报警系统形式的选择，应符合下列规定。

（1）仅需要报警，不需要联动自动消防设备的保护对象宜采用区域报警系统。

（2）不仅需要报警，同时需要联动自动消防设备，且只设置一台具有集中控制功能的火灾报警控制器和消防联动控制器的保护对象，应采用集中报警系统，并应设置一个消防控制室。

（3）设置两个及以上消防控制室的保护对象，或已设置两个及以上集中报警系统的保护对象，应采用控制中心报警系统。

区域报警系统的设计，应符合下列规定。

（1）系统应由火灾探测器、手动火灾报警按钮、火灾声光警报器及火灾报警控制器等组成，系统中可包括消防控制室图形显示装置和指示楼层的区域显示器。

（2）火灾报警控制器应设置在有人值班的场所。

（3）系统设置消防控制室图形显示装置时，该装置应具有传输规定的有关信息的功能；系统未设置消防控制室图形显示装置时，应设置火警传输设备。

集中报警系统的设计，应符合下列规定。

（1）系统应由火灾探测器、手动火灾报警按钮、火灾声光警报器、消防应急广播、消防专用电话、消防控制室图形显示装置、火灾报警控制器、消防联动控制器等组成。

（2）系统中的火灾报警控制器、消防联动控制器和消防控制室图形显示装置、消防应急广播的控制装置、消防专用电话总机等起集中控制作用的消防设备，应设置在消防控制室内。

（3）系统设置的消防控制室图形显示装置应具有传输有关信息的功能。

控制中心报警系统的设计，应符合下列规定。

（1）有两个及以上消防控制室时，应确定一个主消防控制室。

（2）主消防控制室应能显示所有火灾报警信号和联动控制状态信号，并应能控制重要的消防设备；各分消防控制室内消防设备之间可互相传输、显示状态信息，但不应互相控制。

（3）系统设置的消防控制室图形显示装置应具有传输规定的有关信息的

功能。

（4）其他设计应符合相关规定。

3. 系统划分

报警区域的划分应符合下列规定。

（1）报警区域应根据防火分区或楼层划分；可将一个防火分区或一个楼层划分为一个报警区域，也可将发生火灾时需要同时联动消防设备的相邻几个防火分区或楼层划分为一个报警区域。

（2）电缆隧道的一个报警区域宜由一个封闭长度区间组成，一个报警区域不应超过相连的 3 个封闭长度区间；道路隧道的报警区域应根据排烟系统或灭火系统的联动需要确定，且不宜超过 150 m。

（3）甲、乙、丙类液体储罐区的报警区域应由一个储罐区组成，每个 50 000 m³ 及以上的外浮顶储罐应单独划分为一个报警区域。

探测区域的划分应符合下列规定。

（1）探测区域应按独立房（套）间划分。一个探测区域的面积不宜超过 500 m²；从主要入口能看清其内部，且面积不超过 1 000 m² 的房间，也可划为一个探测区域。

（2）红外光束感烟火灾探测器和缆式线型感温火灾探测器的探测区域的长度，不宜超过 100 m；空气管差温火灾探测器的探测区域长度宜为 20～100 m。

下列场所应单独划分探测区域：

（1）敞开或封闭楼梯间、防烟楼梯间。

（2）防烟楼梯间前室、消防电梯前室、消防电梯与防烟楼梯间合用的前室、走道、坡道。

（3）电气管道井、通信管道井、电缆隧道。

（4）建筑物闷顶、夹层。

4. 消防控制室

具有消防联动功能的火灾自动报警系统的保护对象中应设置消防控制室。消防控制室内设置的消防设备应包括火灾报警控制器、消防联动控制器、消防控制室图形显示装置、消防专用电话总机、消防应急广播控制装置、消防应急照明和疏散指示系统控制装置、消防电源监控器等设备或具有相应功能的组合设备。消防控制室内设置的消防控制室图形显示装置应能显示规定的建筑物内设置的全部消防系统及相关设备的动态信息和规定的消防安全管理信息，并应为远程监控系统预留接口,同时应具有向远程监控系统传输规定的有关信息的功能。消防控制室应设有用于火灾报警的外线电话。消防控制室应有相应的竣工图纸、各分系统控制逻辑关系说明、设备使用说明书、系统操作规程、应急预案、值班制度、维护保养制度及值班记录等文件资料。消防控制室送、回风管的穿墙处应设防火阀。消防控制室内严禁穿过与消防设施无关的电气线路及管路。消防控制室不应设置在电磁场干扰较强及其他影响消防控制室设备工作的设备用房附近。

消防控制室内设备的布置应符合下列规定。

（1）设备面盘前的操作距离,单列布置时不应小于 1.5 m;双列布置时不应小于 2 m。

（2）在值班人员经常工作的一面,设备面盘至墙的距离不应小于 3 m。

（3）设备面盘后的维修距离不宜小于 1 m。

（4）设备面盘的排列长度大于 4 m 时,其两端应设置宽度不小于 1 m 的通道。

（5）与建筑其他弱电系统合用的消防控制室内,消防设备应集中设置,并应与其他设备间有明显间隔。

消防控制室的显示与控制,应符合现行国家标准《消防控制室通用技术要求》GB 25506—2010 的有关规定。消防控制室的信息记录、信息传输,应符合现行国家标准《消防控制室通用技术要求》GB 25506—2010 的有关规定。

第三节　火灾探测器

1. 火灾探测器的选择

火灾探测器的选择应符合下列规定。

（1）对火灾初期有阴燃阶段,产生大量的烟和少量的热,很少或没有火焰辐射的场所,应选择感烟火灾探测器。

（2）对火灾发展迅速,可产生大量热、烟和火焰辐射的场所,可选择感温火灾探测器、感烟火灾探测器、火焰探测器或其组合。

（3）对火灾发展迅速,有强烈的火焰辐射和少量烟、热的场所,应选择火焰探测器。

（4）对火灾初期有阴燃阶段,且需要早期探测的场所,宜增设一氧化碳火灾探测器。

（5）对使用、生产可燃气体或可燃蒸气的场所,应选择可燃气体探测器。

（6）应根据保护场所可能发生火灾的部位和燃烧材料的分析，以及火灾探测器的类型、灵敏度和响应时间等选择相应的火灾探测器，对火灾形成特征不可预料的场所，可根据模拟试验的结果选择火灾探测器。

（7）同一探测区域内设置多个火灾探测器时，可选择具有复合判断火灾功能的火灾探测器和火灾报警控制器。

2. 火灾探测器的设置

点型火灾探测器的设置应符合下列规定。

（1）探测区域的每个房间应至少设置一只火灾探测器。

（2）感烟火灾探测器和 A1、A2、B 型感温火灾探测器的保护面积和保护半径，应按相关规定确定；C、D、E、F、G 型感温火灾探测器的保护面积和保护半径，应根据生产企业设计说明书确定，但不应超过规定。

（3）感烟火灾探测器、感温火灾探测器的安装间距，应根据探测器的保护面积 A 和保护半径 R 确定，并不应超过规定的范围。

（4）一只探测区域内所需设置的探测器数量，不应小于计算值。

在有梁的顶棚上设置点型感烟火灾探测器、感温火灾探测器时，应符合下列规定。

（1）当梁突出顶棚的高度小于 200 mm 时，可不计梁对探测器保护面积的影响。

（2）当梁突出顶棚的高度为 200～600 mm 时，应按本规范附录 F、附录 G 确定梁对探测器保护面积的影响和一只探测器能够保护的梁间区域的数量。

（3）当梁突出顶棚的高度超过 600 mm 时，被梁隔断的每个梁间区域应至少设置一只探测器。

（4）当被梁隔断的区域面积超过一只探测器的保护面积时，被隔断的区域应按规定计算探测器的设置数量。

（5）当梁间净距小于 1 m 时，可不计梁对探测器保护面积的影响。

在宽度小于 3 m 的内走道顶棚上设置点型探测器时，宜居中布置。感温火灾探测器的安装间距不应超过 10 m；感烟火灾探测器的安装间距不应超过 15 m；探测器至端墙的距离，不应大于探测器安装间距的 1/2。点型探测器至墙壁、梁边的水平距离，不应小于 0.5 m。点型探测器周围 0.5 m 内，不应有遮挡物。房间被书架、设备或隔断等分隔，其顶部至顶棚或梁的距离小于房间净高的 5%时，每个被隔开的部分应至少安装一只点型探测器。点型探测器至空调送风口边的水平距离不应小于 1.5 m，并宜接近回风口安装。探测器至多孔送风顶棚孔口的水平距离不应小于 0.5 m。当屋顶有热屏障时,点型感烟火灾探测器下表面至顶棚或屋顶的距离相关应符合规定。

锯齿形屋顶和坡度大于 15°的人字形屋顶,应在每个屋脊处设置一排点型探测器,探测器下表面至屋顶最高处的距离,应符合规定。点型探测器宜水平安装。当倾斜安装时,倾斜角不应大于 45°。在电梯井、升降机井设置点型探测器时,其位置宜在井道上方的机房顶棚上。一氧化碳火灾探测器可设置在气体能够扩散到的任何部位。

火焰探测器和图像型火灾探测器的设置,应符合下列规定。

（1）应计及探测器的探测视角及最大探测距离,可通过选择探测距离长、火灾报警响应时间短的火焰探测器,提高保护面积要求和报警时间要求。

（2）探测器的探测视角内不应存在遮挡物。

（3）应避免光源直接照射在探测器的探测窗口。

（4）单波段的火焰探测器不应设置在平时有阳光、白炽灯等光源直接或间接照射的场所。

线型光束感烟火灾探测器的设置应符合下列规定。

（1）探测器的光束轴线至顶棚的垂直距离宜为 0.3～1 m,距地高度不宜超过 20 m。

（2）相邻两组探测器的水平距离不应大于 14 m,探测器至侧墙水平距离不应大于 7 m,且不应小于 0.5 m,探测器的发射器和接收器之间的距离不宜超过 100 m。

（3）探测器应设置在固定结构上。

（4）探测器的设置应保证其接收端避开日光和人工光源直接照射。

（5）选择反射式探测器时,应保证在反射板与探测器间任何部位进行模拟试验时,探测器均能正确响应。

线型感温火灾探测器的设置应符合下列规定。

（1）探测器在保护电缆、堆垛等类似保护对象时,应采用接触式布置;在各种皮带输送装置上设置时,宜设置在装置的过热点附近。

（2）设置在顶棚下方的线型感温火灾探测器,至顶棚的距离宜为 0.1 m。探测器的保护半径应符合点型感温火灾探测器的保护半径要求;探测器至墙壁的距离宜为 1～1.5 m。

（3）光栅光纤感温火灾探测器每个光栅的保护面积和保护半径,应符合点型感温火灾探测器的保护面积和保护半径要求。

（4）设置线型感温火灾探测器的场所有联动要求时，宜采用两只不同火灾探测器的报警信号组合。

（5）与线型感温火灾探测器连接的模块不宜设置在长期潮湿或温度变化较大的场所。

管路采样式吸气感烟火灾探测器的设置，应符合下列规定。

（1）非高灵敏型探测器的采样管网安装高度不应超过 16 m；高灵敏型探测器的采样管网安装高度可超过 16 m；采样管网安装高度超过 16 m 时，灵敏度可调的探测器应设置为高灵敏度，且应减小采样管长度和采样孔数量。

（2）探测器的每个采样孔的保护面积、保护半径，应符合点型感烟火灾探测器的保护面积、保护半径的要求。

（3）一个探测单元的采样管总长不宜超过 200 m，单管长度不宜超过 100 m，同一根采样管不应穿越防火分区。采样孔总数不宜超过 100 个，单管上的采样孔数量不宜超过 25 个。

（4）当采样管道采用毛细管布置方式时，毛细管长度不宜超过 4 m。

（5）吸气管路和采样孔应有明显的火灾探测器标识。

（6）有过梁、空间支架的建筑中，采样管路应固定在过梁、空间支架上。

（7）当采样管道布置形式为垂直采样时，每 2 ℃温差间隔或 3 m 间隔（取最小者）应设置一个采样孔，采样孔不应背对气流方向。

（8）采样管网应按经过确认的设计软件或方法进行设计。

（9）探测器的火灾报警信号、故障信号等信息应传给火灾报警控制器，涉及消防联动控制时，探测器的火灾报警信号还应传给消防联动控制器。

感烟火灾探测器在格栅吊顶场所的设置，应符合下列规定。

（1）镂空面积与总面积的比例不大于 15% 时，探测器应设置在吊顶下方。

（2）镂空面积与总面积的比例大于 30% 时，探测器应设置在吊顶上方。

（3）镂空面积与总面积的比例为 15%～30% 时，探测器的设置部位应根据实际试验结果确定。

（4）探测器设置在吊顶上方且火警确认灯无法观察时，应在吊顶下方设置火警确认灯。

（5）地铁站台等有活塞风影响的场所，镂空面积与总面积的比例为 30%～70% 时，探测器宜同时设置在吊顶上方和下方。

其他火灾探测器的设置应按企业提供的设计手册或使用说明书进行设置，必要时可通过模拟保护对象火灾场景等方式对探测器的设置情况进行验证。

3. 火探测器的安装

点型感烟火灾探测器、点型感温火灾探测器、一氧化碳火灾探测器、点型家用火灾探测器、独立式火灾探测报警器的安装,应符合下列规定。

（1）探测器至墙壁、梁边的水平距离不应小于 0.5 m;

（2）探测器周围水平距离 0.5 m 内不应有遮挡物;

（3）探测器至空调送风口最近边的水平距离不应小于 1.5 m,至多孔送风顶棚孔口的水平距离不应小于 0.5 m;

（4）在宽度小于 3 m 的内走道顶棚上安装探测器时,宜居中安装,点型感温火灾探测器的安装间距不应超过 10 m,点型感烟火灾探测器的安装间距不应超过 15 m,探测器至端墙的距离不应大于安装间距的一半;

（5）探测器宜水平安装,当确需倾斜安装时,倾斜角不应大于 45°。

线型光束感烟火灾探测器的安装应符合下列规定。

（1）探测器光束轴线至顶棚的垂直距离宜为 0.3～1 m,高度大于 12 m 的空间场所增设的探测器的安装高度应符合设计文件和现行国家标准《火灾自动报警系统设计规范》GB 50116 的规定;

（2）发射器和接收器（反射式探测器的探测器和反射板）之间的距离不宜超过 100 m;

（3）相邻两组探测器光束轴线的水平距离不应大于 14 m,探测器光束轴线至侧墙水平距离不应大于 7 m,且不应小于 0.5 m;

（4）发射器和接收器（反射式探测器的探测器和反射板）应安装在固定结构上,且应安装牢固,确需安装在钢架等容易发生位移形变的结构上时,结构的位移不应影响探测器的正常运行;

（5）发射器和接收器（反射式探测器的探测器和反射板）之间的光路上应无遮挡物;

（6）应保证接收器（反射式探测器的探测器）避开日光和人工光源直接照射。

线型感温火灾探测器的安装应符合下列规定。

（1）敷设在顶棚下方的线型差温火灾探测器至顶棚的距离宜为 0.1 m,相邻探测器之间的水平距离不宜大于 5 m,探测器至墙壁的距离宜为 1～1.5 m;

（2）在电缆桥架、变压器等设备上安装时,宜采用接触式布置,在各种皮带输送装置上敷设时,宜敷设在装置的过热点附近;

（3）探测器敏感部件应采用产品配套的固定装置固定,固定装置的间距不宜大于 2 m；

（4）缆式线型感温火灾探测器的敏感部件应采用连续无接头方式安装，如确需中间接线，应采用专用接线盒连接，敏感部件安装敷设时应避免重力挤压冲击，不应硬性折弯、扭转，探测器的弯曲半径宜大于 0.2 m；

（5）分布式线型光纤感温火灾探测器的感温光纤不应打结，光纤弯曲时，弯曲半径应大于 50 mm，每个光通道配接的感温光纤的始端及末端应各设置不小于 8 m 的余量段，感温光纤穿越相邻的报警区域时，两侧应分别设置不小于 8 m 的余量段；

（6）光栅光纤线型感温火灾探测器的信号处理单元安装位置不应受强光直射，光纤光栅感温段的弯曲半径应大于 0.3 m。

管路采样式吸气感烟火灾探测器的安装应符合下列规定。

（1）高灵敏度吸气式感烟火灾探测器当设置为高灵敏度时，可安装在天棚高度大于 16 m 的场所，并应保证至少有两个采样孔低于 16 m；

（2）非高灵敏度的吸气式感烟火灾探测器不宜安装在天棚高度大于 16 m 的场所；

（3）采样管应牢固安装在过梁、空间支架等建筑结构上；

（4）在大空间场所安装时，每个采样孔的保护面积、保护半径应满足点型感烟火灾探测器的保护面积、保护半径的要求，当采样管道布置形式为垂直采样时，每 2 ℃温差间隔或 3 m 间隔（取最小者）应设置一个采样孔，采样孔不应背对气流方向；

（5）采样孔的直径应根据采样管的长度及敷设方式、采样孔的数量等因素确定，并应满足设计文件和产品使用说明书的要求，采样孔需要现场加工时，应采用专用打孔工具；

（6）当采样管道采用毛细管布置方式时，毛细管长度不宜超过 4 m；

（7）采样管和采样孔应设置明显的火灾探测器标识。

点型火焰探测器和图像型火灾探测器的安装应符合下列规定。

（1）安装位置应保证其视场角覆盖探测区域，并应避免光源直接照射在探测器的探测窗口；

（2）探测器的探测视角内不应存在遮挡物；

（3）在室外或交通隧道场所安装时，应采取防尘、防水措施。

可燃气体探测器的安装应符合下列规定：

（1）安装位置应根据探测气体密度确定，若其密度小于空气密度，探测器应

位于可能出现泄漏点的上方或探测气体的最高可能聚集点上方,若其密度大于或等于空气密度,探测器应位于可能出现泄漏点的下方;

（2）在探测器周围应适当留出更换和标定的空间;

（3）线型可燃气体探测器在安装时,应使发射器和接收器的窗口避免日光直射,且在发射器与接收器之间不应有遮挡物,发射器和接收器的距离不宜大于60 m,两组探测器之间的轴线距离不应大于14 m。

电气火灾监控探测器的安装应符合下列规定。

（1）探测器周围应适当留出更换与标定的作业空间;

（2）剩余电流式电气火灾监控探测器负载侧的中性线不应与其他回路共用,且不应重复接地;

（3）测温式电气火灾监控探测器应采用产品配套的固定装置固定在保护对象上。

探测器底座的安装应符合下列规定:

（1）应安装牢固,与导线连接应可靠压接或焊接,当采用焊接时,不应使用带腐蚀性的助焊剂;

（2）连接导线应留有不小于150 mm的余量,且在其端部应设置明显的永久性标识;

（3）穿线孔宜封堵,安装完毕的探测器底座应采取保护措施。

探测器报警确认灯应朝向便于人员观察的主要入口方向。探测器在即将调试时方可安装,在调试前应妥善保管并应采取防尘、防潮、防腐蚀措施。

第四节　系统设备的设置

1. 火灾报警控制器和消防联动控制器的设置

火灾报警控制器和消防联动控制器,应设置在消防控制室内或有人值班的房间和场所。火灾报警控制器和消防联动控制器等在消防控制室内的布置,应符合规定。火灾报警控制器和消防联动控制器安装在墙上时,其主显示屏高度宜为1.5～1.8 m,其靠近门轴的侧面距墙不应小于0.5 m,正面操作距离不应小于1.2 m。集中报警系统和控制中心报警系统中的区域火灾报警控制器在满足下列条件时,可设置在无人值班的场所。

（1）本区域内无需要手动控制的消防联动设备。

（2）本火灾报警控制器的所有信息在集中火灾报警控制器上均有显示,且能接收起集中控制功能的火灾报警控制器的联动控制信号,并自动启动相应的消防设备。

（3）设置的场所只有值班人员可以进入。

2. 手动火灾报警按钮的设置

每个防火分区应至少设置一只手动火灾报警按钮。从一个防火分区内的任何位置到最邻近的手动火灾报警按钮的步行距离不应大于 30 m。手动火灾报警按钮宜设置在疏散通道或出入口处。列车上设置的手动火灾报警按钮，应设置在每节车厢的出入口和中间部位。手动火灾报警按钮应设置在明显和便于操作的部位。当采用壁挂方式安装时，其底边距地高度宜为 1.3～1.5 m，且应有明显的标志。

3. 区域显示器的设置

每个报警区域宜设置一台区域显示器（火灾显示盘）；宾馆、饭店等场所应在每个报警区域设置一台区域显示器。当一个报警区域包括多个楼层时，宜在每个楼层设置一台仅显示本楼层的区域显示器。区域显示器应设置在出入口等明显和便于操作的部位。当采用壁挂方式安装时，其底边距地高度宜为 1.3～1.5 m。

4. 火灾警报器的设置

火灾光警报器应设置在每个楼层的楼梯口、消防电梯前室、建筑内部拐角等处的明显部位，且不宜与安全出口指示标志灯具设置在同一面墙上。每个报警区域内应均匀设置火灾警报器，其声压级不应小于 60 dB；在环境噪声大于 60 dB 的场所，其声压级应高于背景噪声 15 dB。当火灾警报器采用壁挂方式安装时，其底边距地面高度应大于 2.2 m。

5. 消防应急广播的设置

消防应急广播扬声器的设置，应符合下列规定：

（1）民用建筑内扬声器应设置在走道和大厅等公共场所。每个扬声器的额定功率不应小于 3 W，其数量应能保证从一个防火分区内的任何部位到最近一个扬声器的直线距离不大于 25 m，走道末端距最近的扬声器距离不应大于 12.5 m。

（2）在环境噪声大于 60 dB 的场所设置的扬声器，在其播放范围内最远点的播放声压级应高于背景噪声 15 dB。

（3）客房设置专用扬声器时，其功率不宜小于 1 W。壁挂扬声器的底边距地面高度应大于 2.2 m。

6. 消防专用电话的设置

消防专用电话网络应为独立的消防通信系统。消防控制室应设置消防专用电话总机。多线制消防专用电话系统中的每个电话分机应与总机单独连接。电话分机或电话插孔的设置,应符合下列规定。

（1）消防水泵房、发电机房、配变电室、计算机网络机房、主要通风和空调机房、防排烟机房、灭火控制系统操作装置处或控制室、企业消防站、消防值班室、总调度室、消防电梯机房及其他与消防联动控制有关的且经常有人值班的机房应设置消防专用电话分机。消防专用电话分机,应固定安装在明显且便于使用的部位,并应有区别于普通电话的标识。

（2）设有手动火灾报警按钮或消火栓按钮等处,宜设置电话插孔,并宜选择带有电话插孔的手动火灾报警按钮。

（3）各避难层应每隔20 m设置一个消防专用电话分机或电话插孔。

（4）电话插孔在墙上安装时,其底边距地面高度宜为1.3～1.5 m。

消防控制室、消防值班室或企业消防站等处,应设置可直接报警的外线电话。

7. 模块的设置

每个报警区域内的模块宜相对集中设置在本报警区域内的金属模块箱中。模块严禁设置在配电(控制)柜(箱)内。本报警区域内的模块不应控制其他报警区域的设备。未集中设置的模块附近应有尺寸不小于100 mm × 100 mm的标识。

8. 消防控制室图形显示装置的设置

消防控制室图形显示装置应设置在消防控制室内,并应符合火灾报警控制器的安装设置要求。消防控制室图形显示装置与火灾报警控制器、消防联动控制器、电气火灾监控器、可燃气体报警控制器等消防设备之间,应采用专用线路连接。

9. 火灾报警传输设备或用户信息传输装置的设置

火灾报警传输设备或用户信息传输装置,应设置在消防控制室内;未设置消防控制室时,应设置在火灾报警控制器附近的明显部位。火灾报警传输设备或用户信息传输装置与火灾报警控制器、消防联动控制器等设备之间,应采用专用线路连接。火灾报警传输设备或用户信息传输装置的设置,应保证有足够的操作和检修间距。火灾报警传输设备或用户信息传输装置的手动报警装置,应设置在便于操作的明显部位。

10. 防火门监控器的设置

防火门监控器应设置在消防控制室内,未设置消防控制室时,应设置在有人值班的场所。电动开门器的手动控制按钮应设置在防火门内侧墙面上,距门不宜超过 0.5 m,底边距地面高度宜为 0.9～1.3 m。防火门监控器的设置应符合火灾报警控制器的安装设置要求。

第五节　系统施工

1. 布线

各类管路明敷时,应采用单独的卡具吊装或支撑物固定,吊杆直径不应小于 6 mm。各类管路暗敷时,应敷设在不燃结构内,且保护层厚度不应小于 30 mm。管路经过建筑物的沉降缝、伸缩缝、抗震缝等变形缝处,应采取补偿措施,线缆跨越变形缝的两侧应固定,并应留有适当余量。敷设在多尘或潮湿场所管路的管口和管路连接处,均应做密封处理。符合下列条件时,管路应在便于接线处装设接线盒。

（1）管路长度每超过 30 m 且无弯曲时;

（2）管路长度每超过 20 m 且有 1 个弯曲时;

（3）管路长度每超过 10 m 且有 2 个弯曲时;

（4）管路长度每超过 8 m 且有 3 个弯曲时。

金属管路入盒外侧应套锁母,内侧应装护口,在吊顶内敷设时,盒的内外侧均应套锁母。塑料管入盒应采取相应固定措施。槽盒敷设时,应在下列部位设置吊点或支点,吊杆直径不应小于 6 mm。

（1）槽盒始端、终端及接头处;

（2）槽盒转角或分支处;

（3）直线段不大于 3 m 处。

槽盒接口应平直、严密,槽盖应齐全、平整、无翘角。并列安装时,槽盖应便于开启。导线的种类、电压等级应符合设计文件和现行国家标准《火灾自动报警系统设计规范》GB 50116—2013 的规定。同一工程中的导线,应根据不同用途选择不同颜色加以区分,相同用途的导线颜色应一致。电源线正极应为红色,负极应为蓝色或黑色。在管内或槽盒内的布线,应在建筑抹灰及地面工程结束后进行,管内或槽盒内不应有积水及杂物。系统应单独布线。除设计要求以外,系统不同回路、不同电压等级和交流与直流的线路,不应布在同一管内或槽盒的同一槽孔内。线缆在管内或槽盒内不应有接头或扭结。导线应在接线盒内采用焊接、压接、接线端子可靠连接。从接线盒、槽盒等处引到探测器底座、控制设备、扬声器的线路,当采用可弯曲金属电气导管保护时,其长度不应大于 2 m。可弯曲金属电气导管应入盒,盒外侧应套锁母,内侧应装护口。系统的布线除应符合上述规定外,还应符合现行国家标准《建筑电气工程施工质量验收规范》GB 50303 的相关规定。系统导线敷设结束后,应用 500 V 兆欧表测量每个回路导线对地的绝缘电阻,且绝缘电阻值不应小于 20 MΩ。

2. 系统部件的安装

1）控制与显示类设备安装:

火灾报警控制器、消防联动控制器、火灾显示盘、控制中心监控设备、家用火灾报警控制器、消防电话总机、可燃气体报警控制器、电气火灾监控设备、防火门监控器、消防设备电源监控器、消防控制室图形显示装置、传输设备、消防应急广播控制装置等控制与显示类设备的安装应符合下列规定。

（1）应安装牢固,不应倾斜;

（2）安装在轻质墙上时,应采取加固措施;

（3）落地安装时,其底边宜高出地（楼）面 100～200 mm。

控制与显示类设备的引入线缆应符合下列规定。

（1）配线应整齐,不宜交叉,并应固定牢靠;

（2）线缆芯线的端部均应标明编号,并应与设计文件一致,字迹应清晰且不易褪色;

（3）端子板的每个接线端接线不应超过 2 根;

（4）线缆应留有不小于 200 mm 的余量;

（5）线缆应绑扎成束;

（6）线缆穿管、槽盒后,应将管口、槽口封堵。

控制与显示类设备应与消防电源、备用电源直接连接,不应使用电源插头。主电源应设置明显的永久性标识。控制与显示类设备的蓄电池需进行现场安装时,应核对蓄电池的规格、型号、容量,并应符合设计文件的规定,蓄电池的安装应满足产品使用说明书的要求。控制与显示类设备的接地应牢固,并应设置明显的永久性标识。

2）系统其他部件安装:

手动火灾报警按钮、消火栓按钮、防火卷帘手动控制装置、气体灭火系统手动与自动控制转换装置、气体灭火系统现场启动和停止按钮的安装,应符合下列规定。

（1）手动火灾报警按钮、防火卷帘手动控制装置、气体灭火系统手动与自动控制转换装置、气体灭火系统现场启动和停止按钮应设置在明显和便于操作的部位，其底边距地（楼）面的高度宜为 1.3～1.5 m，且应设置明显的永久性标识，消火栓按钮应设置在消火栓箱内，疏散通道上设置的防火卷帘两侧均应设置手动控制装置；

（2）应安装牢固，不应倾斜；

（3）连接导线应留有不小于 150 mm 的余量，且在其端部应设置明显的永久性标识。

模块或模块箱的安装应符合下列规定：

（1）同一报警区域内的模块宜集中安装在金属箱内，不应安装在配电柜、箱或控制柜、箱内；

（2）应独立安装在不燃材料或墙体上，安装牢固，并应采取防潮、防腐蚀等措施；

（3）模块的连接导线应留有不小于 150 mm 的余量，其端部应有明显的永久性标识；

（4）模块的终端部件应靠近连接部件安装；

（5）隐蔽安装时在安装处附近应设置检修孔和尺寸不小于 100 mm × 100 mm 的永久性标识。

消防电话分机和电话插孔的安装应符合下列规定。

（1）宜安装在明显、便于操作的位置，采用壁挂方式安装时，其底边距地（楼）面的高度宜为 1.3～1.5 m；

（2）避难层中，消防专用电话分机或电话插孔的安装间距不应大于 20 m；

（3）应设置明显的永久性标识；

（4）电话插孔不应设置在消火栓箱内。

消防应急广播扬声器、火灾警报器、喷洒光警报器、气体灭火系统手动与自动控制状态显示装置的安装，应符合下列规定。

（1）扬声器和火灾声警报装置宜在报警区域内均匀安装，扬声器在走道内安装时，距走道末端的距离不应大于 12.5 m；

（2）火灾光警报装置应安装在楼梯口、消防电梯前室、建筑内部拐角等处的明显部位，且不宜与消防应急疏散指示标志灯具安装在同一面墙上，确需安装在同一面墙上时，距离不应小于 1 m；

（3）气体灭火系统手动与自动控制状态显示装置应安装在防护区域内的明显部位，喷洒光警报器应安装在防护区域外，且应安装在出口门的上方；

（4）采用壁挂方式安装时，底边距地面高度应大于 2.2 m；

（5）应安装牢固，表面不应有破损。

消防设备应急电源和备用电源蓄电池的安装，应符合下列规定。

（1）应安装在通风良好的场所，当安装在密封环境中时应有通风措施，电池安装场所的环境温度不应超出电池标称的工作温度范围；

（2）不应安装在火灾爆炸危险场所；

（3）酸性电池不应安装在带有碱性介质的场所，碱性电池不应安装在带有酸性介质的场所。

消防设备电源监控系统传感器的安装应符合下列规定。

（1）传感器与裸带电导体应保证安全距离，金属外壳的传感器应有保护接地；

（2）传感器应独立支撑或固定，应安装牢固，并应采取防潮、防腐蚀等措施；

（3）传感器输出回路的连接线应采用截面积不小于 $1 mm^2$ 的双绞铜芯导线，并应留有不小于 150 mm 的余量，其端部应设置明显的永久性标识；

（4）传感器的安装不应破坏被监控线路的完整性，不应增加线路接点。

防火门监控模块与电动闭门器、释放器、门磁开关等现场部件的安装应符合下列规定。

（1）防火门监控模块至电动闭门器、释放器、门磁开关等现场部件之间连接线的长度不应大于 3 m；

（2）防火门监控模块、电动闭门器、释放器、门磁开关等现场部件应安装牢固；

（3）门磁开关的安装不应破坏门扇与门框之间的密闭性。

消防电气控制装置的安装应符合下列规定。

（1）消防电气控制装置在安装前应进行功能检查，检查结果不合格的装置不应安装；

（2）消防电气控制装置外接导线的端部应设置明显的永久性标识；

（3）消防电气控制装置应安装牢固，不应倾斜，安装在轻质墙体上时应采取加固措施。

第六节　系统调试

系统调试应包括系统部件功能调试和分系统的联动控制功能调试,并应符合下列规定。

（1）应对系统部件的主要功能、性能进行全数检查,系统设备的主要功能、性能应符合现行国家标准的规定;

（2）应逐一对每个报警区域、防护区域或防烟区域设置的消防系统进行联动控制功能检查,系统的联动控制功能应符合设计文件和现行国家标准《火灾自动报警系统设计规范》GB 50116—2013 的规定;

（3）不符合规定的项目应进行整改,并应重新进行调试。

火灾报警控制器、可燃气体报警控制器、电气火灾监控设备、消防设备电源监控器等控制类设备的报警和显示功能,应符合下列规定:

（1）火灾探测器、可燃气体探测器、电气火灾监控探测器等发出报警信号或处于故障状态时,控制类设备应发出声、光报警信号并记录报警时间;

（2）控制器应显示发出报警信号部件或故障部件的类型和地址注释信息,且显示的地址注释信息应符合规定。

消防联动控制器的联动启动和显示功能应符合下列规定。

（1）消防联动控制器接收到满足联动触发条件的报警信号后,应在 3 s 内发出控制相应受控设备动作的启动信号,点亮启动指示灯,记录启动时间;

（2）消防联动控制器应接收并显示受控部件的动作反馈信息,显示部件的类型和地址注释信息,且显示的地址注释信息应符合定。

消防控制室图形显示装置的消防设备运行状态显示功能应符合下列规定:

（1）消防控制室图形显示装置应接收并显示火灾报警控制器发送的火灾报警信息、故障信息、隔离信息、屏蔽信息和监管信息;

（2）消防控制室图形显示装置应接收并显示消防联动控制器发送的联动控制信息、受控设备的动作反馈信息;

（3）消防控制室图形显示装置显示的信息应与控制器的显示信息一致。

气体灭火系统、防火卷帘系统、防火门监控系统、自动喷水灭火系统、消火栓系统、防烟与排烟系统、消防应急照明及疏散指示系统、电梯与非消防电源等相关系统的联动控制调试,应在各分系统功能调试合格后进行。系统设备功能调试、系统的联动控制功能调试结束后,应恢复系统设备之间、系统设备和受控设备之间的正常连接,并应使系统设备、受控设备恢复正常工作状态。

第七节　常见问题解析

（1）火灾报警系统容易漏设区域：超高层建筑的室内住户部分未设置探测器。强弱电井设置探测器。水泵房、消防控制中心,各类设备用房设置探测器。公共部位未设置楼层显示器。厨房内未设置可燃气体探测器。

（2）火灾报警控制器所连接的设备总数和地址总数不符合规范要求。消防联动控制器地址总数或火灾报警控制器（联动型）所控制的各类模块总数不符合规范要求。

（3）火灾探测器设置不符合要求。选型与场所不符;安装不牢固、松动;安装位置、间距、倾角不符合规范和设计要求;探测器编码与竣工图标识、控制器显示不相对应,不能反映探测器的实际位置;报警功能不正常。

（4）手动火灾报警按钮:报警功能不正常;报警按钮编码与竣工图标识、控制器显示不相对应,不能反映报警按钮的实际位置;安装不符合规范和设计要求;安装不牢固、松动、倾斜。

（5）火灾报警控制器:未选用国家质量认证的产品,安装不符合要求,柜内配线不符合要求,火灾报警控制器电源与接地形式及隔离器的设置不符合要求,控制器13种基本功能（供电、火灾报警、二次报警、故障报警、消音复位、火灾优先、自检、显示与记录、面板检查、报警延时时间、电源自动切换、备用电源充电、电源电压稳定度和负载稳定度功能）不能全部实现,主、备电源容量、电源电性能试验不合格。

（6）火灾显示盘:未选用国家检测中心检验合格的产品,安装不符合要求,电源与接地形式不符合要求。

（7）消防联动控制设备:未选用国家质量认证的产品,安装、配线不符合要求。

（8）消防控制室未设置可直接报警的外线电话;火灾报警控制器、消防联动柜的主电源采用插头连接;消防控制柜未设置手动直接启动消防水泵、防排烟风机的装置。

（9）火灾应急照明的配电线路没有按消防设备用电线路敷设,用普通灯具应急灯具,在火灾时继续工作的场所应急照明时间不够,且照度低,疏散指示数量少、照度不足、安装位置不当。

（10）控制中心报警系统,火灾时不能在消防控制室将火灾疏散层的扬声器和公共广播扩音机强制转入火灾事故广播状态,应急广播未按着火层和上、下层同时动作的要求进行调试。

（11）控制中心报警系统，消防控制室不能监控用于火灾事故广播时的扩音机的工作状态，且不具有遥控开启扩音机和采用使扬声器播音的功能。

（12）消防管线：与消防有关的所有线路明配钢管未刷防火涂料或防火涂料涂刷不均匀。与设备连接处的金属软管未到位。明配及吊顶内线盒未上盖板。吊顶内部分导线未穿管。

（13）联动控制及相关功能不齐全：门禁系统未进行断电控制。常开电动防火门未联动控制。单向逃生锁未联动控制。

（14）消防联动控制系统逻辑关系混乱：相应区域探测器报警，对应区域的正压送风机未启动。一台风机负担多个防烟分区时，防烟分区内探测器报警，所有风口都打开。手动打开排烟口，正压送风口，相应的风机未启动。非消防断电及应急照明强投未编入联动关系。中庭区域报警时，各层卷帘门未启动。大空间探测装置如双波段、光截面及线形探测器报警时未联动相关常规火灾报警系统。消防补风机未编入火灾时启动的联动关系。排烟风机入口处排烟阀门未与排烟风机连锁。

（15）控制中心：引入火灾报警控制器的导线未绑扎成束，未标明编号。控制设备接地支线小于 4 mm²。控制设备背后距墙操作距离小于 1 m。CRT 未完善，外部设备报警后 CRT 界面无反应。消防控制主机存在屏蔽和故障点位。

（16）消防电话系统：主机不能进行分机呼叫。消防外线电话未设置。电梯机房、重要与消防有关的未设备用房未设置电话分机。消防电话分机安装不牢固，电话分机安装位置不合理。

（17）火灾自动报警系统设置形式不明确。对区域报警系统、集中报警系统、控制中心报警系统，《火灾自动报警系统设计规范》（GB 50116—2013)规范要求：区域报警系统，适用于仅需要报警，不需要联动自动消防设备的保护对象；集中报警系统适用于具有联动要求的保护对象；控制中心报警系统一般适用于建筑群或体量很大的保护对象，这些保护对象中可能设置几个消防控制室，也可能由于分期建设而采用了不同企业的产品或同一企业不同系列的产品，或由于系统容量限制而设置了多个起集中作用的火灾报警控制器等，这些情况下均应选择控制中心报警系统。

（18）火灾报警控制器和消防联动控制器设置位置及消防控制室设备布置不符合规范要求（图 13-7-1）。《火灾自动报警系统设计规范》（GB 50116—2013)第 3.4.8 条：消防控制室内设备的布置应符合下列规定：① 设备面盘前的操作距离,单列布置时不应小于 1.5 m;双列布置时不应小于 2 m。② 在值班人员经常工作的一面,设备面盘至墙的距离不应小于 3 m。③ 设备面盘后的维修距离不宜小于 1 m。④ 设备面盘的排列长度大于 4 m 时,其两端应设置宽度不小于 1 m 的通道。⑤ 与建筑其他弱电系统合用的消防控制室内,消防设备应集中设置,并应与其他设备间有明显间隔。消防控制室内设备的布置应符合下列规定（第 6.1.3 条）:火灾报警控制器和消防联动控制器安装在墙上时,其主显示屏高度宜为 1.5～1.8 m,其靠近门轴的侧面距墙不应小于 0.5 m,正面操作距离不应小于 1.2 m。

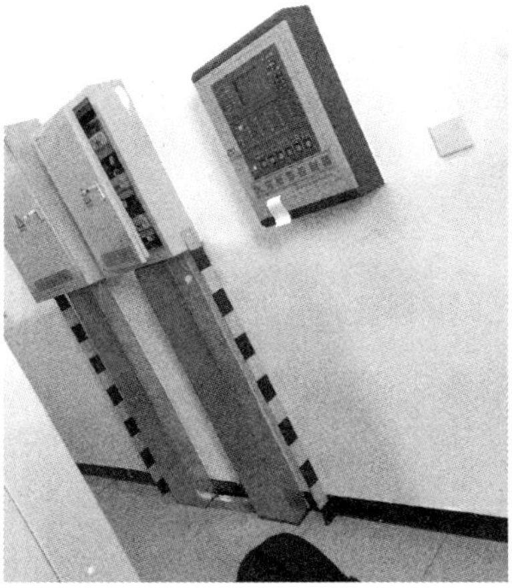

图 13-7-1　设备面盘后的维修距离小于
1 m,不符合要求

（19）建筑物内使用燃气的厨房未设置可燃气体报警装置。《建筑设计防火规范》（GB 50016—2014）（2018 年版）第 8.4.3 条:公共建筑中可能散发可燃蒸气或气体,并存在爆炸危险的场所与部位,例如燃气锅炉房等场所,应设置可燃气体报警装置。

（20）建筑物内高度大于 12 m 空间场所未设置线型光束感烟火灾探测器或其他适用的火灾探测器。《火灾自动报警系统设计规范》（GB 50116—2013）第 12.4 条:建筑物内高度大于 12 m 的空间,火灾初期产生大量烟的场所,应选择线型光束感烟火灾探测器、管路吸气式感烟火灾探测器或图像型感烟火灾探测器。火灾初期产生少量烟并产生明显火焰的场所,应选择 1 级灵敏度的点型红外火焰探测器或图像型火焰探测器,并应降低探测器设置高度。

（21）感烟火灾探测器在格栅吊顶场所设置时镂空面积比例大于 30% 时,探测器未设置于吊顶上方。《火灾自动报警系统设计规范》(GB 50116—2013)第 6.2.18 条:感烟火灾探测器在格栅吊顶场所的设置,镂空面积与总面积的比例大于 30% 时,探测器应设置在吊顶上方。探测器设置在吊顶上方且火警确认灯无法观察时,应在吊顶下方设置火警确认灯。地铁站台等有活塞风影响的场所,楼空面积与总面积的比例为 30%～70% 时,探测器宜同时设置在吊顶上方。

（22）点型探测器至墙壁、梁的水平距离小于 0.5 m（图 13-7-2）。《火灾自动报警系统设计规范》(GB 50116—2013)第 6.2.5 条:探测器至墙壁、梁边的水平距离,不应小于 0.5 m,是为了保证探测器可靠探测。

图 13-7-2 点型探测器至梁的水平距离小于 0.5 m,不符合要求

（23）消防水泵房、发电机房、配变电室、计算机网络机房、主要通风和空调机房、防排烟机房、灭火控制系统操作装置处或控制室、消防值班室、总调度室、消防电梯机房及其他与消防联动控制有关的且经常有人值班的机房未设置消防专用电话分机。《火灾自动报警系统设计规范》(GB 50116—2013)第 6.7.4.1 条:火灾时,这些部位是消防作业的主要场所,与这些部位的通信一定要畅通无阻,以确保消防作业的正常进行。

（24）消防电梯轿厢内部未设置专用消防对讲电话。《建筑设计防火规范》(GB 50016—2014)(2018 年版)第 7.3.8.7 条:电梯轿厢内部应设置专用消防对讲电话。《火灾自动报警系统设计规范》(GB 50116—2013)第 6.7.1 条:消防专用电话网络应为独立的消防通信系统。

（25）消防控制室、消防值班室或企业消防站等处，未设置可直接报警的外线电话。《火灾自动报警系统设计规范》（GB 50116—2013）第 6.7.5 条：消防控制室、消防值班室或企业消防站等处是消防作业的主要场所，应设置可直接报警的外线电话。

（26）老年人照料设施中的老年人用房及其公共走道，未设置声警报装置或消防广播。《建筑设计防火规范》（GB 50016—2014）（2018 年版）第 8.4.1 条：为使老年人照料设施中的人员能及时获知火灾信息，及早探测火情，要求在老年人照料设施中的老年人居室、公共活动用房等老年人用房中设置相应的火灾报警和警报装置。

（27）在环境噪声大于 60 dB 的场所设置的火灾警报器、消防应急广播扬声器在其播放范围内最远点的播放声压级未高于背景噪声 15 dB。《火灾自动报警系统设计规范》（GB 50116—2013）第 6.5.2、6.6.1.2 条，规定了建筑中设置的火灾警报器的声压等级要求。这样便于在各个报警区域内都能听到警报信号声，以满足告知所有人员发生火灾的要求。

（28）火灾确认后，火灾自动报警系统未启动建筑内的所有火灾声光警报器。《火灾自动报警系统设计规范》（GB 50116—2013）第 4.8.1 条：发生火灾时，火灾自动报警系统能够及时准确地发出警报，对保障人员的安全具有至关重要的作用。

（29）消防应急广播未与火灾声警报器分时交替播放。《火灾自动报警系统设计规范》（GB 50116—2013）第 4.8.6 条：火灾声警报器单次发出火灾警报的时间宜为 8～20 s，同时设有消防应急广播时，火灾声警报应与消防应急广播交替循环播放。

（30）高层住宅建筑的公共部位未设置具有语音功能的火灾声警报装置。《火灾自动报警系统设计规范》（GB 50116—2013）第 7.5.1 条。住宅建筑公共部位设置的火灾声警报器应具有语音功能，且应能接受联动控制或由手动火灾报警按钮信号直接控制发出警报。

（31）系统总线上应设置的总线短路隔离器，每只总线短路隔离器保护的火灾探测器、手动火灾报警按钮和模块等消防设备的总数超过 32 点。《火灾自动报警系统设计规范》（GB 50116—2013）第 3.1.6 条：系统总线上应设置总线短路隔离器，每只总线短路隔离器保护的火灾探测器、手动火灾报警按钮和模块等消防设备的总数不应超过 32 点；总线穿越防火分区时，应在穿越处设置总线短路隔离器。

（32）火灾自动报警系统模块设置在配电（控制）柜（箱）内。《火灾自动报警系统设计规范》（GB 50116—2013）第 6.8 条：由于模块工作电压通常为 24 V，不应与其他电压等级的设备混装，因此本条规定严禁将模块设置在配电（控制）柜（箱）内。

（33）火灾自动报警系统联动测试，系统不能联动启动消火栓水泵。《火灾自动报警系统设计规范》（GB 50116—2013）第 4.3 条：火灾自动报警系统应能联动启动消火栓水泵。

（34）火灾自动报警系统联动测试，系统不能联动启动自动喷淋水泵。《火灾自动报警系统设计规范》（GB 50116—2013）第 4.2 条：火灾自动报警系统应能联动启动自动喷淋水泵。《自动喷水灭火系统设计规范》（GB 50084—2017）11.0.1：湿式系统、干式系统应由消防水泵出水干管上设置的压力开关、高位消防水箱出水管上的流量开关和报警阀组压力开关直接自动启动消防水泵。

（35）火灾自动报警系统联动测试，系统不能联动启动防排烟风机。《火灾自动报警系统设计规范》（GB 50116—2013）第 4.5 条：火灾自动报警系统应能联动启动加压风机、送补风机、排烟风机。

（36）火灾自动报警系统联动测试，系统不能自动启动电动挡烟垂壁和开启电动排烟窗。《火灾自动报警系统设计规范》（GB 50116—2013）第 4.5 条；《建筑防烟排烟技术标准》（GB 51215—2017）第 5.2.5、5.2.6 条：火灾自动报警系统应能联动控制电动挡烟垂壁、电动排烟窗。

（37）火灾自动报警系统联动测试，系统不能联动控制防火卷帘门下降，未联动控制常开防火门关闭。《火灾自动报警系统设计规范》（GB 50116—2013）第 4.6 条：火灾自动报警系统应能联动控制防火卷帘门、常开防火门。

（38）火灾自动报警系统联动测试，系统不能联动控制普通电梯、消防电梯迫降至首层或转换层。《火灾自动报警系统设计规范》（GB 50116—2013）第 4.7 条：火灾自动报警系统应能联动控制普通电梯、消防电梯。

（39）火灾自动报警系统联动测试，系统不能联动控制消防应急广播播放。《火灾自动报警系统设计规范》（GB 50116—2013）第 4.8.8 条：消防应急广播系统的联动控制信号应由消防联动控制器发出；当确认火灾后，应同时向全楼进行广播。

（40）火灾自动报警系统联动测试，系统不能联动启动消防应急照明和疏散指示系统。《火灾自动报警系统设计规范》（GB 50116—2013）第 4.9 条：集中控制型消防应急照明和疏散指示系统，应由火灾报警控制器或消防联动控制器启动应急照明控制器实现。

（41）火灾自动报警系统联动测试，系统不能联动切断火灾区域及相关区域的非消防电源，未联动打开疏散通道上的门禁系统控制的门。《火灾自动报警系统设计规范》（GB 50116—2013）第4.10条：消防联动控制器应具有切断火灾区域及相关区域的非消防电源的功能，当需要切断正常照明时，宜在自动喷淋系统、消火栓系统动作前切断。

（42）气体灭火系统、干粉灭火系统联动控制信号未关闭防护区域的送（排）风机及送（排）风阀门。《火灾自动报警系统设计规范》（GB 50116—2013）第4.4.2.3条：发生火灾时，气体灭火控制器、泡沫灭火控制器接收到第一个火灾报警信号后，启动防护区内的火灾声光警报器，警示处于防护区域内的人员撤离；接收到第二个火灾报警信号后，联动关闭排风机、防火阀、空气调节系统，启动防护区域开口封闭装置。

（43）消防控制室不能手动直接启动消防水泵、消防风机。《火灾自动报警系统设计规范》（GB 50116—2013）第4.2、4.3、4.5条：手动控制方式，应将消防水泵控制箱（柜）、消防风机的启动、停止按钮用专用线路直接连接至设置在消防控制室内的消防联动控制器的手动控制盘。

（44）气体灭火系统、干粉灭火系统未在所有防护区出入口处设置声光警报装置和喷洒指示灯安全标志；气体灭火联动试验，喷洒指示灯未点亮。《火灾自动报警系统设计规范》（GB 50116—2013）第4.4.2.5条：发生火灾时，气体灭火控制器、泡沫灭火控制器接收到第一个火灾报警信号后，启动防护区内的火灾声光警报器，警示处于防护区域内的人员撤离；启动安装在防护区门外指示灭火剂喷放的火灾声光报警器（带有声警报的气体释放灯），是防止气体灭火防护区在气体释放后出现人员误入现象。

（45）设有消防控制室的场所，气体灭火控制系统、泡沫灭火控制系统信息无反馈。《火灾自动报警系统设计规范》（GB 50116—2013）第4.4.5条：气体灭火装置、泡沫灭火装置启动及喷放各阶段的联动控制及系统的反馈信号，应反馈至消防联动控制器及系统的联动反馈信号应包括下列内容：① 气体灭火控制器、泡沫灭火控制器直接连接的火灾探测器的报警信号；② 选择阀的工作信号；③ 压力开关的动作信号。

（46）未按规范要求设置消防电源监控系统。《火灾自动报警系统设计规范》（GB 50116—2013）第3.4.2条：消防控制室内设置的消防设备应包括消防电源监控器等设备。

（47）未按规范要求设置防火门监控系统。《火灾自动报警系统设计规范》

（GB 50116—2013）第 4.6.1 条：疏散通道上各防火门的开启、关闭及故障状态信号应反馈至防火门监控器。

（48）消防控制室穿过与消防设施无关的电气线路及管路。《火灾自动报警系统设计规范》（GB 50116—2013）第 3.4.6 条：消防控制室内（包括吊顶上、地板下）的线路管道已经很多，大型工程更多，为保证消防控制设备安全运行、便于检查维修，其他与消防设施无关的电气线路和管网不得穿过消防控制室，以免互相干扰造成混乱或事故。

（49）火灾自动报警系统、灭火系统和其他联动控制设备设在手动状态。《消防控制室通用技术要求》（GB 25506—2010）第 4.2.1.c 条：火灾自动报警系统、灭火系统和其他联动控制设备处于正常工作状态，不得将应处于自动状态的设在手动状态。

（50）消防水泵、防排烟风机、防火卷帘等消防用电设备的配电柜启动开关处于手动状态。《消防控制室通用技术要求》（GB 25506—2010）第 4.2.1.d 条：确保消防水泵、防排烟风机、防火卷帘等消防用电设备的配电柜启动开关处于自动位置，不得将应处于自动状态的设在手动状态

（51）火灾自动报警系统的供电线路、消防联动控制线路未采用耐火铜芯电线电缆。《火灾自动报警系统设计规范》（GB 50116—2013）第 11.2.2 条：火灾自动报警系统的供电线路、消防联动控制线路应采用耐火铜芯电线电缆，报警总线、消防应急广播和消防专用电话等传输线路应采用阻燃或阻燃耐火电线电缆。

（52）不同电压等级的线缆穿入同一根保护管内，当合用同一线槽时，线槽内无隔板分隔。《火灾自动报警系统设计规范》（GB 50116—2013）第 11.2.5 条：不同电压等级的线缆不应穿入同一根保护管内，当合用同一线槽时，线槽内应有隔板分隔。

（53）探测器、手动报警按钮的报警信息不能显示准确位置，报警信息不可打印。《消防控制室通用技术要求》（GB 25506—2010）第 5.1.c 条：当有火灾报警信号、监管报警信号、反馈信号、屏蔽信号、故障信号输入时，应有相应状态的专用总指示，在总平面布局图中应显示输入信号所在的建（构）筑物的位置，在建筑平面图上应显示输入信号所在的位置和名称，并记录时间、信号类别和部位等信息。

（54）消防控制室图形显示装置等设备未设蓄电池备用电源。《火灾自动报警系统设计规范》（GB 50116—2013）第 10.1 条：蓄电池备用电源主要用于停电条件下保证火灾自动报警系统的正常工作。

第十四章 消防电气

第一节　消防电源

1. 用电负荷应根据对供电可靠性的要求及中断供电所造成的损失或影响程度确定,并符合下列要求

（1）符合下列情况之一时,应定为一级负荷:① 中断供电将造成人身伤害;② 中断供电将造成重大损失或重大影响;③ 中断供电将影响重要用电单位的正常工作,或造成人员密集的公共场所秩序严重混乱。

（2）特别重要场所不允许中断供电的负荷应定为一级负荷中的特别重要负荷。

（3）符合下列情况之一时,应定为二级负荷:① 中断供电将造成较大损失或较大影响;② 中断供电将影响较重要用电单位的正常工作或造成人员密集的公共场所秩序混乱。

（4）不属于一级和二级的用电负荷应定为三级负荷。

用电负荷分级是根据电力负荷因事故中断供电造成的损失或影响的程度,区分其对供电可靠性的要求,损失或影响越大,对供电可靠性的要求越高。负荷分级主要是从安全和经济损失两个方面来确定。电力负荷分级的意义在于正确地反映它对供电可靠性要求的界限,以便恰当地选择符合实际水平的供电方式,保护人员生命安全,并根据负荷等级采取相应的供电方式,提高投资的经济效益和社会效益。

2. 下列建筑物的消防用电应按一级负荷供电

（1）建筑高度大于 50 m 的乙、丙类厂房和丙类仓库;

（2）一类高层民用建筑。

3. 下列建筑物、储罐(区)和堆场的消防用电应按二级负荷供电

(1)室外消防用水量大于 30 L/s 的厂房(仓库);

(2)室外消防用水量大于 35 L/s 的可燃材料堆场、可燃气体储罐(区)和甲、乙类液体储罐(区);

(3)粮食仓库及粮食简仓;

(4)二类高层民用建筑;

(5)座位数超过 1 500 个的电影院、剧场,座位数超过 3 000 个的体育馆,任一层建筑面积大于 3 000 m² 的商店和展览建筑,省(市)级及以上的广播电视、电信和财贸金融建筑,室外消防用水量大于 25 L/s 的其他公共建筑。

4. 除一级负荷供电和二级负荷供电外的建筑物、储罐(区)和堆场等的消防用电,可按三级负荷供电

5. 一、二类隧道的消防用电应按一级负荷要求供电,三类隧道的消防用电应按二级负荷要求供电

消防用电的可靠性是保证建筑消防设施可靠运行的基本保证。根据建筑扑救难度和建筑的功能及其重要性以及建筑发生火灾后可能的危害与损失、消防设施的用电情况,确定了建筑中的消防用电设备要求按一级负荷进行供电的建筑范围。本规范中的"消防用电"包括消防控制室照明、消防水泵、消防电梯、防烟排烟设施、火灾探测与报警系统、自动灭火系统或装置、疏散照明、疏散指示标志和电动的防火门窗、卷帘、阀门等设施、设备在正常和应急情况下的用电。

6. 一级负荷应由双重电源供电,当一个电源发生故障时,另一个电源不应同时受到损坏

(1)对于一级负荷中的特别重要负荷,其供电应符合下列要求:① 除双重电源供电外,尚应增设应急电源供电;② 应急电源供电回路应自成系统,且不得将其他负荷接入应急供电回路;③ 应急电源的切换时间,应满足设备允许中断供电的要求;④ 应急电源的供电时间,应满足用电设备最长持续运行时间的要求;⑤ 对一级负荷中的特别重要负荷的末端配电箱切换开关上端口宜设置电源监测和故障报警。

近年来供电系统的运行实践经验证明,从电力网引接两回路电源进线加备用自投(BZT)的供电方式,不能满足一级负荷中特别重要负荷对供电可靠性及连续性的要求,有的全部停电事故是由内部故障引起的,也有的是由电力网故障引起的。由于地区大电力网在主网电压上部是并网的,所以用电部门无论从电网取几路电源进线,都无法得到严格意义上的两个独立电源。因此,电力网的各种故障,可能引起全部电源进线同时失去电源,造成停电事故。

对一级负荷中特别重要的负荷,需要由与电网不并列的、独立的应急电源供电。禁止应急电源与工作电源并列运行,目的在于防止工作电源故障时可能拖垮应急电源

7. 二级负荷的供电应符合下列规定

(1)二级负荷的外部电源进线宜由35 kV、20 kV 或10 kV 双回线路供电;当负荷较小或地区供电条件困难时,二级负荷可由35 kV、20 kV 或10 kV 专用的架空线路供电;

(2)当建筑物由一路35 kV、20 kV 或10 kV 电源供电时,二级负荷可由两台变压器各引一路低压回路在负荷端配电箱处切换供电,另有特殊规定者除外;

(3)当建筑物由双重电源供电,且两台变压器低压侧设有母联开关时,二级负荷可由任一段低压母线单回路供电;

(4)对于冷水机组(包括其附属设备)等季节性负荷为二级负荷时,可由一台专用变压器供电;

(5)由双重电源的两个低压回路交叉供电的照明系统,其负荷等级可定为二级负荷。

由于二级负荷停电影响较大,因此宜由两回线路(由一个城网变电所引来的两个配出回路)供电,配电变压器也宜选两台(两台变压器可不在同一变电所)。只有当负荷较小或地区供电条件困难时,才允许由一回10 kV 及以上的专用架空线或电缆供电。当线路自上一级变电所用电缆引出时必须采用两根电缆组成的电缆线路,其每根电缆应能承受二级负荷的100%,且互为热备用。

8. 三级负荷可采用单电源单回路供电

第二节　备用发电机和柴油发电机房

1. 自备应急柴油发电机组和备用柴油发电机组的机房设计应符合下列规定

(1)机房宜布置在建筑的首层、地下室、裙房屋面。当地下室为三层及以上时,机密不宜设置在最底层,并靠近变电所设置。机房宜靠建筑外墙布置,应有通风、防潮、机组的排烟、消声和减振等措施并满足环保要求。

(2)机房宜设有发电机间、控制室及配电室、储油间、备品备件储藏间等。当发电机组单机容量不大于1 000 kW 或总容量不大于1 200 kW 时,发电机间、控

制室及配电室可合并设置在同一房间。

（3）发电机间、控制室及配电室不应设在厕所、浴室或其他经常积水场所的正下方或贴邻。

（4）民用建筑内的柴油发电机房，应设置火灾自动报警系统和自动灭火设施。

2. 自备应急柴油发电机组和备用柴油发电机组的选择应符合下列规定

（1）机组容量与台数应根据应急或备用负荷大小以及单台电动机最大启动容量等综合因素确定。当应急或备用负荷较大时，可采用多机并列运行，应急柴油发电机组并机台数不宜超过 4 台，备用柴油发电机组并机台数不宜超过 7 台。额定电压为 230 V/400 V 的机组并机后总容量不宜超过 3 000 kW。当受并机条件限制时，可实施分区供电。

（2）方案及初步设计阶段，应急柴油发电机组容量可按配电变压器总容量的 10%～20% 进行估算。施工图设计阶段，宜按下列方法计算的最大容量确定：① 按需要供电的稳定负荷来计算发电机容量；② 按最大的单台电动机或成组电动机启动的需要，计算发电机容量；③ 按启动电动机时，发电机母线允许电压降计算发电机容量。

（3）备用柴油发电机组容量的选择，应按工作电源所带全部容量或一级二级负荷容量确定。

（4）当有电梯负荷时，在全电压启动最大容量笼型电动机情况下，发电机母线电压不应低于额定电压的 80%；当无电梯负荷时，其母线电压不应低于额定电压的 75%。当条件允许时，电动机可采用降压启动方式。

（5）当多台机组需要并机时，应选择型号、规格和特性相同的机组和配套设备。

（6）宜选用高速柴油发电机组和无刷励磁交流同步发电机，配自动电压调整装置。选用的机组应装设快速自启动装置和电源自动切换装置。

（7）当发电机房设置不能满足周边环境噪声要求时，宜选择自带消声处理装置的发电机组。

（8）柴油发电机组的单机容量，额定电压为 3～10 kV 时不宜超过 2 400 kW，额定电压为 1 kV 以下时不宜超过 1 600 kW。

（9）3～10 kV 高压发电机组的电压等级宜与用户侧供电电压等级一致。

第 1 款　确定机组容量时，除考虑应急负荷总容量之外，还应着重考虑启动电动机容量。因单台电动机最大启动容量对确定机组容量有直接关系，决定机组能启动电动机容量大小的因素又很多,它与发电机的技术性能、柴油机的调速性能、电动机的极对数、启动时发电机所带负荷大小和功率因数的高低、发电机的励磁和调压方式以及用电负荷对电压指标的要求等因素有关。因此,设计确定机组容量,应具体分析区别对待。

第2款 根据国内外现有一些高层建筑用电指标统计,应急发电机容量约占供电变压器总容量的10%～20%。国外建筑物配电变压器容量一般选择得较富裕,因此后一个指标偏差较大。根据我国现实情况,建筑物规模大时取下限,规模小时取上限。

第4款 规定母线电压不得低于80%,基于下列几方面的因素。

（1）保证电动机有足够的启动转矩,因启动转矩是与电源电压的平方成正比的。

（2）不致因母线电压过低而影响其他用电设备的正常工作,尤其是对电压比较敏感的设备。

（3）要保证接触器等开关接触设备的吸引线圈能可靠地工作。当直接启动大容量的笼型电动机时,发电机母线的电压降落太大,影响应急电力设备启动或正常运行时,不应首先考虑加大发电机组的容量,而应采取其他措施来减少发电机母线的电压波动,如采用电动机降压启动方式等。

第7款 本款是为了防止发电机运行时的噪声对周边环境有较大影响,而选择自带消声处理装置的发电机组时能够较好地降低发电机组的噪声。

第8款 本款主要从自备应急柴油发电机组的综合性价比及安装运行成本上对其单机容量做了规定,3～10 kV时不宜超过2 400 kW,1 kV以下时不宜超过1 600 kW,此时综合性价比及安装运行成本相对较好。

第9款 规定3～10 kV中压发电机组的电压等级与用户侧供电电压等级一致,能够简化应急或备用电供配电系统,提高其安全性,减少供配电系统的电压等级。

3. 布置在民用建筑内的柴油发电机房应符合下列规定

（1）宜布置在首层或地下一、二层。

（2）不应布置在人员密集场所的上一层、下一层或贴邻。

（3）应采用耐火极限不低于2 h的防火隔墙和1.5 h的不燃性楼板与其他部位分隔,门应采用甲级防火门。

（4）机房内设置储油间时,其总储存量不应大于1 m³,储油间应采用耐火极限不低于3 h的防火隔墙与发电机间分隔;确需在防火隔墙上开门时,应设置甲级防火门。

（5）应设置火灾报警装置。

（6）应设置与柴油发电机容量和建筑规模相适应的灭火设施，当建筑内其他部位设置自动喷水灭火系统时，机房内应设置自动喷水灭火系统。

柴油发电机是建筑内的备用电源，柴油发电机房需要具有较高的防火性能，使之能在应急情况下保证发电。同时，柴油发电机本身及其储油设施也具有一定的火灾危险性。因此，应将柴油发电机房与其他部位进行良好的防火分隔，还要设置必要的灭火和报警设施。对于柴油发电机房内的灭火设施，应根据发电机组的大小、数量、用途等实际情况确定。

第三节 变配电房

（1）附设在建筑内的变配电室，应采用耐火极限不低于 2 h 的防火隔墙和 1.5 h 的楼板与其他部位分隔。变配电室开向建筑内的门应采用甲级防火门。

（2）配电室应设置备用照明，其作业面的最低照度不应低于正常照明的照度。

第四节 其他备用电源

1. EPS 的选择和配电设计应符合下列规定

（1）EPS 应按负荷性质、负荷容量及备用供电时间等要求选择。

（2）电感性和混合性的照明负荷宜选用交流制式的 EPS；纯阻性及交、直流共用的照明负荷宜选用直流制式的 EPS。

（3）EPS 的额定输出功率不应小于所连接的应急照明负荷总容量的 1.3 倍。

（4）EPS 的蓄电池初装容量应按疏散照明时间的 3 倍配置，有自备柴油发电机组时 EPS 的蓄电池初装容量应按疏散照明时间的 1 倍配置。

（5）EPS 单机容量不应大于 90 kV·A。

（6）EPS 的切换时间，应满足下列要求：① 用作安全照明电源装置时，不应大于 0.25 s；② 用作人员密集场所的疏散照明电源装置时，不应大于 0.25 s，其他场所不应大于 5 s；③ 用作备用照明电源装置时不应大于 5 s，金融、商业交易场所不应大于 1.5 s；④ 当需要满足金属卤化物灯或 HID 气体放电灯的电源切换要求时，EPS 的切换时间不应大于 3 ms。

（7）当负荷过载为额定负荷的 120% 时，EPS 应能长期工作。

（8）EPS的逆变工作效率应大于90％。

2. 符合下列情况之一时，应设置UPS

（1）当用电负荷不允许中断供电时；

（2）允许中断供电时间为毫秒级的重要场所的应急备用电源。

3. UPS的选择，应按负荷性质、负荷容量、允许中断供电时间等要求确定，并应符合下列规定

（1）UPS宜用于电容性和电阻性负荷；

（2）为信息网络系统供电时，UPS的额定输出功率应大于信息网络设备额定功率总和的1.2倍，对其他用电设备供电时，其额定输出功率应为最大计算负荷的1.3倍；

（3）当选用两台UPS并列供电时，每台UPS的额定输出功率应大于信息网络设备额定功率总和的1.2倍；

（4）UPS的蓄电池组容量应由用户根据具体工程允许中断供电时间的要求选定；

（5）UPS的工作制，宜按连续工作制考虑。

第五节　消防配电

1. 建筑内消防应急照明和灯光疏散指示标志的备用电源的连续供电时间应符合下列规定

（1）建筑高度大于100 m的民用建筑，不应小于1.5 h；

（2）医疗建筑、老年人照料设施、总建筑面积大于100 000 m² 的公共建筑和总建筑面积大于20 000 m² 的地下、半地下建筑，不应少于1 h；

（3）其他建筑，不应少于0.5 h。

疏散照明和疏散指示标志是保证建筑中人员疏散安全的重要保障条件，应急备用照明主要用于建筑中消防控制室、重要控制室等一些特别重要岗位的照明。在火灾时，在一定时间内持续保障这些照明，十分重要。

2. 消防用电设备应采用专用的供电回路，当建筑内的生产、生活用电被切断时，应仍能保证消防用电。备用消防电源的供电时间和容量，应满足该建筑火灾延续时间内各消防用电设备的要求

该条旨在保证消防用电设备供电的可靠性。实践中，尽管电源可靠，但如果消防设备的配电线路不可靠,仍不能保证消防用电设备供电可靠性,因此要求消防用电设备采用专用的供电回路,确保生产、生活用电被切断时,仍能保证消防供电。

3. 消防配电干线宜按防火分区划分,消防配电支线不宜穿越防火分区

4. 消防控制室、消防水泵房、防烟和排烟风机房的消防用电设备及消防电梯等的供电,应在其配电线路的最末一级配电箱处设置自动切换装置

对于消防控制室、消防水泵房、防烟和排烟风机房的消防用电设备及消防电梯等,为上述消防设备或消防设备室处的最末级配电箱;对于其他消防设备用电,如消防应急照明和疏散指示标志等,为这些用电设备所在防火分区的配电箱。

5. 按一、二级负荷供电的消防设备,其配电箱应独立设置;按三级负荷供电的消防设备,其配电箱宜独立设置。消防配电设备应设置明显标志

火场的温度往往很高,如果安装在建筑中的消防设备的配电箱和控制箱无防火保护措施,当箱体内温度达到 200 ℃及以上时,箱内电器元件的外壳就会变形跳闸,不能保证消防供电。对消防设备的配电箱和控制箱应采取防火隔离措施,可以较好地确保火灾时配电箱和控制箱不会因为自身防护不好而影响消防设备正常运行。

6. 消防配电线路应满足火灾时连续供电的需要,其敷设应符合下列规定

(1)明敷时(包括敷设在吊顶内),应穿金属导管或采用封闭式金属槽盒保护,金属导管或封闭式金属槽盒应采取防火保护措施(图 14-5-1);当采用阻燃或耐火电缆并敷设在电缆井、沟内时,可不穿金属导管或采用封闭式金属槽盒保护;当采用矿物绝缘类不燃性电缆时,可直接明敷。

(2)暗敷时,应穿管并应敷设在不燃性结构内且保护层厚度不应小于 30 mm。

(3)消防配电线路宜与其他配电线路分开敷设在不同的电缆井、沟内;确有困难需敷设在同一电缆井、沟内时,应分别布置在电缆井、沟的两侧,且消防配电线路应采用矿物绝缘类不燃性电缆。

电气线路的敷设方式主要有明敷和暗敷两种方式。对于明敷,由于线路暴露在外,火灾时容易受火焰或高温的作用而损毁,因此,规范要求线路明敷时要穿金属导管或金属线槽并采取保护措施。保护措施一般可采取包覆防火材料或涂刷防火涂料。对于阻燃或耐火电缆,由于其具有较好的阻燃和耐火性能,故当敷设在电缆井、沟内时，可不穿金属导管或封闭式金属槽盒。矿物绝缘类不燃性电缆由铜芯、矿物质绝缘材料、铜等金属护套组成，除具有良好的导电性能、机械物理性能、耐火性能外，还具有良好的不燃性，这种电缆在火灾条件下不仅能够保证火灾延续时间内的消防供电，还不会延燃、不产生烟雾，故规范允许这类电缆可以直接明敷。暗敷设时，配电线路穿金属导管并敷设在保护层厚度达到 30 mm 以上的结构内，是考虑到这种敷设方式比较安全、经济，且试验表明，这种敷设能保证线路在火灾中继续供电，故规范对暗敷时的厚度做出相关规定。

图 14-5-1　穿金属导管未采取防火保护措施

第六节　用电设施和电气火灾监控系统

1. 架空电力线与甲、乙类厂房（仓库），可燃材料堆垛，甲、乙、丙类液体储罐，液化石油气储罐，可燃、助燃气体储罐的最近水平距离应符合表 14-6-1 规定

（1）35 kV 及以上架空电力线与单罐容积大于 200 m³ 或总容积大于 1 000 m³ 的液化石油气储罐（区）的最近水平距离不应小于 40 m。

表 14-6-1　架空电力线与甲、乙类厂房（仓库）、可燃材料堆垛等的最近水平距离

名　称	架空电力线
甲、乙类厂房（仓库），可燃材料堆垛，甲、乙类液体储罐，液化石油气储罐，可燃、助燃气体储罐	电杆（塔）高度的 1.5 倍
直埋地下的甲、乙类液体储罐和可燃气体储罐	电杆（塔）高度的 0.75 倍
丙类液体储罐	电杆（塔）高度的 1.2 倍
直埋地下的丙类液体储罐	电杆（塔）高度的 0.6 倍

甲、乙类厂房、甲、乙类仓库，可燃材料堆垛，甲、乙、丙类液体储罐，液化石油气储罐和可燃、助燃气体储罐，均为容易引发火灾且难以扑救的场所和建筑。该条确定的这些场所或建筑与电力架空线的最近水平距离，主要考虑了架空电力

线在倒杆断线时的危害范围。对于容积大的液化石油气单罐,实践证明,保持与高压架空电力线 1.5 倍杆(塔)高的水平距离,难以保障安全。因此,该条规定 35 kV 以上的高压电力架空线与单罐容积大于 200 m³ 液化石油气储罐或总容积大于 1 000 m³ 的液化石油气储罐区的最小水平间距,当根据表 14-6-1 的规定按电杆或电塔高度的 1.5 倍计算后,距离小于 40 m 时,仍需要按照 40 m 确定。

2. **电力电缆不应和输送甲、乙、丙类液体管道、可燃气体管道、热力管道敷设在同一管沟内**

在厂矿企业特别是大、中型工厂中,将电力电缆与输送原油、苯、甲醇、乙醇、液化石油气、天然气、乙炔气、煤气等各类可燃气体、液体管道敷设在同一管沟内的现象较常见。由于上述液体或气体管道渗漏、电缆绝缘老化、线路出现破损、产生短路等原因,可能引发火灾或爆炸事故。

3. **配电线路不得穿越通风管道内腔或直接敷设在通风管道外壁上,穿金属导管保护的配电线路可紧贴通风管道外壁敷设。配电线路敷设在有可燃物的闷顶、吊顶内时,应采取穿金属导管、采用封闭式金属槽盒等防火保护措施**

低压配电线路因使用时间长绝缘老化,产生短路着火或因接触电阻大而不散热。因此,规定了配电线路不应敷设在金属风管内,但采用穿金属导管保护的配电线路,可以紧贴风管外壁敷设。过去发生在有可燃物的闷顶(吊顶与屋盖或上部楼板之间的空间)或吊顶内的电气火灾,大多因未采取穿金属导管保护,电线使用年限长、绝缘老化,产生漏电着火或电线过负荷运行发热着火等引起。

4. **开关、插座和照明灯具靠近可燃物时,应采取隔热、散热等防火措施。卤钨灯和额定功率不小于 100 W 的白炽灯泡的吸顶灯、槽灯、嵌入式灯,其引入线应采用瓷管、矿棉等不燃材料作隔热保护。额定功率不小于 60 W 的白炽灯、卤钨灯、高压钠灯、金属卤化物灯、荧光高压汞灯(包括电感镇流器)等,不应直接安装在可燃物体上或采取其他防火措施**

5. **可燃材料仓库内宜使用低温照明灯具,并应对灯具的发热部件采取隔热等防火措施,不应使用卤钨灯等高温照明灯具。配电箱及开关应设置在仓库外**

6. **老年人照料设施的非消防用电负荷应设置电气火灾监控系统。下列建筑或场所的非消防用电负荷宜设置电气火灾监控系统**

(1)建筑高度大于 50 m 的乙、丙类厂房和丙类仓库,室外消防用水量大于 30 L/s 的厂房(仓库);

（2）一类高层民用建筑；

（3）座位数超过 1 500 个的电影院、剧场，座位数超过 3 000 个的体育馆，任一层建筑面积大于 3 000 m² 的商店和展览建筑，省(市)级及以上的广播电视、电信和财贸金融建筑，室外消防用水量大于 25 L/s 的其他公共建筑；

（4）国家级文物保护单位的重点砖木或木结构的古建筑。

7. 电气火灾监控系统应由下列部分或全部设备组成

（1）电气火灾监控器、接口模块；

（2）剩余电流式电气火灾探测器；

（3）测温式电气火灾探测器；

（4）故障电弧探测器。

电气火灾监控系统由① 电气火灾监控器、接口模块；② 剩余电流式电气火灾探测器；③ 测温式电气火灾探测器；④ 电弧故障探测器等部分或全部设备组成。工程中是必选项，①＋②＋③可组合成一种测剩余电流＋测温式电气火灾监控系统。也可由①＋③＋④组合成一种测电弧故障＋测温式电气火灾监控系统。还可根据配电线路火灾危险性分别设置不同的电气火灾探测器，例如大型商场的照明配电线路可采用电弧故障探测器＋测温式探测器，动力负荷的配电线路可采用剩余电流式探测器＋测温式探测器组合混合式电气火灾监控系统。

8. TN-C-S 系统、TN-S 系统或 TT 系统中的非消防负荷的配电回路中设置电气火灾监控系统时，应符合下列规定

（1）电气火灾监控系统应独立设置，设有火灾自动报警系统的场所，电气火灾监控系统应作为其子系统；

（2）电气火灾监控系统应检测配电线路的剩余电流和温度，当超过限定值时应报警；

（3）电气火灾监控系统应具备图形显示装置接入功能，实时传送监控信息，显示监控数值和报警部位。

9. 剩余电流式电气火灾探测器、测温式电气火灾探测器和电弧故障探测器的监测点设置应符合下列规定

（1）计算电流 300 A 及以下时，宜在变电所低压配电室或总配电室集中测量；300 A 以上时，宜在楼层配电箱进线开关下端口测量。当配电回路为封闭母线槽或预制分支电缆时，宜在分支线路总开关下端口测量。

（2）建筑物为低压进线时，宜在总开关下分支回路上测量。

（3）国家级文物保护单位、砖木或木结构重点古建筑的电源进线宜在总开关的下端口测量。

在电气火灾监控系统设计中,监测点的设置至关重要。如设计得不合理,误报率将很高。通常监测点的设置要考虑两个问题:一是配电回路的自然漏流对测量的影响和自然漏流波动对测量的影响;二是电气火灾易发生的部位。由于配电线路的分布电容与线路容量、线路长短、敷设方式与空气湿度等有关,考虑到自然漏流波动较大,为了减少误报,监测点的设置应符合条款中的规定。配电线路的温度监测点应与剩余电流式电气火灾探测器的监测点设置在相同部位。电缆与保护电器接驳处应设温度监测,温度监测采用直接接触方式,覆盖 LA、LB、LC、N 四线。

10. 已设置直接及间接接触电击防护的剩余电流保护电器的配电回路,不应重复设置剩余电流式电气火灾监控器

人身安全防护高于电气火灾防护,用于人身安全防护的剩余电流保护装置可直接消除金属接地性及电弧性的电气火灾隐患,因此不需重复设置。

11. 设置了电气火灾监控系统的档口式家电商场、批发市场等场所的末端配电箱应设置电弧故障火灾探测器或限流式电气防火保护器。储备仓库、电动车充电等场所的末端回路应设置限流式电气防火保护器

12. 电气火灾监控系统的剩余电流动作报警值宜为 300 mA。测温式火灾探测器的动作报警值宜按所选电缆最高耐温的 70%～80%设定

13. 电气火灾监控系统应采用具备门槛电平连续可调的剩余电流动作报警器;测温式火灾探测器的动作报警值应具备 0 ℃～150 ℃连续可调功能

配电线路中都存在着自然漏流,其直接影响报警的准确性,因此应采取措施尽量抵消。方法一是将监测点设置在负荷侧,干线部分的自然漏流对测量没有影响。方法二是将监测点设置在电源侧,采用下限连续可调的剩余电流式电气火灾监控探测器抵消自然漏流的影响。配电线路设置的测温式火灾探测器的动作报警值应具备 0 ℃～150 ℃连续可调,是考虑到电缆最高耐温等级不同,电缆的温度报警值也不同,为了适应各种电缆报警值的要求做此规定。

14. 采用独立式电气火灾监控设备的监控点数不超过 8 个时,可自行组成系统,也可采用编码模块接入火灾自动报警系统。报警点位号在火灾报警器上显示,应区别于火灾探测器编号

当采用独立式电气火灾监控探测器报警时,如有集中监视要求,可利用火灾自动报警系统的编码块与其连接组成一个系统。另外，一些产品制造商为了适应市场需求，研发了 16 点的小型电气火灾监控器，也是独立式电气火灾监控探测器如有集中监视要求时的一个选项。

15. 电气火灾监控系统的控制器应安装在建筑物的消防控制室内，宜由消防控制室统一管理

关于电气火灾监控系统控制器的安装，国内有两种观点：一是将其安装于消防控制室，二是将其安装于变电所。安装在消防控制室的理由是该系统也是火灾报警系统，且消防控制室在 24 h 内均有人值班，便于维护和管理。安装于变电所内的理由是该系统监测的是配电线路的接地故障，一旦出现问题值班人员可以马上处理。从上述看二者都有道理，但从工程实际情况看，很多变电所无人值班或非 24 h 值班。因此，本标准规定将其安装于消防控制室。

16. 电气火灾监控系统的导线选择、线路敷设、供电电源及接地，应与火灾自动报警系统要求相同

第七节　应急照明

1. 下列场所应设置备用照明

（1）正常照明失效可能造成重大财产损失和严重社会影响的场所；

（2）正常照明失效妨碍灾害救援工作进行的场所；

（3）人员经常停留且无自然采光的场所；

（4）正常照明失效将导致无法工作和活动的场所；

（5）正常照明失效可能诱发非法行为的场所。

设置备用照明可以保证人们暂时的继续工作和采取应急处理避免可能引发的事故或损失。

2. 当正常照明的负荷等级与备用照明负荷等级相等时可不另设备用照明

3. 备用照明的照度标准值应符合下列规定

（1）供消防作业及救援人员在火灾时继续工作场所的备用照明，应符合现行国家标准《建筑设计防火规范》GB 50016—2013 的规定；

（2）其他场所的备用照明照度标准值除另有规定外，应不低于该场所一般照明照度标准值的 10%。

本条文仅规定了民用建筑中必要的通用场所备用照明的照度要求，医疗、金融、教育、体育、会展等各类建筑中的专用场所的备用照明要求,应符合相关规范的要求。

4. 备用照明的设置应符合下列规定

(1)备用照明宜与正常照明统一布置;

(2)当满足要求时应利用正常照明灯具的部分或全部作为备用照明;

(3)独立设置备用照明灯具时,其照明方式宜与正常照明一致或相类似。

5. 下列场所应设置安全照明

(1)人员处于非静止状态且周围存在潜在危险设施的场所;

(2)正常照明失效可能延误抢救工作的场所;

(3)人员密集且对环境陌生时,正常照明失效易引起恐慌骚乱的场所;

(4)与外界难以联系的封闭场所。

人员处于非静止状态且周围存在潜在危险设施的场所,如设有圆盘锯的木材加工间、体育运动项目中的跳水和体操场地等,当正常照明因故失效后,人员由于无法有效观察周围环境而极易发生人身伤害,因此需要设置不中断或瞬时恢复的应急照明。

6. 安全照明的照度标准值应符合下列规定

(1)医院手术室、重症监护室应维持不低于一般照明照度标准值的30%;

(2)其他场所不应低于该场所一般照明照度标准值的10%,且不应低于15 Lx。

本条文中医院手术室、重症监护室的正常照明是指该场所的一般照明,并不包括手术无影灯等专用医疗器械所形成的局部工作照明。

7. 安全照明的设置应符合下列规定

(1)应选用可靠、瞬时点燃的光源;

(2)应与正常照明的照射方向一致或相类似并避免眩光;

(3)当光源特性符合要求时,宜利用正常照明中的部分灯具作为安全照明;

(4)应保证人员活动区获得足够的照明需求,而无须考虑整个场所的均匀性。

处于非静止状态且周围存在潜在危险设施的人员,在正常照明失效的瞬间,需要迅速在安全照明的作用下做出应急反应,此时安全照明保持与正常照明一致的照射方向会有效加速对周围环境特征的识别过程;且此时该场所中所有对人员不存在潜在危险的区域并不需要立即被有效识别。

8. 当在一个场所同时存在备用照明和安全照明时,宜共用同一组照明设施并满足二者中较高负荷等级与指标的要求

当备用照明和安全照明采用同一组照明设施时,应按二者中照度标准值要求较高的确定,其照明持续时间应满足备用照明的需求,而照明转换时间应满足安全照明的需求。

第八节　对土建专业的要求

1. 民用建筑内的变电所对外开的门应为防火门,并应符合下列规定

（1）变电所位于高层主体建筑或裙房内时,通向其他相邻房间的门应为甲级防火门,通向过道的门应为乙级防火门;

（2）变电所位于多层建筑物的二层或更高层时,通向其他相邻房间的门应为甲级防火门,通向过道的门应为乙级防火门;

（3）变电所位于多层建筑物的首层时,通向相邻房间或过道的门应为乙级防火门;

（4）变电所位于地下层或下面有地下层时,通向相邻房间或过道的门应为甲级防火门;

（5）变电所通向汽车库的门应为甲级防火门;

（6）当变电所设置在建筑首层,且向室外开门的上层有窗或非实体墙时,变电所直接通向室外的门应为丙级防火门。

变电所的所有对外开门,均应采用防火门,一方面是为了变电所外部发生火灾时不对供电造成大的影响,另一方面是在变电所内部发生火灾时,尽量限制在本范围内。门的开启方向,应本着安全疏散的原则,均向"外"开启,即通向变电所室外的门向外开启,由较高电压等级通向较低电压等级房间的门,向较低电压房间开启。

2. 变电所的通风窗,应采用不燃材料制作

3. 电压为 35 kV、20 kV 或 10 kV 配电室和电容器室,宜装设不能开启的自然采光窗,窗台距室外地坪不宜低于 1.8 m。临街的一面不宜开设窗户

4. 变压器室、配电装置室、电容器室的门应向外开,并应装锁。相邻配电装置室之间设有防火隔墙时,隔墙上的门应为甲级防火门,并向低电压配电室开启,当隔墙仅为管理需求设置时,隔墙上的门应为双向开启的不燃材料制作的弹簧门

5. 变压器室、配电装置室、电容器室等应设置防止雨、雪和小动物进入屋内的设施

6. 长度大于 7 m 的配电装置室,应设 2 个出口,并宜布置在配电室的两端;长度大于 60 m 的配电装置室宜设 3 个出口,相邻安全出口的门间距离不应大于 40 m。独立式变电所采用双层布置时,位于楼上的配电装置室应至少设一个通向室外的平台或通道的出口

第九节　对暖通及给水排水专业的要求

（1）设在地上的变电所内的变压器室宜采用自然通风,设在地下的变电所的变压器室应设机械送排风系统,夏季的排风温度不宜高于 45 ℃,进风和排风的温差不宜大于 15 ℃。

（2）并联电容器室应有良好的自然通风,通风量应根据并联电容器温度类别按夏季排风温度不超过并联电容器所允许的最高环境空气温度计算。当自然通风不能满足排热要求时,可增设机械排风。

（3）当变压器室、并联电容器室采用机械通风时,通风管道应采用不燃材料制作,并宜在进风口处加空气过滤器。

（4）在供暖地区,控制室（值班室）应供暖,供暖计算温度为 18 ℃。在严寒地区,当配电室内温度影响电气设备元件和仪表正常运行时,应设供暖装置。控制室和配电装置室内的供暖装置,应采取防止渗漏措施,不应有法兰、螺纹接头和阀门等。

（5）位于炎热地区的变电所,屋面应有隔热措施。控制室或值班室宜设置通风或空调装置。

（6）位于地下层的变电所,其控制室（值班室）应保证运行的卫生条件,当不能满足要求时,应装设通风系统或空调装置。在高潮湿环境地区尚应根据需要考虑设置除湿装置。

（7）变压器室、并联电力电容器室、配电装置室以及控制室（值班室）内不应有与其无关的管道通过。

第十节　建筑电气防火

1. 本节可适用于民用建筑内火灾自动报警系统、电气火灾监控系统、消防应急照明系统、消防电源及配电系统、配电线路布线系统的防火设计

本条界定了建筑电气防火设计的范围,主要包括民用建筑内火灾自动报警系统、电气火灾监控系统、消防应急照明系统、消防电源及配电系统、配电线路布线系统的防火设计。

2. **在建筑电气防火设计中,应合理设置火灾自动报警系统、消防应急照明系统、消防负荷供配电系统,并应合理选择非消防负荷配电线缆和通信线缆的燃烧性能等级,防止火灾蔓延**

在建筑电气防火设计中,从业人员应注重"消"和"防"。"消"意指发生火灾之后,要保障消防设备可靠工作进行灭火,主要内容包括消防电源的可靠性(接线方式)、消防配电线路选择与敷设、消防配电箱和控制箱的安装和消防用电设备的选择;"防"意指非消防负荷配电线路的选择与敷设应保证自身不易发生火灾,一旦建筑物发生火灾,非消防负荷配电线路被燃烧时,应产生少量烟气和毒性以保证人员疏散,同时防止火灾蔓延和扩大火势。

3. **建筑电气防火设计,除应符合本标准外,尚应符合现行国家标准《火灾自动报警系统设计规范》GB 50116、《建筑设计防火规范》GB 50016 的有关规定**

4. **火灾自动报警系统,应由主电源和直流备用电源供电。当系统的负荷等级为一级或二级负荷供电时,主电源应由消防双电源配电箱引来,直流备用电源宜采用火灾报警控制器的专用蓄电池组或集中设置的蓄电池组。当直流备用电源为集中设置的蓄电池时,火灾报警控制器应采用单独的供电回路,并应保证在消防系统处于最大负载状态下不影响报警控制器的正常工作**

5. **消防联动控制设备的直流电源电压,应采用 24 V 安全电压**

6. **消防设备供电负荷等级应符合本标准附录 A 民用建筑中各类建筑物的主要用电负荷分级的规定**

7. **建筑物(群)的消防用电设备供电,应符合下列规定**

(1)建筑高度 100 m 及以上的高层建筑,低压配电系统宜采用分组设计方案;

(2)消防用电负荷等级为一级负荷中特别重要负荷时,应由一段或两段消防配电干线与自备应急电源的一个或两个低压回路切换,再由两段消防配电干线各引一路在最末一级配电箱自动转换供电;

(3)消防用电负荷等级为一级负荷时,应由双重电源的两个低压回路或一路市电和一路自备应急电源的两个低压回路在最末一级配电箱自动转换供电;

（4）消防用电负荷等级为二级负荷时,应由一路 10 kV 电源的两台变压器的两个低压回路或一路 10 kV 电源的一台变压器与主电源不同变电系统的两个低压回路在最末一级配电箱自动切换供电;

（5）消防用电负荷等级为三级负荷时,消防设备电源、可由一台变压器的一路低压回路供电或一路低压进线的一个专用分支回路供电;

（6）消防末端配电箱应设置在消防水泵房、消防电梯机房、消防控制室和各防火分区的配电小间内;各防火分区内的防排烟风机、消防排水泵、防火卷帘等可分别由配电小间内的双电源切换箱放射式、树干式供电。

众所周知,低压配电系统的主接线方案有两大类:一类为负荷不分组接线方案,如图 14-10-1 所示;另一类为负荷分组接线方案,如图 14-10-2 所示。两大类方案很多,参见设计手册或相关书籍。在民用建筑中,低压配电系统主接线方案两类均有采用,但图 14-10-1 所示方案居多,这种负荷不分组接线方案是消防负荷与非消防负荷共用同一低压母线段,无疑消防负荷受非消防负荷的影响要大,消防负荷供电可靠性不高。如果低压母线发生短路或由于火灾时"切非"不利,消防水四溢导致配电线路发生接地故障或短路,造成越级跳闸等都会使进线断路器跳闸。因此,近年火灾案例中发生消防灭火设备在火灾初期可启动灭火,但在灭火过程中,发生主电源跳闸,主电源虽然有电,但合不上闸,消防灭火设备

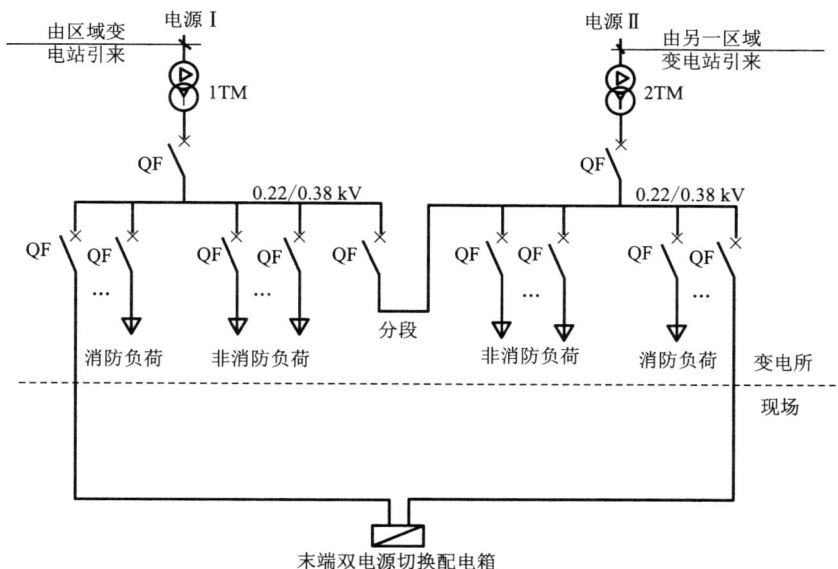

图 14-10-1　消防负荷与非消防负荷不分组方案

271

不能启动,耽误了最佳灭火时间,火势蔓延造成重大损失的案例很多。因此,基层消防官兵提出将消防负荷与非消防负荷分别设置进线断路器,以提高消防供电系统的可靠性。本标准结合各方意见,提出超过 100 m 的高层建筑推荐采用分组供电方式,如图 14-10-2 所示。

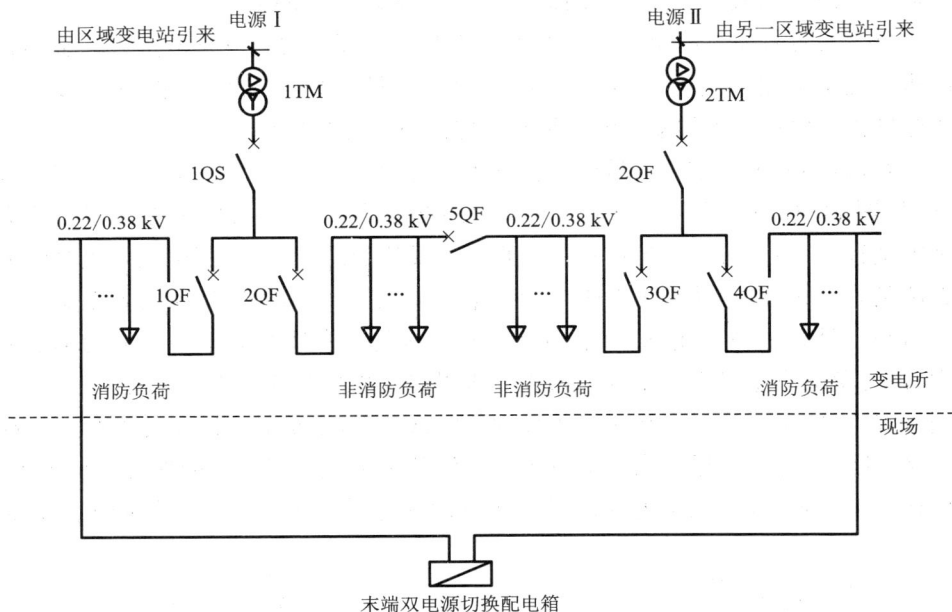

图 14-10-2　消防负荷与非消防负荷分组方案

8. 消防水泵、消防电梯、消防控制室等的两个供电回路,应由变电所或总配电室放射式供电

9. 消防水泵、防烟风机和排烟风机不得采用变频调速器控制

由于变频调速器为电子控制器,其故障率远远高于接触器,对于消防水泵、防烟及排烟风机这些重要的消防设备,IEC 标准中也是采用接触器控制,而不是采用变频调速器。因此本条款对变频调速器控制消防水泵、防烟及排烟风机等做出了限制。

10. 民用建筑内的消防水泵不宜设置自动巡检装置

11. 消防系统配电装置,应设置在建筑物的电源进线处或配变电所处,其应急电源配电装置宜与主电源配电装置分开设置。当分开设置有困难,需要与主

电源并列布置时,其分界处应设防火隔断。消防系统配电装置应有明显标志

12. 当一级消防应急电源由低压发电机组提供时,应设自动启动装置,并应在 30 s 内供电。当采用高压发电机组时,应在 60 s 内供电。当二级消防应急电源由低压发电机组提供,且自动启动有困难时,可手动启动

13. 消防用电设备配电系统的分支干线宜按防火分区划分,分支线路不宜跨越防火分区。

14. 除消防水泵、消防电梯、消防控制室的消防设备外,各防火分区的消防用电设备,应由消防电源中的双电源或双回线路电源供电,并应满足下列要求

（1）末端配电箱应安装于防火分区的配电小间或电气竖井内。

（2）由末端配电箱配出引至相应设备或其控制箱,宜采用放射式供电。对于作用相同、性质相同且容量较小的消防设备,可视为一组设备并采用一个分支回路供电。每个分支回路所供设备不应超过 5 台,总计容量不宜超过 10 kW。

15. 公共建筑物顶层,除消防电梯外的其他消防设备,可采用一组消防双电源供电。由末端配电箱引至设备控制箱,应采用放射式供电

16. 当不大于 54 m 的普通住宅消防电梯兼作客梯且两类电梯共用前室时,可由一组消防双电源供电。末端双电源自动切换配电箱,应设置在消防电梯机房间,由配电箱至相应设备应采用放射式供电

17. 除防火卷帘的控制箱外,消防用电设备的配电箱和控制箱应安装在机房或配电小间内,与火灾现场隔离

第十五章 申报资料中存在的常见问题

第一节 消防设计专篇

1. 消防设施设置、配置与工程现场实际情况不一致

消防设计专篇作为一项重要资料,是需要放在项目验收档案长期保管的,大多数设计单位各专业设计人员因为不够重视此项资料,而出现消防设计专篇套规范、套模板等错误百出的行为,导致该设计文件内相关消防设施设计情况与现场大相径庭。

2. 涉及钢结构部位未详细说明耐火等级、耐火极限、涂料选型等情况

此项问题多出现在工业建筑(厂房、仓库)工程,多采用钢柱、钢梁、钢檩条、钢屋架等结构,因新技术新材料的发展,需设计人员明确指出建筑耐火等级、所有钢结构部位耐火极限(h)及设计要求选用厚型、薄型、抑或是超薄型防火涂料,方便验收人员查验施工检测工作的一致性。

3. 室内装修部分未准确标明顶棚、墙面、地面所使用材料具体名称及燃烧性能(表 15-1-1)

表 15-1-1　设计专篇中给出装修材料部位及燃烧性能

石膏板 PB	PB-01		A	1-3 楼隔墙、顶面
铝方通 MT	MT-01	木色铝方通	A	1-2 楼顶面
	MT-02	铝格栅	A	1-3 楼顶面
硅钙板 CS	CS-01	硅钙板	A	1-2 楼办公室顶面
瓷砖 CT	CT-01	瓷砖	A	三楼墙面、1-3 楼踢脚线
	CT-02	600×600 瓷砖	A	三楼地面
	CT-03	600×300 瓷砖	A	三楼墙面

4. 防排烟系统设计未明确现场自然或者机械防排烟设施的设置

防排烟系统分为防烟系统和排烟系统，防烟系统又分为自然通风和机械加压送风系统，排烟系统又分为自然排烟和机械排烟系统，设计文件常常不能将两类系统四种方式比照现场情况一一列出各个区域使用哪类方式，导致表格抽查部位混沌不清。

第二节　消防设施安装质量检测报告

1. 检测内容缺项

消防设施检测报告首页注明本次检测内容及范围，但实际检测细项会出现地库补风联动功能漏检、消防水泵控制柜漏检等常见问题（图 15-2-1）。

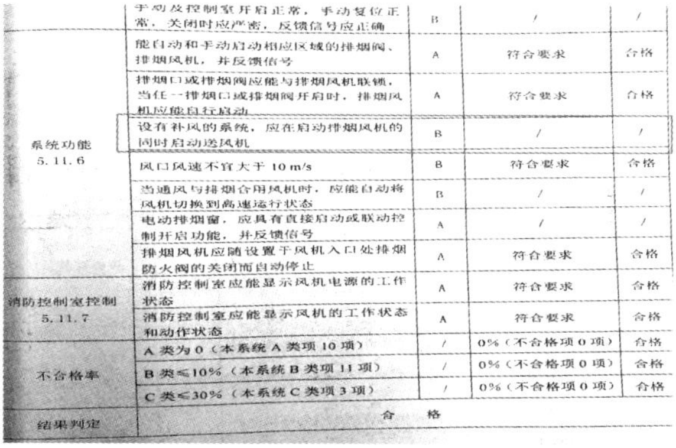

	手动及控制室开启正常，手动复位正常，关闭时应严密，反馈信号应正确	B	/	/
系统功能 5.11.6	能自动和手动启动相应区域的排烟阀、排烟风机，并反馈信号	A	符合要求	合格
	排烟口或排烟阀应能与排烟风机联锁，当任一排烟口或排烟阀开启时，排烟风机应能自行启动	A	符合要求	合格
	设有补风的系统，应在启动排烟风机的同时启动送风机	B	/	/
	风口风速不宜大于 10 m/s	B	符合要求	合格
	当通风与排烟合用风机时，应能自动将风机切换到高速运行状态	B	/	/
	电动排烟窗，应具有直接启动或联动控制开启功能，并反馈信号	A	/	/
	排烟风机应随设置于风机入口处排烟防火阀的关闭而自动停止	A	符合要求	合格
消防控制室控制 5.11.7	消防控制室应能显示风机电源的工作状态	A	符合要求	合格
	消防控制室应能显示风机的工作状态和动作状态	A	符合要求	合格
不合格率	A 类为 0（本系统 A 类项 10 项）	/	0%（不合格项 0 项）	合格
	B 类≤10%（本系统 B 类项 11 项）	/	0%（不合格项 0 项）	合格
	C 类≤30%（本系统 C 类项 3 项）	/	0%（不合格项 0 项）	合格
结果判定	合　格			

图 15-2-1　消防设施检测报告补风系统检测结论空项

2. 检测结论与现场实际不符

项目现场柴油发电机、气体灭火系统等设施未安装到位，消防设施安装质量检测报告却呈现设置、功能合格的检测结论，严重存在虚假性。

第三节　钢结构防火涂料检测报告

1. 检测结论未准确注明涂层厚度、膨胀倍数、耐火极限等数据

因膨胀型防火涂料在着火时主要通过膨胀层来抵抗火灾保护钢结构部件，检测单位从简，经常出现检测结论不完整，仅有涂层厚度，缺少准确有力的检测

数据（膨胀倍数、耐火极限等）来支撑防火涂料涂刷的合格性（图15-3-1）。

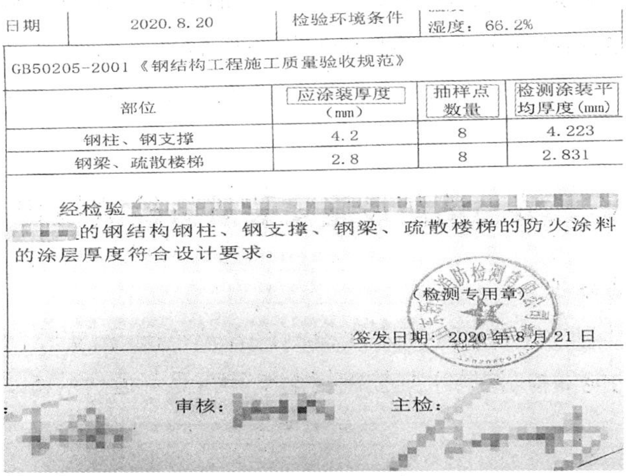

图 15-3-1　防火涂料检测报告检测结论无
耐火极限的说明

2. 所附材料出厂检验报告与现场使用厂家不一致

因防火涂料出厂检验报告明确注有防火涂料多少涂层厚度对应多长耐火极限，如现场使用的防火涂料厂家与报告不一致，即检测报告结论没有依据，亦不合格，不能作为本项目使用（图15-3-2和图15-3-3）。

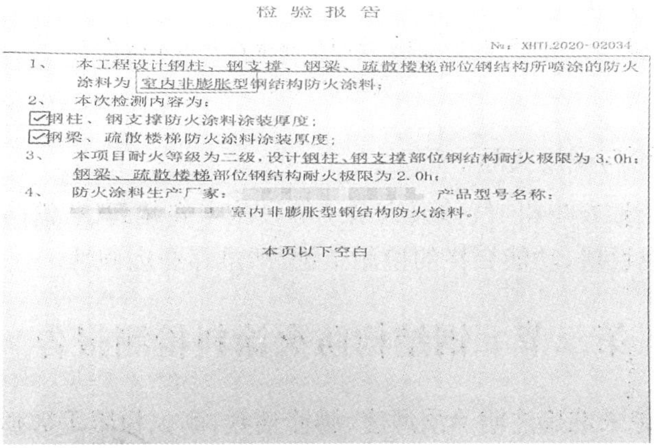

图 15-3-2　防火涂料检测报告涂料选型结
论与检测细项一致

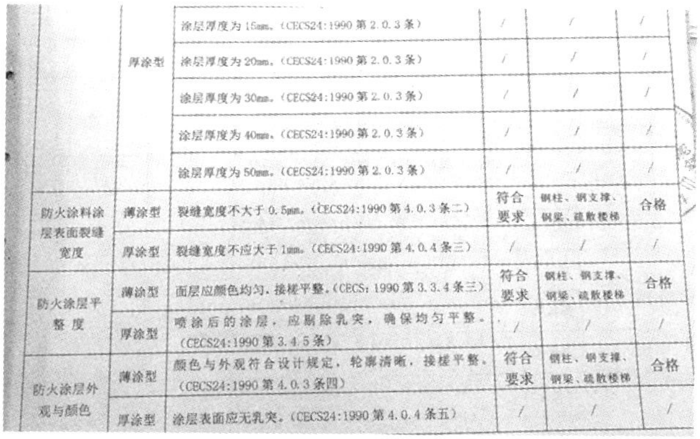

图 15-3-3　防火涂料检测报告涂料选型结论与检测细项不一致

国家市场监督管理总局中国国家标准化管理委员会 2018 年 11 月 19 日发布了《钢结构防火涂料》（GB 14907—2018），并于 2019 年 6 月 1 日开始实施。该规范 5.1.5：膨胀性钢结构防火涂料的涂层厚度不应小于 1.5 mm，非膨胀性钢结构防火涂料的涂层厚度不应小于 15 mm。但部分设计单位并未及时执行新标准，导致施工单位钢结构防火涂料施工质量不符合要求（图 15-3-4）。

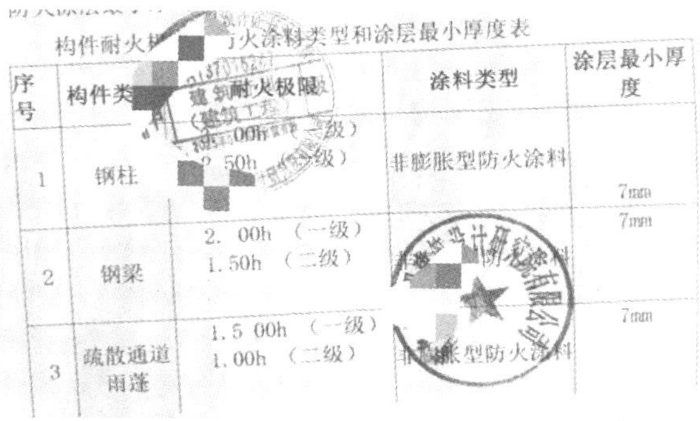

图 15-3-4　设计单位未及时采用新标准，涂层最小厚度仍按 7 mm 设计

第四节　外墙、屋面保温材料相关报告及隐蔽施工记录

具有必要耐火性能的建筑外围护结构，是防止火势蔓延的重要屏障、耐火性能差的屋顶和墙体，容易被外部高温作用而受到破坏或引燃建筑内部的可燃物，导致火势扩大。保温系统一旦被引燃，因烟囱效应而造成火势快速发展，且难以从外部进行扑救，因此要严格查验保温材料的燃烧性能和施工记录（图 15-4-1、

图 15-4-2、图 15-4-3）。

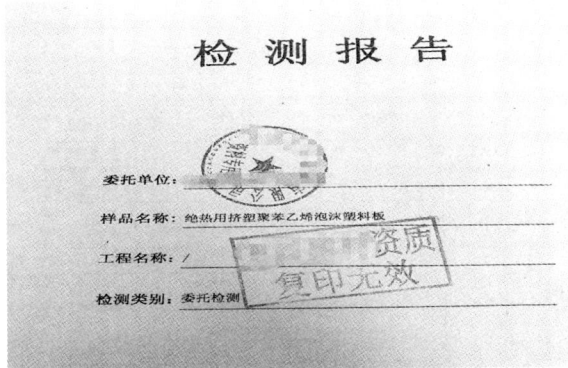

图 15-4-1　外墙保温材料燃烧性能检报告

图 15-4-2　外墙保温材料进场抽样检报告

图 15-4-3　外墙保温材料隐蔽工程施工记录

随着新材料、新工艺的不断发展,外墙保温材料出现一些复合型新材料,被广泛应用到施工现场。(图 15-4-4～15-4-8)为某施工现场选用的复合型保温材料设计、检测、施工等的一系列资料。

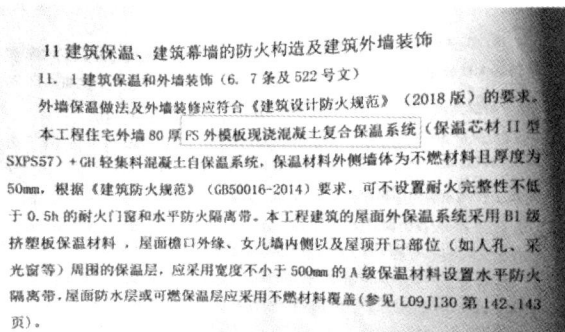

图 15-4-4　设计文件中对采用复合型保温材料做出了施工要求

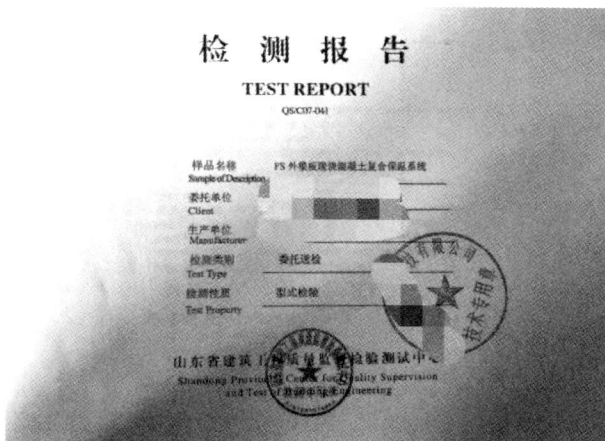

图 15-4-5　现场查验选用保温材料的出厂检验报告

图 15-4-6　检验报告中 XPS 板燃烧性能为 B1 级

图 15-4-7　检验报告中玻化微珠保温浆料燃烧性能为 A2 级

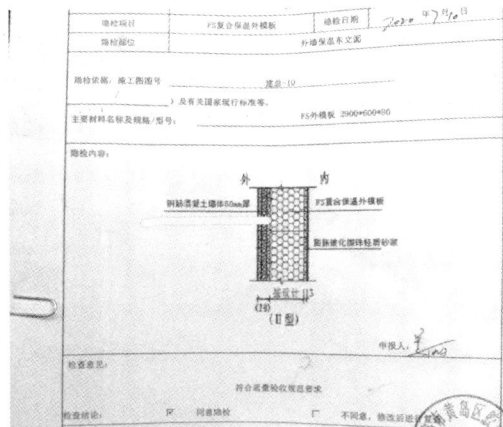

图 15-4-8　隐蔽施工记录中体现 50 mm 外墙施工的设计要求

第五节　消防产品、装修材料、防火涂料检验报告

消防产品报告须与现场使用保持一致,装修材料报告检测内容必须包含产品燃烧性能的检测内容(图 15-5-1、图 15-5-2)。

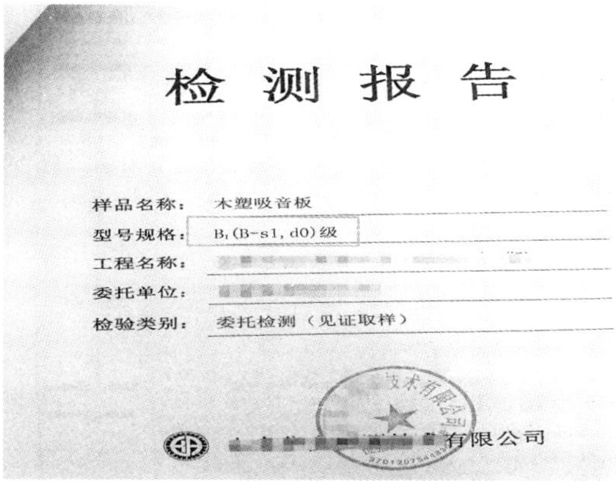

图 15-5-1　装修材料燃烧性能检测报告

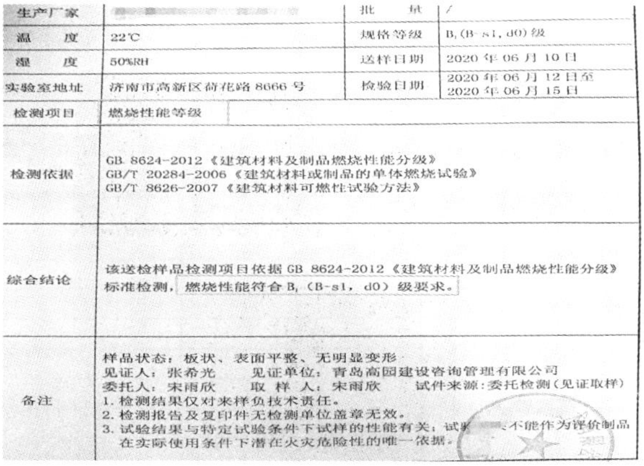

图 15-5-2　装修材料燃烧性能检测结论

一类高层住宅中要求每一户靠外墙设置一避难间，避难间要求设置耐火完整性大于 60 min 的耐火窗和乙级防火门作为防火分隔。现场除了需要查验实际安装质量还要查验所使用的耐火窗和乙级防火门的出厂检验报告（图 15-5-3～15-5-5）。

送样日期 (Date of delivery)		2017-09-02	数量 (Quantity)	1樘
工程名称 (Name of engineering)		——		
检验 (Test)	项目 (Item)	耐火完整性	地点 (Place)	高碑店幕墙门窗试验室
	仪器 (Instruments)	QC-122 建筑构件耐火试验垂直炉	日期 (Date)	2017-09-16
检验依据 (Test based on)		GB/T 12513-2006, GB/T 9978.1-2008		
判定依据 (Criteria based on)		GB/T 50016-2008		
检验结论 (Conclusion)				
试验运行60min样品未失去耐火完整性，样品合格。（本页以下无正文）				
备注		玻璃配置：(6钢化玻璃+12A+4防火玻璃+1水晶硅+4防火玻璃)mm中空玻璃		
批准	审核	主检	联系电话	报告日期

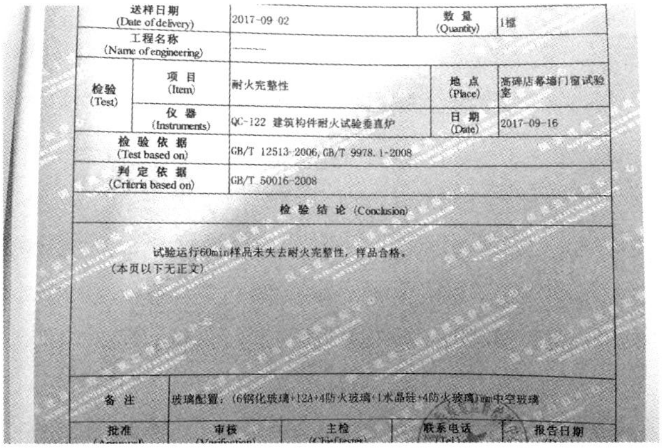

图 15-5-3　耐火窗出厂检验报告检验结论耐火完整性大于 60 min

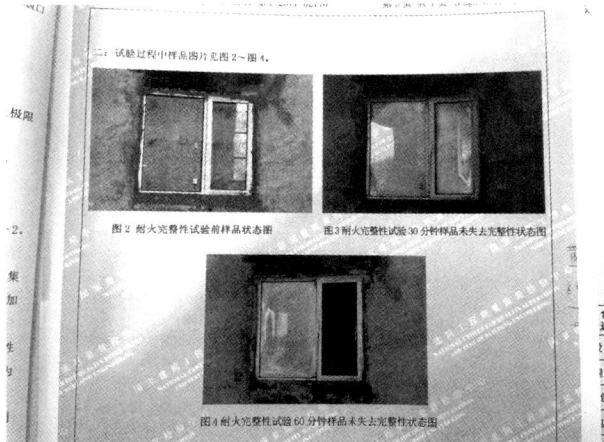

图 15-5-4　耐火窗出厂检验报告中试验过程图片

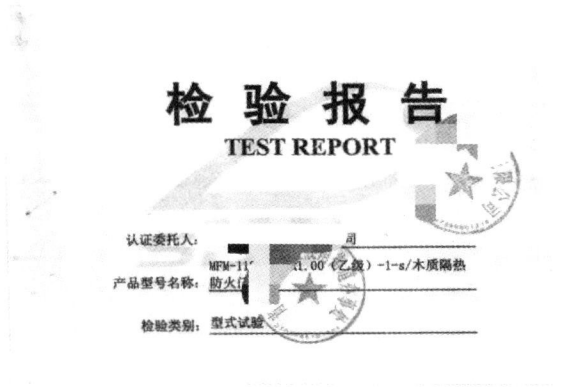

图 15-5-5　乙级防火门出厂检验报告